北京市森林生态安全评价与预警调控研究

鲁莎莎　徐　姗　关兴良　等著

U0337998

中国林业出版社

图书在版编目（CIP）数据

北京市森林生态安全评价与预警调控研究/鲁莎莎，徐姗，关兴良著. —北京：中国林业出版社，2018.6

ISBN 978-7-5038-9613-2

Ⅰ．①北…　Ⅱ．①鲁…②徐…③关…　Ⅲ．①森林生态系统－生态安全－安全评价－研究－北京②森林生态系统－生态安全－预警系统－研究－北京　Ⅳ．①S718．55

中国版本图书馆 CIP 数据核字（2018）第 129074 号

地表过程与资源生态国家重点实验室开放基金（2017-KF-6）
教育部人文社会科学研究一般项目（14YJCZH106）　资助

出版发行　　中国林业出版社（100009　北京西城区刘海胡同7号）
　　　　　　http：//lycb. forestry. gov. cn
　　　　　　E-mail：forestbook@163. com　电话　010-83143543
印刷装订　三河市祥达印刷包装有限公司
版　　次　2018 年 6 月第 1 版
印　　次　2018 年 6 月第 1 次
开　　本　787mm×1092mm　1/16
印　　张　13
字　　数　330 千字
印　　数　1～1000 册
定　　价　55.00 元

前　言

　　生态安全是 21 世纪人类实现可持续发展亟需应对的重大问题。随着全球人口的急剧膨胀，以及工业化、城镇化的快速推进，人类对自然环境的干预和侵占日益加剧，给生态系统造成了巨大冲击。森林生态安全作为生态安全、国土安全甚至是整个国家安全的有机组成部分，同样面临前所未有的巨大挑战，对经济利益的一味追求以及对生态社会效益的忽视造成了森林资源锐减、森林质量低下和生境质量下降，森林生态环境日益恶化，严重威胁人类的生存和生活健康状态。

　　近年来，中国政府高度重视森林资源状况和生态环境问题，第七次全国森林资源清查中首次增加了反映森林质量、森林生态安全、森林健康、生物多样性、土地退化状况，以及满足林业工程建设和生态建设的指标和内容。在 2016 年中央财经领导小组第十二次会议上，习近平总书记强调"森林关系国家生态安全"，提出了推进国土绿化，提高森林质量，搞好城市内、城市周边、城市群绿化，建设国家公园等一系列新思想新要求。党的十九大报告进一步提出，要坚持人与自然和谐共生，树立和践行"绿水青山就是金山银山"的理念，并指出建设生态文明是中华民族永续发展的千年大计。新形势下，森林在经济发展和社会进步中的地位越来越重要，作用越来越突出，面临的任务也越来越繁重。保障森林充分发挥在绿色发展方式和生活方式形成中的关键作用，已成为森林生态安全研究的核心目标。

　　本书作者及团队成员以项目研究为支撑，遵循"理论→实证"、"微观→宏观"相结合的研究主线，以国家节约资源、保护生态环境和推进生态文明建设的重大战略需求为导向，以北京市为案例区域，整合了中、高分辨率遥感影像数据、森林资源二类调查数据、田野调查数据以及社会经济统计数据，采用数理模型、GIS 空间分析技术、实地调查等方法，从市域、县域、林场、景观、小班等五个尺度全方位考察了北京市森林生态安全演变格局，深入揭示了森林生态安全变化的影响因子及其驱动机制，采用系统仿真预警模型对北京市森林生态安全状况进行了情景分析与预警模拟。作者将近年来在森林生态安全多方位、多角度的理论探索、国有林场现状调查、森林生态安全评价、对策建议等方面取得的研究成果进行系统总结提炼，最终形成本书，以期为北京市及各区县及时有效地监测、反馈、解决和预防森林生态安全问题提供理论与技术支持，为建设"天更蓝、地更绿、水更清"的美丽北京提供精准的决策支持。

　　本书具有以下四个特点：一是研究范畴延展。所论述的森林生态安全内涵、范畴及其特征，有别于以往狭义的森林生态安全，涵盖了森林生态系统组成要素，以及影响森林生态安全的经济、社会、政策等系统环境要素，拓展了森林生态系统的研究范畴，在国内该领域前沿研究中起到抛砖引玉的作用；二是研究尺度全面。以往研究森林生态安全的尺度较为单一，本书全面、系统地涵盖市域、县域、林场、景观、小班等五个尺度，这种全方位综合性的多尺度研究具有一定创新性，有助于政府管理部门全面直观认识不同尺度的森林生态安全问题及其形成原因；三是研究手段多元。采用了较为丰富多样的分析手段，包括理论分析与实地调研、定性与定量评价、GIS 技术和数学模型等，尤其是采用的系统仿真预警模型，构建了成熟的反馈调控机制，研究方法具有一定的先进性和实用性，为促进森林生态环境建设与林业可持续发展提供了可靠支撑；四是研究成果具有实践性。本书多尺度考察了北京市各区森林生态安全状况、发展阶段及变化趋势，建立了森林生态系统仿真预警模型并将其作为各区森林生态安全监管调控的重要评价手段，还针对性地提出了各区维护森林生态安全的途径与策略，研究报告提交到海淀区园林绿化局后，得到了局领导高度认可，已为海淀区优化森林资源布局和加强管护提供了直接的参考依据。

本书由鲁莎莎负责总体设计，徐姗、关兴良参与基本框架和研究思路的讨论。第 1 章由鲁莎莎、徐姗、关兴良负责；第 2 章由陈妮、徐姗负责；第 3 章由周毅、赵晓川、赵洪稷负责；第 4 章由秦凡、赵晓川、赵洪稷负责；第 5 章由秦凡、周毅、张晓东、赵洪稷负责；第 6 章由张珉珊、陈妮、张钰、关兴良负责；第 7 章由陈妮、张晓东、宋亚丽负责；第 8 章由鲁莎莎、秦凡、杨晶晶负责。全书由鲁莎莎统稿和审定。在项目研究和本书成稿过程中，贺超副教授、吴成亮副教授、郭庆华项目总监、王德利副研究员、王洋副研究员给予了指导和帮助。本项目得到了教育部人文社科研究项目"北京市森林生态安全评价与预警调控研究"（14YJCZH106）以及北京师范大学地表过程与资源生态国家重点实验室开放基金（2017 - KF - 06）的联合资助，借此一并表示衷心的感谢！

在本书写作过程中，参考了许多专家的论著和科研成果，并使用了大量统计数据，书中对引用部分作了注明，但仍恐有遗漏之处，诚请包涵。由于作者水平有限和时间仓促，书中定有许多尚待完善之处，恳请同行专家学者提出宝贵意见和建议。

著　者

2018 年 6 月

目　录

第一章
绪　论

　　当前，我国经济社会已经进入了工业化、信息化、城镇化、市场化、国际化发展的新阶段，经济体制深刻变革、社会结构深刻变动、利益格局深刻调整、思想观念深刻变化，为中国健康森林建设提供了良好的经济基础和社会背景。进入21世纪以来，为实现经济社会又好又快发展，党中央做出了深入贯彻落实科学发展观、构建社会主义和谐社会、建设社会主义新农村、建设创新型国家、建设资源节约型和环境友好型社会等一系列重大战略决策。为加快生态文明建设，党的十七大首次把"建设生态文明"作为中国实现全面建设小康社会奋斗目标的新要求之一，并写进党的报告。党的十八大则首次将生态文明摆在中国特色社会主义事业总体布局的高度来论述，将可持续发展提升至绿色发展高度。2015年，国务院颁布《关于推进生态文明建设的意见》更是首次将生态文明建设上升为关乎实现中华民族伟大复兴中国梦的高度。2017年，党的十九大报告明确提出，"要坚持人与自然和谐共生，树立和践行绿水青山就是金山银山的理念"，并指出"建设生态文明是中华民族永续发展的千年大计"，"坚持节约资源和保护环境的基本国策，像对待生命一样对待生态环境，统筹山水林田湖草系统治理，实行最严格的生态环境保护制度，形成绿色发展方式和生活方式，坚定走生产发展、生活富裕、生态良好的文明发展道路"。

　　在维护生态安全方面，习近平总书记在中央国家安全委员会第一次会议上提出了"坚持总体国家安全观，走中国特色国家安全道路"的新国家安全战略思想，并把生态安全作为构建国家安全体系的重要内容。为加强森林生态安全，实施以生态建设为主的林业发展战略，2008年，中共中央、国务院出台了《关于全面推进集体林权制度改革的意见》，将集体林地的承包经营权和林木所有权落实到农户，确立了农民的经营主体地位，实现了农村生产力的又一次大解放，广大农民造林、护林、育林的积极性空前高涨。2016年，习近平总书记在中央财经领导小组第十二次会议上指出，"森林关系国家生态安全"，提出了推进国土绿化，提高森林质量，搞好城市内、城市周边、城市群绿化，建设国家公园等一系列新思想新要求。2018年，政府工作报告中提出，"健全生态文明体制。改革完善生态环境管理制度，加强自然生态空间用途管制，完善生态补偿机制"，"全面划定生态保护红线，完成造林1亿亩以上"。森林生态安全在生态系统中所占有的核心地位决定了对森林生态安全的研究意义。

　　在新形势下，森林在经济发展和社会进步中的地位越来越重要，作用越来越突出，面临的任务也越来越繁重。在进一步完善和促进传统林业产业发展的同时，我国还提出了推进"国土绿化行动"、建设"美丽中国"、发展生态公共服务以及加快林业产业优化升级等林业发展新要求。我们必须把握时代的脉搏和潮流，适应国内外形势的深刻变化，顺应森林发展的自然规律和经济规律，拓展森林的生态功能、经济功能、社会功能和文化功能，构建完善的森林生态体系、发达的森林产业体系和繁荣的生态文化体系。

一、生态问题严重威胁人类自身的生存与发展

从人类社会生存与发展的角度看，生态安全问题是人类社会"继续生存还是自我毁灭"的问题，是一个比经济安全乃至国家安全更严峻的安全问题（叶文虎、孔青春，2001）。生态破坏将使人们丧失大量适于生存的空间，并由此产生大量生态灾难而引发国家的动荡和不稳定。森林的锐减、全球变暖、海平面上升、臭氧层空洞、土地退化等关系到人类自身安全的生态问题一次次向人类敲响警钟。恩格斯在《自然辩证法》（人民出版社，1984）中曾做过精辟的论述："不要过分陶醉于我们人类对自然界的胜利。对于每一次这样的胜利，自然界都对我们进行报复……美索不达米亚、希腊、小亚细亚以及别的地方的局面，为了得到耕地，毁灭了森林，他们梦想不到，这些地方今天竟因此成为荒芜不毛之地……"。同样，森林密布、气候湿润的尼罗河流域孕育了古埃及文明，森林的消失又使尼罗河文明衰落下去，今天的埃及是世界上森林资源最少的国家之一，全国96%以上的土地为沙漠所覆盖。古印度文明，早在公元前3000年就在印度河流域繁荣起来了，但随着森林砍伐、草原破坏、人口增加，印度河流域演变成塔尔大沙漠，形成人与环境的恶性循环。黄河流域是华夏文明的摇篮，上起殷商，下至北宋，长达3000年的历史，一直是政治、经济、文化的中心。随着历史上战争、垦荒对森林的破坏，唐以后西安不再为一国之都，黄河流域也因失去森林而痛失昔日光彩。20世纪以来，随着全球范围内人口的急剧增加，工业化、城镇化的快速推进，人类社会对自然生态系统的控制能力不断提高，对生态系统的干预和侵占加剧，给生态系统带来了巨大冲击。具体表现为全球变暖、臭氧层破坏、大气污染与酸雨、森林资源退化、生物多样性丧失等全球规模的生态性灾难，严重制约着世界各国尤其是发展中国家经济社会的发展。在全球气候变化和人类活动的双重作用下，生态系统的恶化和功能的下降，已成为全球最重大、最紧迫、最具灾难性的问题，将引起人类生存环境不可挽回的逆转。

我国生态系统类型多样但较脆弱，区域差异大，资源人均占有量低。三大地势阶梯与三大气候区构成了中国自然环境的基本框架。地势上西高东低，并呈阶梯状分布；气候特征是季风气候、大陆性气候显著。西部分布大面积的干旱荒漠区域、高寒生态区和水土流失区，生态环境脆弱。全国的自然资源绝对数量大，但人均占有量少，地域分布不均，资源消耗量大、利用率低且浪费严重。目前我国以占世界9%的耕地、6%的水资源、4%的森林、1.8%的石油、0.9%的天然气、不足9%的铁矿石、不足5%的铜矿，养活着占世界22%的人口。我国在经济社会快速发展的同时，也积累了大量生态环境问题，粗放的经济发展模式引起的生态与环境问题十分突出，生态环境系统面临着多重压力，在资源、生态、环境的多个方面已处于危机状态，其问题错综复杂，新旧叠加复合，积重难返，严重地威胁着中华民族的生存与发展。主要表现在：

（1）大气污染及温室气体问题严重。中国大气污染属于煤烟型污染，煤燃烧产生大量的粉尘、二氧化碳等污染物，是中国大气污染日益严重的主要原因。2016年，全国338个地级及以上城市中，254个城市环境空气质量超标，占75.1%。伴随大气污染，我国酸雨灾害严重，在474个城市中，有酸雨城市比例为19.8%。中国是碳排放量最大的国家，温室气体减排压力巨大。2016年

我国碳排放量超过 100 亿 t，占世界总排放量的约 28%，增长速度也处于近 3.5% 的高位，陆地生态系统的碳汇及其增加速率难以抵消同期的工业碳排放增加速率。

（2）水土流失严重。中华人民共和国成立初期，全国水土流失面积为 116 万 km^2。中国第 2 次遥感调查结果，中国的水土流失面积已达 356 万 km^2；2016 年，在大兴安岭、呼伦贝尔、长白山等 16 个国家级重点预防区，东北黑土地、西辽河大凌河中上游、永定河等 19 个国家级重点治理区开展了水土流失动态监测，抽取典型检测县(市、区、旗)150 个，监测面积 59.51 万 km^2，其中水土流失面积高达 26.01 万 km^2。严重的水土流失，是我国生态恶化的集中反映，威胁国家生态安全、饮水安全、防洪安全和粮食安全，严重制约山丘区经济社会发展。

（3）水资源缺乏且污染严重。2016 年水安全调查显示，我国人均只有淡水资源约 $2100m^3$，不足世界人均水平的 1/3。全国正常年份缺水 500 亿 m^3，近 2/3 城市不同程度缺水、全国地下水超采面积约 30 万 km^2，每年因此造成经济损失高达数千亿元，严重影响正常生产生活。同时，松花江流域、淮河流域、辽河流域、黄河流域呈现轻度污染，海河流域为重度污染。2015 年，全国废水排放量 735.3 亿 t，比 2014 年增加 2.7%。经济发达的东部省份水体污染最为严重，并随着产业的区域转移以及向中西部区域扩展，中部地区面临水污染加剧的问题。

（4）沙漠化形势依然严峻。中国是世界上沙漠化受害最深的国家之一。北方地区沙漠、戈壁、沙漠化土地已超过 149 万 km^2，约占国土面积的 15.5%。80 年代，沙漠化土地以年均增长 2100 km^2 的速度扩展。近 25 年共丧失土地 3.9 万 km^2。第五次全国荒漠化和沙化监测结果显示，截至 2014 年，全国荒漠化土地面积 261.16 万 km^2，沙化土地面积 172.12 万 km^2。2000 年以来，荒漠化土地仅缩减了 2.34%，沙化土地仅缩减了 1.43%，恢复速度缓慢，且荒漠化地区立地条件普遍较差，治理难度大，防治形势依然严峻。

（5）自然生态系统保护仍需加强。主要表现在：①森林资源数量较少、质量较低。从 2008 年第七次到 2014 年第八次清查间隔期内，森林生态系统面积虽出现增长，但森林覆盖率仍远低于全球 31% 的平均水平，人均森林蓄积只有世界人均水平的 1/7。森林面积增速放缓，且随着城市化、工业化的加速，生态建设空间受到挤压。森林总体质量不高，生态服务功能差。②湿地面积逐年萎缩。我国的湿地生态系统萎缩严重，近 20 年中国湿地面积由 36 万 km^2 减少到 32.4 万 km^2。例如，我国最大的湿地三江平原 50 年间湿地损失 13.672 万 km^2，面积比例由原来的 52.5% 下降到 15.7%。滨海湿地面积累积也丧失约 219 万 hm^2，损失过半。③草原生态环境脆弱。草原生态总体恶化局面尚未根本扭转，重点区域天然草原平均牲畜超载率达 15.2%，中度和重度退化草原面积仍占 1/3 以上。部分地区破坏草原现象屡有发生。草原灾害频发，已恢复的草原生态仍很脆弱。④生物多样性受到严重威胁。中国是生物多样性特别丰富的国家之一，同时也是生物多样性受到最严重威胁的国家之一。2016 年对中国高等植物、脊椎动物的评估结果显示，受威胁的高等植物约占评估物种总数的 10.9%，受威胁的脊椎动物约占评估物种总数的 21.4%。自然资源的高速消耗、生物资源利用和保护产生的惠益分配不均、法制建设不完善等都是造成生物多样性丧失的主要原因。

二、森林生态系统在维护生态安全方面具有不可替代的作用

森林生态系统是以乔木为主体的森林群落与周围的非生物环境在功能流的作用下，组成的具

有一定结构、功能和自身调控的自然综合体。森林生态系统作为陆地上面积最大、生物总量最高的自然生态系统，占全球土地面积31%，被喻为"地球之肺"，是陆地生态系统的主体。其土壤碳储量和森林植被分别约占陆地生态系统的57%和77%，对陆地生态环境有决定性影响，在保持水土、调节气候、防风固沙等方面发挥着至关重要的作用，表现在：

(1)森林能够起到涵养水源、保持水土的作用。一方面，森林茂密的树冠、深厚的落叶层及发达的根系，可持续吸收降水量65~270mm；1公顷结构完整、功能良好的森林，能够涵养2150t水，将大部分自然降水转化为有效水资源，实现"细水长流"。据预算，我国现有的24亿多亩森林，可蓄水3400多亿t，相当于我国现有水库总库容。另一方面，森林的复杂主体结构，能够有效阻隔雨水对土地的直接冲刷，可将地表径流更多地转化为地下径流。研究表明，在降水量为300~400mm的地方，有林地的土壤冲刷量约为60kg/hm^2，仅为裸露地的0.9%。但由于森林大面积地被砍伐，森林不能有效发挥涵养水源、阻碍水土流失的功能。

(2)森林生态系统是控制全球变暖的缓冲器和空气过滤器。森林是陆地生态系统中最大的碳贮库，森林每生长1m^{3}的蓄积，约吸收1.8t的CO_2，释放1.6t O_2。"温室效应"相关研究证明，当前大气CO_2浓度增加的因素中，森林面积减少约占所有因素总和作用的40%左右。森林还可治污减霾，即森林生态系统通过吸附、吸收、固定、转化等物理和生理生化过程实现对空气颗粒污染物($PM_{2.5}$、PM_{10}和TSP)、气体污染物(SO_2、NO_X等)和CO_2等消减作用，并通过释放空气负离子和O_2等过程实现空气质量改善。因此，森林在吸附空气污染物的同时，还能提供其他有利于人体健康的成分。

(3)森林生态系统是防风固沙的屏障。森林的防风效益是从降低风速和改变风向两个方面表现的。实践证实，一条疏透结构的防护林带，迎风面防风范围可达林带高度的3~5倍，背风面可达林带高度的25倍，在防风范围内，风速减低20%~50%，如果林带和林网配置合理，可将灾害性的风变成小风、微风，乔木、灌木草的根系可以固着土壤颗粒，防止其沙化，或者把被固定的沙土经过生物作用改变成具有一定肥力的土壤。由此可见，森林生态系统在维护生态安全方面具有根本性的不可替代作用，森林生态安全状况成为关系全球及区域生态安全、环境安全和经济可持续发展的关键因素。

三、森林生态安全面临着巨大的压力和挑战

由于森林大面积地被砍伐，森林吸收二氧化碳和调节气候的能力已经大为减弱。根据联合国粮食与农业组织(FAO)发布的《2015年世界森林资源评估状况》研究报告统计，近年来世界森林面积持续减少，森林净损失率下降了50%。森林占全球土地面积的比例已经从1990年31.6%下降至2015年的30.6%，即全球森林面积由1990年的41.28亿hm^{2}下降到39.99亿hm^2，目前全球森林面积只有不到40亿hm^2，占全球约30%的陆地面积；人均森林面积已从1990年的0.8hm^{2}降至2015年0.6hm^2。森林植被中，热带雨林对人类的意义尤其重大。亚马孙平原是世界上最大的热带雨林区，占地球上热带雨林总面积的50%，达650万km^2。热带雨林具有惊人的吸收二氧化碳的能力，亚马孙热带雨林由此被誉为"地球之肺"。但是自20世纪起，由于烧荒耕作、过度采伐、过度放牧和森林火灾等原因，巴西境内的亚马孙热带雨林正以年均230万hm^{2}的速度在消失，热带雨林生态系统遭到严重破坏。

我国《第八次全国森林资源清查》结果显示，全国森林面积 2.08 亿 hm²，森林覆盖率 21.63%，森林蓄积量 151.37 亿 m³。人工林面积 0.69 亿 hm²，蓄积量 24.83 亿 m³。森林覆盖率远低于全球 31% 的平均水平，人均森林面积仅为世界人均水平的 1/4，人均森林蓄积只有世界人均水平的 1/7，中国用仅占全球 5% 的森林面积和 3% 的森林蓄积来支撑占全球 23% 的人口对生态产品和林产品的巨大需求，林业发展面临的压力越来越大。清查结果还显示，森林质量好的仅占 19%，中等的占 68%，差的占 13%，质量较好的主要分布在东北的内蒙古大兴安岭、长白山林区、西南的川西林区和滇西北林区、西藏的林芝、陕西的秦岭、福建的武夷山以及海南的五指山等林区。遭受火灾、病虫害、气候灾害（风、雪、水、旱）等各类灾害的乔木林面积 2876 万 hm²，占 17%。我国的森林资源总量相对不足、质量不高、分布不均的状况仍未得到根本改变，同时现有宜林地 2/3 分布在西北、西南地区，立地条件差，造林难度越来越大、成本越来越高，见效也越来越慢，我国森林发展还面临着巨大的压力和挑战。

四、北京市森林生态安全问题日益严峻

近几年来，北京市森林生态安全状况呈现稳步提升态势。"十二五"期间，北京市大力推进以平原百万亩造林为代表的一批重大生态工程。2010～2015 年北京市森林覆盖率由 37.0% 增加到 41.60%，森林蓄积由 1406.20 万 m³ 增加到 1701.06 万 m³；于 2015 年完成人工造林 25.38 万亩，封山育林 125 万亩，成功使得全市 71% 的宜林荒山实现绿化；累计完成平原造林 105 万亩，植树 5400 多万株，平原地区森林覆盖率由 14.85% 提高到 25.6%。这些生态工程的实施，使北京市森林数量和质量短期内得到显著提高，森林生态功能显著增强。但是，长期粗放的经济增长方式和快速的城镇化，致使城乡经济社会的可持续发展正面临日益严峻的资源环境瓶颈约束，森林生态安全面临着巨大的压力。

以森林资源质量为例，问题突出体现在三个方面：一是树种单一，面积最大的三个树种栎树林、侧柏林和油松林，平均蓄积分别仅为 17.7、7.73、25.22m³/hm²，林种结构单一不利于构成复杂的森林生态系统以增强森林的稳定性和发挥森林的生态功能。二是森林的健康状况不佳，山区的森林 70% 的林分处于功能亚健康或不健康状态。全市的灌木林 439 万亩、中幼林 480 多万亩、低效林 350 多万亩，三者加起来占森林总面积的 78%。三是北京市森林主要林种中，人工林占主要林种的 56%，且大多为纯林，人工纯林面积高达 80% 以上，常常导致林地生物多样性低、生产力下降、病虫害严重、火灾风险大等问题。森林质量低导致森林的蓄积量和碳储量远远低于全国和世界的平均水平，森林的生态功能远未能充分发挥。

森林资源安全保障水平低和管护能力差也导致森林质量提升难。当前全市林业生态用地已占到市域总面积的 60% 多，是名副其实的大半壁江山。但目前的资源管护方式总体上还比较粗放，"有养护不专业、有管理不精细、有数量没质量"的问题在个别地区比较突出。比如威胁林木生长的攀藤植物屡治不绝的问题，树木修剪不及时或过度修剪的问题，园林景观维护不及时、不到位的问题等，都不利于森林质量的提升。

长期粗放的经济增长方式和快速城镇化威胁着森林生态环境。2017 年北京市城镇化水平已达到 86.5%。伴随着北京市城市的快速扩张，建设用地扩张速度加剧，房屋、道路的建设导致部分地区大片森林被伐，森林空间被挤占，城市森林破碎化现象日益严重。除此以外，还存在汽车尾

气排放、城市垃圾增多、地表水和地下水的过度消耗和污染、矿物燃料、土壤的污染等问题，威胁着北京市森林生态环境。在此背景下，研究北京市森林生态安全空间格局与预警机制，及时有效地监测和反馈森林生态安全问题，提出改善生态质量和维护生态安全的策略，可为建设"天更蓝、地更绿、水更清"的美丽北京，改善北京市区域环境质量，维护区域生态安全，促进北京森林生态环境建设与林业可持续发展提供理论借鉴和实践指导。

五、加强森林生态安全评价与预警调控理论研究

针对当前森林生态安全评价研究不足，生态安全格局机制和预警调控缺乏的实际情况，本书重视开展基础性、前瞻性的综合研究，多尺度分析北京市森林生态安全演变的时空格局与分异规律，多角度探索森林生态安全的影响因素及其驱动机制，并建立多情景的森林生态仿真预警系统及时有效地监测和反馈生态安全问题。这既有利于丰富森林生态安全的理论和方法体系，也为制定森林生态安全调控发展策略提供理论依据。具体包含以下四项：

（1）开展全方位多尺度森林生态安全格局演变研究。整合中高分辨率遥感影像数据、森林资源二类调查数据以及人口、社会、经济数据，构建森林生态安全评价指标体系和评价模型，遵循"理论→实证"、"微观→宏观"相结合的研究主线，采用数理模型、GIS 空间分析技术、实地调查等方法，从全局尺度刻画森林生态安全演变的过程轨迹及转变拐点；从县域尺度揭示森林生态安全演变的时空格局及分异规律；从林场、景观和小班尺度探寻影响森林健康的关键因素及其作用机制。研究有助于政府部门全面直观认识不同尺度的森林生态安全问题及其形成原因，为进行更为细致的区域生态环境管理提供决策支撑。

（2）开展森林生态安全影响因素及其驱动机制研究。针对森林生态安全格局演变现状，从自然本体条件、社会经济发展、生态环境和资源禀赋四个方面入手，深入剖析森林生态系统的自身状态以及森林生态系统所承受的外界压力对格局演变的耦合驱动机制，该内容可为"十三五"时期北京市协调经济发展、人口增长和森林生态安全维护三者的关系提供政策支持。

（3）开展森林生态安全情景模拟分析与预警调控研究。以森林—社会经济—环境复合系统之间相互作用反馈机制为依据，创新性地利用系统动力学模型作为模拟平台搭建预警模型，构建成熟的反馈调控系统，针对北京市不同发展情景设置动态调控方案，明确目前不同区域森林生态安全所处的阶段以及变化趋势，并对未来一定时间内所属的类型、所处的阶段、所要采取的应对措施等进行判断。该预警模型可为其他生态安全研究提供参考，也可为遴选出北京市最佳森林生态调控方案提供科学依据。

（4）开展森林生态安全维护途径和策略研究。研究从优化林地空间结构布局、提升森林资源质量和管护水平、加快生态安全预警系统构建、加大林业科技支撑力度、保护北京森林生态红线以及构建京津冀生态协同机制等方面，提出了若干维护森林生态安全的途径与策略，可为全面提高北京市森林安全等级、实现林业可持续发展提供理论借鉴和实践指导。

六、本书研究框架与技术路线

（一）研究目标

本书的研究目标是探究森林生态安全预警模拟和科学调控的技术体系，建立一套包括森林生

态安全格局定量评价、格局演化、驱动机制、预警分析、对策建议的理论方法分析框架，实现对森林生态安全的系统研究。具体而言，本书主要致力于回答以下四个问题：一是如何利用3S技术平台整合多源数据科学评价森林生态安全状况；二是如何解释和描述森林生态安全格局演变的动态过程；三是哪些因素影响以及如何影响森林生态安全格局的演变；四是如何构建森林生态安全预警体系，以便今后更方便快捷地对数据进行更新和对森林系统的生态安全状况进行持续性的评价与监管。

(二)研究内容

北京市森林生态系统是支撑全市生态安全、人民群众身体健康和经济社会可持续发展的重要载体，其发展和保护需要政府、公众、学术界的共同参与，为建设世界一流的和谐宜居之都营造良好的生态保障。本书面向国家节约资源、保护生态环境和推进生态文明建设的重大战略需求，聚焦于森林生态安全科学评价与预警调控研究，在综合分析国内外森林生态安全研究的最新进展、明确森林生态安全内涵的基础上，整合中高分辨率遥感影像数据、森林资源二类调查数据和相关社会经济数据，构建森林生态安全评价指标体系和评价模型；采用数理模型、GIS空间分析技术以及实地调查等方法，从北京市域、县域、林场、景观、小班五个尺度全方位揭示森林生态安全格局演化的时空规律与分异特征；从自然本体因素、社会经济因素、生态环境因素、资源禀赋因素入手，探讨影响森林生态安全格局的主要因子及其驱动机制；利用系统动力学模型构建森林生态安全仿真预警系统，并对北京市及其各区进行情景模拟和优化调控研究；从林地空间配置、森林质量提升、保障机制建设和预警系统拓展等方面入手，多尺度提出维护森林生态安全的途径与策略，为北京地区生态治理、环境建设以及生态立法提供理论依据，并为建设"天更蓝、地更绿、水更清"的美丽北京提供决策支持。

(三)技术路线

本书遵循"理论—实证""微观—宏观"相结合的研究主线，在理论分析层面，基于地理学、经济学、生态学及其交叉学科的理论和方法，构建了森林生态安全评价与预警研究理论框架，系统解析了森林生态安全的科学内涵、时空规律、主导类型及其形成机制，并基于系统动力学仿真模型进行了多情景模拟和预警分析。在实证分析层面，结合微观调查，深入研究典型林场、景观、小班等尺度森林生态安全现状问题、形成原因及其发展导向。进一步基于微观典型区域研究与模拟，从宏观区域层面提出森林生态安全优化调控的途径与对策。主要的技术路线图(图1.1)如下：

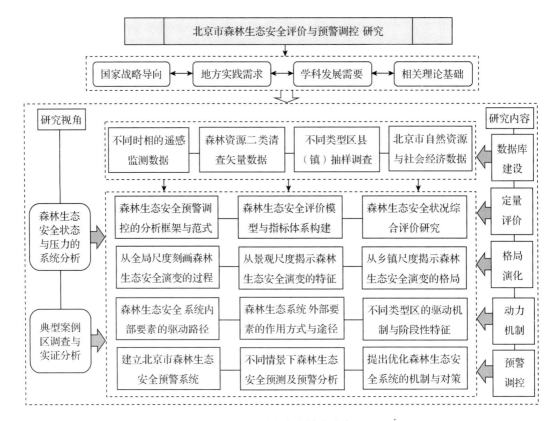

图 **1.1**　研究框架和技术路线

第二章
国内外研究进展

　　生态安全是一门自然科学与社会科学的交叉学科，作为一种全新的生态环境管理目标，在"安全"含义上都认为"安全"就是"没有危险，不受威胁"。但是，由于生态安全内涵的丰富性和复杂性，不同研究视角对生态安全的解释存在较大区别，给"生态安全"赋予丰富的内涵和解释。生态安全作为近年来环境恶化的伴生物，日益引起国际社会的高度重视，人类的生存安全与生态系统的稳定程度和提供产品及相关服务的能力密切相关。因此，生态安全是构建和谐社会，实现科学发展的重要保障，是国家安全和社会稳定的一个重要组成部分，是人类生存、经济社会发展的基础。

第一节
森林生态安全相关概念与内涵

一、生态安全概念与内涵

　　生态安全的概念是 20 世纪中叶产生的。早在 1948 年 7 月 13 日，联合国教科文组织的 8 名社会科学家，共同发表了《社会科学家争取和平的呼吁》，提出以国际合作为前提，在全球范围内进行实际科学调查研究，解决现代若干重大问题，这被认为是现代生态安全的先声。最早将生态含义明确引入安全概念的学者则是美国著名的环境专家莱斯特·R·布朗（Lester. R. Brown），他早在 1977 年《建设一个持续发展的社会》一书中就提出要对国家安全加以重新界定。归纳目前国际国内许多学者的观点，从生态安全概念的基本内涵理解，生态安全的定义大体可分为两类（贺培育等，2009）。

　　第一类从广义的角度理解，有以下几种含义：①广义的生态安全包括生物细胞、组织、个体、种群、群落、生态系统、生态景观、生态区（生物地理区）、陆（地）海（洋）生态及人类生态。只要其中的某一生态层次出现损害、退化、胁迫，都可以说是其生态安全处于危险状态，即生态不安全。②生态安全是指以下四种关系：人口和自然环境之间、不同种族之间、人类和其他物种之间、人类和致病微生物之间，保持着适当的平衡。③生态安全是指自然环境既能满足生存于其中的天地万物的生存与发展需求，又不至于使自然环境自身受到损害。④生态安全是指一个生态系统的结构是否受到破坏，其生态功能是否受到损害。生态安全包含生态系统自身是否安全，即其自身结构是否受到破坏。⑤生态系统的安全是生态安全的基础。生态安全可划分为三个层次：一是人的生命和健康安全，它取决于生命系统和环境系统的安全；二是生命系统的安全，它取决于环境系统的安全；三是环境系统的安全，它取决于特定空间（包括空气、气候、阳光、地质、水文等因素）的安全。⑥景观和区域尺度上的生态安全具体包括了区域生态系统的完整性和健康度，生态过程的连续性和稳定度，生态灾害的风险性和安全度。⑦生态安全有两个方面的含义：一是保护健康的生态系统；二是维护生态系统的恢复力，如生态系统随不可抗拒的变化的能力。

第二类从狭义的角度理解，有以下几种含义：①狭义的生态安全专指人类生态系统的安全，即以人类赖以生存的环境（或生态条件）的安全为对象。生态安全概念是在生态问题直接且较普遍、较大规模威胁到人类自身的生存与安全之后才提出的。从这个意义上说，生态安全指的就是人类生态安全。生态安全是人类生存环境可持续发展的状态。②一般认为包括两层基本含义：一是防止由于生态环境的退化对经济基础构成威胁，主要指环境质量状况低劣和自然资源的减少和退化削弱了经济可持续发展的支撑能力；而是防止由于环境破坏和自然资源短缺引发民众的不满，特别是环境难民的大量产生影响社会安定，从而导致国家的动荡。③生态安全是指在人的生活、健康、安乐、基本权利、生活保障来源、必要资源、社会秩序和人类适应环境变化的能力等方面不受威胁的状态，包括自然生态安全、经济生态安全和社会生态安全组成的一个复合人工生态安全系统。④国家生态安全问题指因宏观生态体系失控而影响和威胁国家生存与发展的问题。即国家生态安全指一国的生存和发展所处的环境不受或少受破坏和威胁的状态。⑤生态安全的显性特征是生态系统所提供的服务的质量或（和）数量的状态。生态安全包含生态系统是否有益于人类安全，即生态系统所提供的服务是否满足人类的生存需要。⑥生态安全亦被冠以国家职能的含义，称为国家生态安全或国家环境安全，它是指国家生存和发展所需的生态环境处于不受或少受破坏与威胁的状态。

本书将生态安全的定义概括为指在一定时间或空间范围内，人类和各类生态系统能够维持各自结构完整、功能正常和可持续发展。同时人类和各类生态系统之间保持一种动态平衡，各类生态系统可以为人类提供较完善的生态服务和保证人类可持续发展，而人类的发展也兼顾其他各类生态系统保护与发展的一种国家安全体系。它包括以下几个方面：

(1)生态安全的前提和基础是维持生态系统的自身安全。保持整个系统的健康完整性和可持续发展，否则，谈不上为人类提供生态服务和对人类永续发展的保证。

(2)生态安全是可持续发展的基础，又是可持续发展追求的目标之。生态安全对社会经济发展具有一定约束、调整和促进作用，即保障社会经济可持续发展，发展的实现又加强了生态安全的保障能力。可持续发展的基本目标是要持续地满足人类的需求，而生态安全就是人类的最基本的需求之一，两者的目标具有一致性。因此，没有生态安全就没有可持续发展。

(3)生态安全是一个动态过程，是一个相对的和发展的概念。生态安全的实现，需要通过脆弱性的不断改善，达到人与自然处于健康和有活力的一种状态。同时生态安全没有绝对的，只有相对的，一个地区或国家的生态安全不是一劳永逸的，它是发展变化的。

(4)生态安全是一种重要的国家安全。维护国家安全，确保国民经济和社会生活正常进行，是每一个国家政府最基本的职能。日益突出的全球环境危机所构成的生态安全问题，使人们认识到，生态安全一旦遭到破坏，不仅影响经济发展，还直接威胁人的基本生存条件。因此，生态安全是国家安全的一个重要组成部分，并且同其他国家安全关系十分密切。

二、森林生态安全概念与内涵

在森林生态安全概念提出之前，国外首先提出了森林健康状态的概念，这是一个与森林生态安全相近的概念。Shrader-Frechette(1994)认为森林健康通常指一个由动植物和它们所处的物理环境组成的、功能得到充分发挥的群落，是一个处于平衡的生态系统。需要指出，森林健康仅从森林自身角度考虑，重点关注森林生长、繁育等(Potter and Conkling, 2012)，未关注森林生态系统与其周围环境的关系，以及针对外界干扰作出的反馈。因此，仅针对森林健康进行评估不能达到区域可持续发展的要求。

森林生态安全是一个全新的概念，主要用于表征森林生态系统的功能与作用，其定义尚在探讨之中(洪伟等，2003)。归纳相关研究成果，森林生态安全可大体分为狭义和广义两种理解。狭义的森林生态安全仅涉及森林生态系统自身，是指在整个生态系统内部协调发展的前提下，森林生态系统自身的安全，即森林生态系统自身的健康、完整和可持续性。广义的森林生态安全是指在一定的时空范围内，森林生态系统在维持其内部结构和功能完整的前提下，森林生态系统提供的生态服务能满足人类生存和社会经济的可持续利用，使人类生存不受威胁的一种状态。广义的概念则既包含森林生态系统自身安全，又考虑了其与人类行为之间的相互影响。但也有学者认为(张智光，2013)，在目前的森林生态安全界定中，即使是广义森林生态安全，也只考虑了森林生态系统为人类提供生态服务的安全性，而没有考虑人类经济活动对森林生态系统构成威胁的反向安全性。此外，人类为维护生态系统安全所做出的努力也应纳入生态安全的范畴。

对于森林生态安全的定义既要参考国内外的研究成果又要梳理好森林生态系统与自然环境、人类社会活动之间的相互关系。森林生态系统与自然环境、人类社会活动之间的相互关系主要包括：森林生态系统自身的资源和环境状况决定了支持人类社会经济发展的力度，而自然灾害和人类社会经济活动所造成的压力又影响了森林生态系统的资源和环境状况。为了减少森林生态系统所承受的压力，人类采取积极的措施来保护森林资源。

通过参考国内外的研究成果并梳理森林生态系统与自然环境、人类社会活动之间的相互关系。本书将其定义概括为森林生态安全是指在一定的时空范围内，在一定外界环境和人为社会经济活动等影响下，森林生态系统能够实现自我调控和自我修复，维护自身生态系统可持续性、复杂性、恢复性、服务性的状态。森林生态系统与人类社会系统交互的内在机理可概括为以下3个方面：①森林生态系统的结构和过程(能量流动、物质循环和信息传递)决定森林生态系统的服务功能，根据人类社会对森林生态系统资源的需求，森林资源以物质或非物质的形式进入人类社会系统，为人类的生存提供各种服务。②急速增长的社会需求和高强度的人类活动使得森林生态系统所承载的压力不断增加，导致森林生态系统资源的数量或结构发生变化。③为缓解森林生态系统所承载的压力，政府相关部门通过政策和行动来管理和保护森林资源，如治理环境、保护森林等，但其强度远远低于森林生态系统所承载的压力。

第二节
森林生态安全相关研究理论

一、生态安全理论

生态安全是一个全新的安全概念，它是 1989 年由国际应用系统分析研究所在提出建立全球生态安全监测系统时首次使用的，是指在人们的生活、健康、安乐、基本权利、生活保障来源、必要资源、社会秩序和人类适应环境变化的能力等方面不受威胁的状态，包括自然生态安全、经济生态安全和社会生态安全组成的一个复合人工生态系统。

从生态安全的概念内涵上看，生态安全理论研究的范围和范畴主要有生态安全基本理论、生态系统安全风险、生态安全风险化解三大方面。其中，生态安全基本理论包括生态安全理论内涵、生态安全理论发展，生态系统安全风险包括水系统安全风险、国土系统安全风险、空气环境系统安全风险和生物系统安全风险，生态安全风险化解包括化解生态安全风险的指导思想、化解生态安全风险国际视野、化解生态安全风险的国内思想。

生态安全理论主要具有如下四个方面的特点：①生态安全的综合性。生态安全的综合性是指全部生态安全要素的综合。生态安全是一个系统体系，有诸多方面因素构成。既有自然资源方面的，又有生态资源方面的，既有社会方面的，又有经济方面的。这些要素或因素之间相互作用、相互影响，共同构成了生态安全体系。生态安全的综合性层次上表现出区域性、整体性或全球性的特点。②生态安全的复杂性。生态安全的复杂性包括生态危机后果的严重性和生态破坏后恢复的长期性。相当一些生态过程一旦超过"临界值"就不可逆，受到人类破坏的大自然的报复往往不给人类机会，让后来者没有纠正错误、重新选择的余地，或者要付出十倍、百倍于当初预防、及时治理的代价。生态安全是相互联系的复杂的体系，其单方面的生态环境的损坏，进而会影响到相关环境和整个生态安全的质量。③生态安全的外部性。从生态安全成因和危害的角度，两者有不一致性，例如，某一个人、某一个工厂、某一个企业或集团，从其开发利用自然资源和随意排放废弃物的活动中受益，获得巨大的财富；但是，这种活动造成环境污染和生态破坏，产生了不良的环境后果，制造这种后果与受其所害的人常常是不一致的。也就是说，它产生的生态安全问题的影响可能超越进行这些活动的人。这样就把少数人造成的环境损害转嫁给其他人甚至全社会，乃至全人类以及整个地球生命都受到危害。这被称为生态安全问题的"外部性"。生态安全的外部性关系着我们实际生活的空间和生态状态，关系人民切实直接的生态质量，这种生态安全的外部性较为明显，是最外在、最直接、最暴露的危机。④生态安全的战略性。万事万物都是发展变化的，生态安全也不例外。生态安全会随着其影响要素的发展变化而在不同时期表现出不同的状态，可能朝着好转的方向发展，也可能呈现恶化的趋势。因此，不论其怎样变化，对于某个国家或地区乃至全球来讲，生态安全是关系到国计民生的大事，具有重要的战略意义。

生态系统本身具有负反馈调节能力，依靠这种能力才能保持系统自身的平衡和稳定，但是这种能力只有在一定的数量限度范围（临界值）内才能发挥其作用，当生态系统受到外界的干扰时，使其受损超过其临界值会导致其结构破坏和功能丧失，则生态系统处于不安全状况。因此森林生态安全理论必须围绕生态安全理论核心来构建的，既要服从于生态安全理论的基本原则，同时又必须以维护生态安全为基本目标和宗旨（贺培育，2009）。

二、系统科学理论

系统论的创始人是美籍奥地利生物学家贝塔朗菲（L. V. Bertalanffy），是一门运用逻辑学和数学方法研究一般系统动力规律的理论，该理论从系统角度揭示了客观事物和现象之间的相互联系、相互作用的共同本质和内在规律性。系统论要求把事物当做一个整体或系统来研究，并用数学模型去描述和确定系统的结构和行为。所谓系统，即由相互作用和相互依赖的若干组成部分结合成的、具有特定功能的有机整体，而系统本身又是它所从属的一个更大系统的组成部分。贝塔朗菲旗帜鲜明地提出系统观点、动态观点和等级观点。指出复杂事物功能远大于组成因果链中各环节的简单总和，认为一切生命都处于积极运动状态，有机体作为一个系统能够保持动态稳定是系统向环境充分开放，获得物质、信息、能量交换的结果。系统论强调整体与局部、局部与局部、系统本身与外部环境之间互为依存、相互影响和制约的关系，具有目的性、动态性、有序性三大基本特征。现代科学的发展越来越表现出一种综合的趋势，然而不同学科建立在不同的事实和矛盾基础之上，其发展是相对独立的。系统论为科学发展中的综合从理论上奠定了基础（吴延熊等，1999）。

20 世纪初从生物学领域提出一般系统论，科学地定义了系统的概念，并提出系统的各种特征。在此基础上形成信息的观点和控制论的方法，建立最初的系统科学"老三论"，包括贝塔朗菲的一般系统论（General System）、维纳的控制论（Cybernetics）和申农的信息论（Information）。系统论、信息论和控制论共同揭示了系统的整体性和相关性。整体性是系统的基本特性，系统论主要研究系统的整体性问题。控制论的控制和反馈机制与信息论的信息传递原理完善了系统的体性，揭示了机体的联系方式和演化机理。生态系统中的内部结构和外部环为系统研究提供了基础。系统相关性是系统生成、发展和演化的动力基础，揭示了系统产生、发展和演化的机制。随着对系统复杂性的研究，系统科学逐步形成"新三论"，包括普里高津的耗散结构论（Dissipative Structure Theory）、哈肯的协同学（Synergetics）和托姆的突变论（Catastrophe Theory）。从生态系统的整体性到一般系统论的形成，再到现代系统论的发展，从不同角度为生态哲学提供了科学基础。生态问题本质上是一个复杂性、非线性和组织性的系统问题，以系统的角度认识生态问题，运用系统方法研究生态问题，在理论上和实践中都有着重要的意义（闫德胜，2014）。系统科学不但为生态安全预警研究提供了定性的理论指导，而且为生态安全预警的实现提供了分析手段。

现代系统科学与森林生态系统的理论关系表现在：①在森林生态系统中，由于各组分间的有机结合，使得"整体大于部分之和"这个系统论的核心思想得以真正体现，同时，森林生态系统的复杂多样性和不同层次的稳定性也体现了这一系统思想。在一个复杂系统中，不存在绝对的部分和绝对的整体。任何一个子系统对于它的各要素来说，是一个独立完整的整体，而对上一级系统来说，则又是一个从属部分，各子系统有自我肯定和自我超越的双重趋势。②系统论着重研究系统诸因素之间的相互关联和相互作用。任何具有整体性的系统，内部诸因素之间的联系都是有机的，这种相互联系和相互作用使各因素共同构成系统。在系统中，各因素是相对独立的子系统，并且也是组成系统的有机成分。同时，系统与环境也处于有机联系之中。健康的森林生态系统是一个符合有机关联性原则的开放系统，除了各要素间的有机联系之外，它们还与环境间有着物质的、能量的和信息的交换，有相应的输出和输入以及量的增加和减少。③系统从无序到有序标志着系统的组织性或组织度的增长，而系统的组织性既与系统内部因素有机关联性有关，又与其动态过程有关。森林生态系统中的生物、非生物成分的物质、能量等组成了一个有序的动态系列，该系列各相关组间存在着有机联系，这种有机联系决定了森林生态系统中的生物多样性、物种流趋势、养分分配、能量流方向以及景观变化方式与速率。④系统论认为系统是方向性的有序。这种方向性是由一定的目的性所支配的。就是说，一个系统的发展方向不仅取决于实际的状态（偶然性），而且还取决于一种对未来的预测（必然性），是二者的统一。森林生态系统的目的是达到整个系统的持续健康发展。综合整体性、有机关联性、动态性、有序性和目的性是一般系统论最基本的出发点，同时也是森林生态系统最重要的 5 个基本特征，从而使系统论成为研究森林生态系统的强有力工具。

三、可持续发展理论

可持续性（Sustainability）的概念最早是由生态学家提出的。1935 年，英国生态学家坦斯勒提出了"生态系统"的概念，明确地将有机体与它们生存的环境视为一个不可分割的自然整体。生态系统的可持续性是指系统能持久地维持其结构和功能的动态稳定。1991 年，在国际自然保护同盟、联合国环境规划署和世界野生动物基金会编制的《关心世界：持续性战略》报告中，对可持续性定义为：持续性指一种可以长期维持的过程或状态。人类社会的可持续性由生态可持续性、经济可持续性和社会可持续性三个紧密联系的部分构成。生态可持续性（Ecological Sustainability）指可持续发展要建立在资源的可持续利用和良好的生态环境维护的基础上，保护整个生命支持系统——自然生态环境系统的完整性，保护生物多样性，保护自然资源，保证以可持续的方式使用可再生资源，使人类的发展保持在地球承载力之内，并预防和控制环境破坏和污染，积极治理和恢复已遭破坏和污染的环境。经济可持续性（Economic Sustainability）指经济发展不仅重视数量的增长，而且要求改善质量，优化配置，节约资源，降低消耗，减少废物，提高效率，增加效益，改变传统生产和消费模式，实施清洁消费和文明消费。社会可持续性（Social Sustainability）指以改善人民生活和提高人类的生活质盆、满足人类的需求为目的，积极促进社会公正、安全、文明和健康发展。从整体的角度分析，要保持人类社会进程长期处于一种和谐、稳定的状态，生态的可持续性是前提，经济的可持续性是核心，社会的可持续性是目的，也是一种可以评估的外在表现。

可持续发展理论是促进发展并保证其具有可持续性，是一种从环境和自然资源角度提出的关于人类长期发展的战略和模式。特别指出环境和自然资源的承载力对社会发展的重要性及对改善生活质量的重要性。可持续发展的具体内容涉及经济可持续、生态可持续和社会可持续三方面的协调统一，发展既要讲究经济效率原则，又要关注生态和谐体现社会公平，最终达到人的全面发展。要满足当代人的发展又要使得这种发展对后代的需要不造成影响，体现公平性、持续性和共同性原则。是人类自身的进步对自然环境的反思，体现了人与自然、人与人之间的关系（甘敬，2008）。

可持续发展理论在森林领域的应用就是森林的可持续经营理论，其核心内容是从经营体系和技术措施入手，改善林分结构，实现其正常效益，充分发挥森林的生态服务功能，满足人们的需要。森林的可持续经营是为森林的经营目标服务，对外界的胁迫具有良好的自我调节能力、具有活力和复杂的组织结构，能够发挥正常的生态服务功能，简而言之是森林具有目标性、稳定性、完整性、和功能性。

随着生态环境问题日渐严峻，全面建成小康社会实现经济、社会和生态的有序健康发展更加离不开可持续发展理论的指导。可持续发展理论就是改变以往只注重经济增长的量，而是强调经济的增长要注重质量。不是一味的寻求 GDP 的增长，也要考虑经济增长的同时对社会资源的利用效率。我国的森林资源虽然总量很大，但是人均很少，并且森林资源资源涵养水源、保持水土、净化空气、提供旅游休憩的一系列重要功能，具有极大的生态价值、社会价值和经济价值，所以用可持续发展理论来指导森林生态安全的保护就显得尤为重要。我们在进行经济建设的同时，注重对森林资源的合理利用，获得经济成果之后对森林资源进行有效的投入，从而实现经济与森林资源的可持续发展。因此，森林生态安全的研究必须以可持续发展理论为指导。

四、生态经济学理论

生态经济学的概念是 20 世纪 60 年代后期美国经济学家肯尼斯·鲍尔丁所提出，是经济学和生态学相结合而形成的交叉学科，旨在由广义角度，探讨生态系统和经济系统间的关系及其这一复合系统的矛盾运动规律。生态经济学与传统经济学以及传统生态学相比（Costanza，1991；李海涛等，2001），传统经济学的世界观是以人为本位，认为人类的偏好是主宰经济行为的动力。由于对科技进步抱有极端乐观的态度，因此，传统的经济学视资源为无限量之供给，且同因素间具可替代性。而生态经济学的世界观则较广义，认为人类偏好、科技与组织间是与自然生态系统所提供的机会与约束协同进化的。在研究的时间、空间以及生物种方面，生态经济学所涵盖的范围较传统经济学与传统生态学广。由于传统经济学所探索的问题以静态的为主，因此时间尺度为短期的。而传统的生态学所研究的时间尺度，视学科而定，最长可至代（千万年）。生态经济学的时间尺度亦类似生态学旧一代，但又强调不同时间尺度之间的互动，例如短期开发行为的长期影响。在空间尺度方面，生态经济学更强调建立在全球性观点基础上的生态与经济间之相互作用与互相依存关系。生态经济学的总体目标是追求生态经济系统的可持续性并把握生态经济系统的规律。

生态经济为可持续发展的研究设立了具体的研究对象—生态经济系统。系统的可持续性与稳定性之间有着天然的联系。生态经济联系在空间范围的扩展已引起了跨越国界的外部性问题，如全球气候变暖、臭氧层空洞等。这种变化使得社会和自然系统进入一个全新的发展阶段。生态经济学认为生态系统与经济系统之间存在物质循环、能量转化、价值增值和双向耦合的规律，但生态系统与经济系统之间不能自动耦合，必须在人的劳动过程中通过技术中介才能相互耦合为整体。生态要素与经济要素之间通过技术手段的强化、组合和开发作用所产生的投入产出效率就是生态经济效益。生态系统与经济系统相互协调，以较小的投入取得较大的产出是经济社会发展的必然要求。生态经济系统是生态经济学的灵魂，其特性及二者耦合过程是生态经济学的核心原理（Costanza，1991；王松霈，2000；尤飞等，2003；刘克英，2005）。

生态经济系统演替是社会经济系统演替与自然森林生态系统演替的统一，它突出表现为社会经济主导下的急速多变的演替过程。生态经济系统演替不仅与一定的历史发展阶段相联系，而且还与同一历史阶段经济发展的不同时期以及同一时期的不同经济活动相联系，从生态经济结构进展演替次序看，大致经历了3个阶段：原始型生态经济系统演替；掠夺型的生态经济系统演替；协调型的生态经济系统演替。讲求生态经济效益最大化是森林健康经营的生态经济学理论基础。森林健康特点是自然再生产和经济再生产的统一过程，自然规律与经济规律相互影响、相互促进、相互制约，讲求生态经济效益具有客观必然性。森林生态系统健康经营涉及社会、经济、文化、环境、资源、生态、人口等诸多方面，是人类发展史上的一场革命，是人类对自身的历史进行长期探索和思考的结果，标志着人类文明即将步入一个新的历史阶段。由于人类的社会经济发展越来越受到自然生态系统的制约，因此，必须将社会经济系统和自然生态系统作为一个统一的复合系统来加以研究。

五、人地关系理论

人地关系是人类活动与地理环境间相互作用关系的简称，是地理学的基础理论。西方近代地理学一开始就从不同角度探索地理环境演变、分布规律和人地关系的内在规律。人地关系思想最早来源于法国人地学派代表人物 Blache 和 Brunhes。该派根据区域观念来研究人地关系，他们提出的"或然论"认为人地关系是相对的而不是绝对的，人类在利用资源方面有选择力，能改变和调节自然现象，并预见人类改变自然愈甚则两者的关系愈密切，具有朴素的辩证观点。人地关系理论，先后经历了环境决定论、唯生产力论、人地相关论和人地协调论等发展阶段（鲁西奇，2001）。

20世纪90年代，我国著名人文地理学家吴传钧院士提出了人地关系地域系统理论（吴传均，1981；1991）。人地系统是由地理环境和人类活动两个子系统交错构成的复杂的开放的巨系统，内部具有一定的结构和功能。在这个巨系统中，人类社会和地理环境两个子系统之间的物质循环和能量转化相结合，就形成了发展变化的机制。人地关系地域系统理论着重研究人地之间相互作用的机理、功能、结构以及整体调控的途径和对策，其中心目标是协调人地关系，重点研究人地关系地域系统的优化（吴传均，2007）。一方面，土地资源是人类赖以生存发展的物质基础和空间场所，一定数量的土地容纳相应数量的人群，土地区位亦相应制约和影响着人类活动的广度、深度和速度；另一方面，随着科技进步和生产力提升，人类对土地的开发利用强度日益增大，人类活动对土地及其生态环境也产生了巨大影响，在人地关系能否协调持续发展中发挥着至关重要的作用（欧定华，2016）。根据人地关系协调理论，区域可持续发展目标不仅限于经济发展，而是要实现区域经济、社会和生态效益的统一协调发展。因此，在进行森林生态安全格局构建过程中要以人地关系协调发展理论为指导，协调、构建合理的人地空间格局关系，促进区域森林生态系统可持续发展。

六、耗散结构理论

耗散结构最初于1969年由比利时物理化学家 I·普里高津（I. Prigogine）提出。他借鉴热力学第二定律，依据非平衡统计物理学理论，创立了一种非平衡开放系统的自组织理论（陈望雄，2012）。他认为：任何一个开放系统，不管它是物理的、化学的，或者是力学的、生物的，甚至是社会的、经济的系统，只要是远离平衡状态，它就通过不断地与外界交换物质和能量，当物质和能量达到一定阈值时，从原有的无序状态转变为在功能或时空上稳定有序的新状态。系统内部通过耗散物质和能量而维持的宏观有序结构就是耗散结构。该理论自创立起，已广泛应用于对自然生态、社会、经济等各种系统组织形成、演化规律的解释。

耗散结构论的基本思想就是在非平衡状态下，通过系统开放而与外界进行物质和能量交换所形成并维持的、充满活力的、新的有序结构（孙飞、李青华，2004）。耗散结构的形成有以下三个基本条件：①系统处于远离平衡态。远离平衡态是指系统内部各个区域的物质和能量分布是极不平衡的，差距很大。系统只有处于远离平衡态，才能形成秩序，才能形成动态特征。②系统的开放性。在一个孤立系统中，物质的高能区总是要向低能区转化，直至趋于平衡，而一旦达到平衡态，系统有序性也就转化为无序性了。因此系统只有处在开放时，从外部补充一定的物质和能量，即输入负熵，以抵消内部产生的熵增，才能使系统由无序转为有序。③系统内不同要素之间存在非线性机制。非线性机制是指事物要素之间以立体网络形式相互作用的机制。耗散结构是一种空间有序结构，这种结构只有在构成系统的所有要素之间都存在相互联系和相互作用的情况下才能形成。如果只存在个别因素之间的相互作用，系统就会瓦解，而不可能形成空间有序结构（刘艳梅、姜振寰，2003）。

生态系统可以看做一种开放的复杂巨系统，森林生态系统显然是非平衡开放系统，其系统的演化应遵循耗散结构形成原理。然而，在森林生态系统在从混沌无序状态向有序状态自组织演化过程中，由于其受人类活动的干扰破坏较为严重（这种干扰或破坏表现为人类对生态资源的无限需求而导致的生态资源消耗，以及人类生产生活活动所排放的三废产品对生态环境的污染与破坏），这种人类活动对森林生态系统的干扰，会增加森林生态系统的熵，从而阻碍或改变森林生态系统自组织演化过程，进而导致森林生态系统向更加无序的状态演变。因此，从形成系统耗散结构的角度来看，我们需要对森林生态系统压力－状态－响应等影响因素进行研究，分析森林生态系统的生态安全与影响因素，从而减少人类活动对生态系统的干扰，需要开展林业生态工程或定向地经营，促进森林生态系统从原有的无序状态向时空上或功能上有序状态演进。

七、景观生态学理论

景观生态学（Landscape Ecology）将地理学研究的自然现象空间分布与相互作用和生态学研究的生物有机联系与生态系统的完整性整合起来。景观生态学研究起源于 20 世纪五六十年代的欧洲（德国、荷兰、捷克斯洛伐克等），20 世纪 80 年代，景观生态学在全世界范围内得到迅速发展。迄今为止，景观生态学不仅被学术界所普遍接受，而且已逐渐形成自身独立的理论体系，成为生态学研究中的重点发展方向之一（Lubchenco，1991）。我国于 20 世纪 80 年代初开始介绍景观生态学概念、理论与方法（汪永华，2005；余新晓、牛健植，2006；何东进等，2003）。景观生态学特别关注 4 个问题：空间异质性的发展与动态、异质性景观之间的相互作用和交换、空间异质性对生物和非生物过程的影响、空间异质性的管理。因此，景观生态学的理论核心也可以说就是生态空间理论聚焦为研究景观空间异质性的保持与发展。

景观结构即景观组成单元的类型、多样性及其空间关系。景观结构的研究，首先是对个体单元空间形态的考察。从空间形态、轮廓和分布等基本特征入手，可以将景观区分出斑（patch）、廊（Corridor）、基（Matrix）、网（Net）及缘（Edge）五种空间类型，元素类型不同，空间形态不同，基本的功能性质和特征也不同。景观功能即景观结构与生态学过程的相互作用，或景观结构单元之间的相互作用。这些作用主要体现在能量、物质和生物有机体在景观镶嵌体中的运动过程中。景观的结构、功能和动态是相互依赖、相互作用的。无论在哪个生态学组织层次上，结构与功能是相辅相成的。结构在一定程度上决定功能，而结构的形成和发展又受到功能的影响。景观单元在大小、形状、数目、类型和结构方面又是反复变化的，决定这些空间分布的是景观结构（余新晓等，2006）。景观格局是指大小或形状不同的斑块，在景观空间上的排列。异质性是景观的重要属性，它指的是构成景观的不同的生态系统。它是景观异质性的具体表现，同时又是包括干扰在内的各种生态过程在不同尺度上作用的结果。景观异质性的内容包括空间组成、空间的构型、空间相关。研究景观格局的目的似乎是在无序的景观斑块镶嵌中，发现其潜在的规律性，确定产生和控制空间格局的因子和机制，比较不同景观的空间格局及其效应。景观生态学的理论能广泛应用于森林健康经营过程中。在森林景观中，斑块就是林区不同的森林立地类型、不同树种的林分、林窗、林区内其他生态系统等不规则状地块；廊道是指森林中的林道、隔离带、道路、河流等不同的线性或带状结构。基底就是大面积的森林分布区。在森林健康经营过程中，从大、中尺度上，必须考虑土地利用的整体规划，考虑生境的破碎化；在中、小尺度上，要搞好林种树种结构搭配，实行多林种多树种相结合的复层混交林，恢复与保持景观的多样性和完整性，维护森林生态系统的最佳结构和功能，发挥其应有的生态、经济和社会效益。

尺度是生态学中的一个基本概念，景观生态学尺度是对研究对象在空间上或时间上的测度，分别称为空间尺度和时间尺度（余新晓等，2006）。健康森林景观的结构、功能和变化都受尺度所制约，空间格局和异质性的测量是取决于测量的尺度，一个景观在某一尺度上可能是异质性的，但在另一尺度上又可能是十分均质；例如，一种害虫在某一单纯林分内树种有寄生关系，才能发生，而超出这个界限就不能发生，也就是混交树种对害虫发生的抑制原理，因此，在大的尺度上看，这个森林是健康的，如果要是从林分的尺度上看的话，就是不健康的。一个动态的景观可能在一种空间尺度上显示为稳定的镶嵌，而在另一尺度上则为不稳定；在一种尺度上是重要的过程和参数，在另一种尺度上可能不是如此重要和可预测。因此，绝不可未经研究而把在一种尺度上得到的概括性结论推广到另一种尺度上去，离开尺度去讨论景观的异质性、格局、干扰都是没有意义的。尺度效应是一种客观存在而用尺度表示的极限效应（车生泉，1998；Fries et al.，1998）。

干扰是自然界中无时无处不在的一种现象，是在不同时空尺度上偶然发生的不可预知的事件，直接影响着生态系统的结构和功能演替（邬建国，2000）。根据不同分类原则，干扰可以分为：自然干扰和人为干扰；内部干扰和外部干扰；物理干扰、化学干扰和生物干扰；局部干扰和跨边界干扰。干扰的类型、强度和频度在很大程度上决定着生态系统退化和前进的方向及程度。自然干扰总是使生态系统返回到生态演替的早期状态。人为干扰可直接或间接加速、减缓和改变森林生态系统退化和发展的方向与过程。

八、景观地域分异理论

景观地域分异规律是指景观在地球表层按一定层次发生分化并按一定方向发生有规律分布的现象。按照地域分异因素作用特征可将地域分异规律分为地带性和非地带性两种。其中，地带性地域分异规律的成因是太阳能在地球表层的非均匀分布，具体表现为地球表层自然景观、自然现象和过趄由赤道向两极呈有规律的变化；非地带性地域分异规律与地带性相对应，主要成因是地球内能对地表作用的非均衡性，表现为干湿地带性、垂直地带性。地带性和非地带性地域分异规律在地球表层同时发生作用，因此，地球表层景观分异是二者综合作用的产物。

地域分异规律由于具有尺度效益，所以景观在不同尺度上的分布和演化还要受相应尺度地带性和非地带性变异规律的综合作用。地域分异规律为解析景观空间复杂性提供了理论支持。自然环境因子和人类活动因子是景观空间分异的重要作用因子，景观的自然和人文特征在地形起伏较大的山丘区会随着海拔高度变化而变化（孙然好等，2009）。城市景观、文化景观、甚至景观遗传学研究的基因流和基因多样性都不同程度地存在地域分异。可见，地域分异理论在自然、文化、经济等各类景观中都有所体现，是景观生态安全格局研究的重要基础理论。

九、生态位理论

生态位（Niche）概念是现代生态学的中心概念之一，由美国生态学家 J. Grinnel 最早提出，最初是用于研究生物物种间竞争关系中产生的。该理论的内容主要指在生物群落或生态系统中，每一个物种都拥有自己的角色和地位，即占据一定的空间，发挥一定的功能。目前，生态位理论已广泛地应用于物种间关系、生物多样性、群落结构及演替、种群进化和生物与环境关系等研究方面，并取得了丰硕的成果。其中对动物尤其是鸟类、昆虫生态的研究实例较多，其次是在植物生态学特别是森林群落、草原群落生态研究的较多。

该理论认为，经过长期的适应后，任意一个群落中的每个种群都有其相对稳定的生长环境，不同种群个体间的合理组织，形成了相对稳定的群落。而种群间在时间、空间上的位置及其与相关种群之间的功能关系就是生态位。一个生物种群在生态系统中所处的状态是空间生态位、时间生态位和营养生态位的统一。对于退化林地经营均应考虑各物种在水平空间、垂直空间和地下根系的生态位分化，使物种在分布、形态、生理、营养、年龄、时间、高度等方面有适当的差异并分别占领相应的生态位。一方面合理使用可获得性资源，另一方面通过调节种群间和种群内个体间的竞争而可获得性资源产生更大的生物生产力。根据生态位理论和竞争理论，在生态建设过程中，要搞好模式空间配置，避免引进生态位相同的物种，尽可能使各物种的生态位错开，尽量避免树（草）种之间的竞争，使各种群在群落中具有各自的生态位，避免种群之间的直接竞争，保证群落的稳定。组建由多个种群组成的生物群落，充分利用时间、空间和资源，更有效地利用环境资源，维持长期的生产力和稳定性。

十、近自然经营理论

近自然经营理论是由德国科学家嘎耶（Gayor）于 1898 年提出的。他在观察到人工林的多样性低、生态功能低下、稳定性差和地力消耗大的前提下，率先提出"人类应尽可能地按照森林的自然规律来从事林业生产活动"的近自然林业经营思想，是模仿自然、接近自然的一种森林经营模式，要求生产可持续和生态有机结合，尊重森林生态系统自身的规律。20 世纪以来，近自然林业理论有了深入的发展。特别是近 30 年，欧洲多次发生大面积的人工林灾害和死亡，以至自然保护工作人员把林业当做破坏自然的人为活动来看待，这使旧的传统林业的观点陷于被动地位。林业需要一个新的定位，"近自然林业"理论便呼之欲出。近自然林是人类认识和遵循自然规律，与自然融合的一种产物。

　　"近自然森林经营"的主要特征是：①采用整体途径进行森林经营（经营一个生态系统而不只是林木）；②维持森林环境，避免皆伐；③单株择伐，保持蓄积；④利用自然过程（如天然更新和天然整枝）；⑤适地适树，珍惜地力；⑥发展本地物种；⑦经营复层混交异龄林，因为针阔混交、多层结构的森林是最稳定；⑧通过水平和垂直结构的调整达到最适宜的生物多样性；⑨充分利用森林的天然更新能力；⑩明确可持续发展是对森林功能而言的。概括来说，近自然森林经营应该在保留和修复森林独特的自然和人文景观，体现地区自然植被特点的前提下，利用天然更新和演替的力量，和在人为抚育的过程中（优先天然更新），尽量减少破坏，实现单木定向利用（生产大径、优质材）经营（黄志强，2004）。

　　近自然森林经营理论要求遵循森林生态系统自身发展规律，重视天然演替的自然力，使"人类的一切经营活动要使森林内起作用的力量达到和谐"，利用人工措施促使森林天然更新。林分越接近自然，各树种间关系越和谐，应尽可能使林分、抚育、间伐同"潜在的自然植被"关系相接近。人工林要健康成长必须遵循与立地相适应的自然选择下的森林林分结构，强调森林培育时要建设混交林，尽量接近森林的自然状态，使乡土树种得到明显表现。该理论重视森林的自我恢复和自我调控功能，对人工林改造、天然林保护、次生林改造等方面具有重要指导意义，已成为欧洲各国普遍采用并被世界各国仿效的森林经营理论。

十一、恢复生态学理论

　　恢复生态学（Restoration ecology）兴起于20世纪80年代初，在20世纪八九十年代迅猛发展，现已日益成为世界各国的研究热点。1996年，美国生态学年会把恢复生态学作为应用生态学的五大研究领域之一。恢复生态学是研究生态系统退化的原因、退化生态系统恢复与重建的技术和方法及其生态学过程和机理的学科（彭少麟，1996），它是生态学的应用性分支，是从生态系统层次考虑和解决问题的，是社会经济活动导致的退化生态系统、各类废弃地和废弃水域进行生态治理的科学技术基础。因此，恢复生态学理论可以通过引用和借鉴与物质、能量、时间和空间有关的基础性与应用性知识对退化生态系统恢复重建过程中物质能量的变化、时空转换等进行准确表述（谢运球，2003；任海等，2001）。恢复生态学的理论基础包括：生态因子间的不可替代性和可调剂性规律、最小因子定律、耐性定律、能量定律、种群空间分布格局原理、种群密度制约原理、生物群落演替原理、生态适宜性原理、生态系统的结构理论、生物多样性原理、自我设计和设计理论。退化生态系统恢复的可能发展方向包括：退化前状态、持续退化、保持原状、恢复到一定状态后退化、恢复到介于退化．与人们可接受状态间的替代的状态或恢复到理想状态。

　　退化土地恢复与重建技术是恢复生态学的重点研究领域，但目前是一个较为薄弱的环节。由于不同退化森林生态系统存在着地域差异性，加上外部干扰类型和强度的不同，导致生态系统所表现出的退化类型、阶段、过程及其响应机制也各不相同。因此，在不同类型退化森林生态系统的恢复过程中，其恢复目标、侧重点及其选用的配套关键技术往往会有所不同。尽管如此，对于一般退化森林生态系统而言，大致需要或涉及以下几类基本的恢复技术体系：①非生物或环境要素的恢复技术；②生物因素的恢复技术；③生态系统的总体规划、设计与组装技术等（祝国民，2004；章家恩等，1999）。

与健康生态系统相比，退化生态系统是一类病态的生态系统，它是指在一定的时空背景下，在自然因素、人为因素，或二者的共同干扰下，导致生态要素和生态系统整体发生的不利于生物和人类生存的量变和质变，生态系统的结构和功能发生与其原有的平衡状态或进化方向相反的位移，具体表现为生态系统的基本结构和功能的破坏或丧失，生物多样性下降，稳定性和抗逆能力减弱，系统生产力下降。这类系统也被称为受害或受损生态系统。退化地的恢复与重建是指根据生态学原理，通过一定的生物、生态及工程技术方法，人为地改变和切断生态系统退化的主导因子或过程，调整、配置和优化系统内部及其与外界的物质、能量和信息的流动过程及其时空秩序，使生态系统的结构、功能和生态学潜力尽快地恢复到一定的或原有的乃至更高的水平（Covington et al.，1997）。

十二、社会生态学理论

社会生态学即人类社会的生态科学，20世纪20年代初由美国学者R·E·帕克等人最早提出。60年代后，其研究发生革命性变化，由注重自然生态转变为侧重社会生态，逐渐形成独立学科，研究内容包括社会、经济、自然三个复合系统。该理论是关于社会生态研究的基础理论，也是社会生态学学科体系的基础科学层次，所以能够为社会生态论和社会生态工程提供理论指导。社会生态学和（自然）生态学一起，同为现代生态科学的两大组成部分。社会生态学是研究人类社会及其环境（包括自然环境和社会环境）相互关系与作用规律的科学（叶峻，2001）。前苏联学者将其定义为"综合生物方法和社会方法研究人类与其居住的自然环境、人工环境相互作用规律的科学"。

现代生态学理论描述的复合生态系统，是可持续发展思想的理论基础，在层次上可概括成3个子系统（马世骏等，1984）：自然子系统、经济子系统和社会子系统。社会生态学理论又称为社会—经济—自然复合生态系统理论。自然子系统指自然界除人类以外的生物及其环境构成的生态系统，自然子系统以向人类提供物质和服务的形式支撑着经济子系统。经济子系统包括从自然子系统中得到的物质或服务，通过生产加工，赋予价值和价格，将其商品化，再为人类所利用的过程；其中不仅有各种物质组成的生产资料、生产对象或产品，构成与自然生态系统相似的能量流动、物质循环和信息传递，还存在着价值转换规律（有人称其为价值流）。社会子系统由两部分构成：第一，人类自身的再生产，即人口繁衍；第二，人类的社会关系、民族文化和政策法令等。社会子系统内部存在特定的结构和功能，信息传递不仅是影响该系统发展的重要因素，同时也是调控经济子系统和自然子系统的重要手段（马世骏、王如松，1984）。

复合生态系统结构可以理解为物理环境（包括地理环境、生物环境和人工环境）、文化社会环境（包括文化、组织、技术等）的组合。其功能包括系统的生产、生活、供给、接纳、控制和缓冲功能。复合生态系统的生产功能不仅包括物质和精神产品的生产，还包括人的生产，不仅包括成品的生产，还包括废物的生产；复合生态系统的消费功能不仅包括商品的消费、基础设施的占用，还包括了无劳动价值的资源与环境的消费、时间与空间的耗费、信息以及作为社会属性的人的心灵和感情的耗费。人类生产和生活活动是由生态服务功能支撑的，包括资源的持续供给能力、环境的持续容纳能力。自然的持续缓冲能力及人类的自组织自调节活力。正是由于这种生态服务功能，经济得以持续、社会得以安定、自然得以平衡（李世东、徐程扬，2003）。

复合生态系统的动力学机制来源于自然和社会两种作用力。自然力的源泉是能量。能量是地球上一切地质、地理、水文、气候乃至生命过程的基础，生态系统在其形成、发育、代谢、生产、消费及还原过程中，始终伴随着能量的流动与转化。能量流经生态系统的结果并不是简单的生死循环，而是一种信息积累过程，其中大多数能量虽以热的形式耗散了，却以质的形式储存下来，记下了生物与环境世代斗争的信息。社会力的源泉有：①经济杠杆：金融；②社会杠杆：管理；③精神杠杆：文化。经济杠杆刺激竞争，社会杠杆诱导共生，而精神杠杆孕育自生，三者相辅相成构成社会系统的原动力。自然力和社会力的耦合导致不同层次复合生态系统特殊的运动规律。自然杠杆、经济杠杆、社会杠杆、精神杠杆的合理耦合和系统搭配是复合生态系统持续演替的关键，偏废其中任一方面都可能导致灾难性的恶果（李世东、徐程扬，2003）。当然，这种灾难性的突变本身也是复合生态系统负反馈调节机制的一种，其结果必然促进人更明智地理解自己的系统，调整管理策略，但其代价是巨大的。掌握复合生态系统理论，有助于综合考虑森林健康经营地区的社会、经济、自然因素，确定不同类型地区生态环境的最大允许负荷，进而可因地制宜地采用不同的重建技术模式和经济发展战略模式。

十三、生态承载力理论

生态承载力（Ecologic Carrying Capacity）是由承载力（Carrying Capacity）的概念发展演变而来的，其孕育的时间源远流长。承载力的理论基础可以追溯到马尔萨斯的人类种群增长论（Malthus，1986）和著名种群增长模型——逻辑斯谛模型（Logistic Model）（Dhont，1988；Cohen，1995b；Lindberg，1997；Seidl and Tisdell，1999）。1922 年，Hawden 在观察阿拉斯加引入驯鹿种群后产生的生态效应时，正式提出了承载力的概念，即承载力是"在一定放牧时期牧场所能供养家畜的最大数量，但同时不能伤害牧场的生态环境和资源基础"。直到 20 世纪 50 年代，美国生态学家H. T. Odum 才把逻辑斯谛方程的环境容纳量 K 值与承载力的概念直接联系起来。此后，承载力概念在生态学的多个分支学科：种群生态学、数学生态学、应用生态学、人类生态学和生态经济学中得到了广泛的研究和应用，成为生态学研究的核心内容之一。

生态承载力被赋予比承载力更为丰富的内涵，生态承载力概念的提出来源于生态学的理论研究。生态承载力理论指一定条件下生态系统为人类活动和生物生存所能持续提供的最大生态服务能力。生态承载力的内涵可以归纳为在一定量的资源环境条件下，生态系统的供给能力和子系统的发展能力。它主要包括两个方面：①生态系统本身的自我发展能力和其提供的资源以及应对外界活动的协调性；②处于生态系统中的子系统依据现有的资源所能达到的极限能力。这两个功能的发挥依赖于生态系统的弹性，弹性越大发挥的功能越好，弹性越小发挥的功能越弱。包括了以下两个原则：①基础性原则，该原则表明生态系统为其子系统提供了向上发展的基础，并能承载一定的压力。②变动性原则，该原则表明生态系统的承载力随着自身以及外界因素的变化而变化。不同地区的生态系统，生态承载能力也表现不同。不同时间同一生态系统的生态承载力也表现不同。生态系统承载着子系统向上发展带来的压力也同时提供子系统向上发展所需的资源，所以生态承载能力是有限度的。但生态承载力的限度也会随着内部以及外部各个因素的改变而发生变化。森林生态系统同样的也具有生态承载力，其承载力也有其限度，但是随之情况的变化其承载力也会发生变化。

基于生态承载力理论，森林生态系统提供我们社会经济发展所需的资源，我们人类的活动又给森林生态系统造成一定的压力，我们可以通过合理的利用森林资源来减小森林生态系统的压力，同时加大对森林生态安全保护的投入来提高森林生态系统的生态承载力的限度，以实现森林生态系统和我们社会经济的持续健康发展。将生态承载力理论引入生态安全预警与调控中，确定相应自然资源的环境容纳阈值，测定其承载能力，划定生态安全预警的警限，是生态安全研究中至关重要的环节。基于调控的理论和原理，加强对人类活动的限制，以及对生态系统而保护，最大限度地减轻环境的承载压力，提高支持能力，最大限度的保护生态环境系统的完整性和持续性。

十四、系统动力学理论

系统动力学(System Dynamics)是由美国麻省工学院福雷斯特教授于 1956 年首创的，分析研究信息反馈系统的科学，强调系统、整体的观点和联系、发展、运动的观点，是沟通自然科学与社会科学、认识与解决系统问题的综合性学科(张云，2008)。在应用方面，因最早用于工业管理，因此国外也被称为"工业动力学"，随着其理论与方法日渐成熟，研究范围的扩大，应用范围也深入到各种领域，因其应运范围已远超过"工业动力学"范畴，因此改为"系统动力学"。am系统动力学的研究对象主要是社会、经济、生态等复杂系统及其复合的各类复杂大系统，为处理高非线性、大规模社会经济复杂系统的难题提供了有效的思想、方法和手段，近几千年来在西方经济的实践中取得了丰厚的硕果。梅多斯于 1992 年将技术进步等因素引入模型对系统动力学的世界模型并进行了修改。从此，系统动力学越来越多地被研究人员采纳，用研究复杂系统。

目前，系统动力学技术已被广泛地应用于自然科学和社会科学的各个领域。由于系统内部的行为与机制之间存在着互相依存的关系，系统动力学正是通过对这一关系的梳理来分析系统变化的因果关系，即系统结构(郁亚娟等，2007)。系统结构被视为一个复杂的网络，它由互相影响互相制约的各个要素构成，在系统动力学中，这些构成系统结构的要素主要包括"状态变量"(Level)、"速率变量"(Flow)和"辅助变量"(Auxiliary)等。基于对运筹学的概况总结，系统动力学逐渐发展为能够适应当今社会管理系统的一门学科。一方面，它以具体的现实情况为依据，从整体的角度为社会系统寻找优化其行为的手段和方法，从而为抽象的规划建设提出建议(田林等，2009)；另一方面，它并非简单地依靠数学推算得出结论，而是在对系统进行实际观测后，利用具体的观测数据构建一个长期的动态仿真模型，运用计算机模拟技术分析出系统行为的发展趋势，从而为系统行为的未来发展提供建设性的参考意见。总而言之，"系统动力学是以计算机模拟技术为手段，模拟研究动态的社会系统行为的方法(翟高粤，2004)"。系统动力学特征如下：①开放的系统为其主要研究对象，分为生命系统和非生命系统。这一方法被广泛应用于分析复杂而缺少数据信息的系统问题。同时，灵敏度分析和信息反性检验，通过对其系统进行反复调试，确保其稳健性、可操作性和合理性。②在系统动力学中，其研究对象被划分为相互联系相互影响的多个子系统。从整体出发，代替过去只考虑单一要素的研究视角，对各个子系统之间可能存在的动态因果关系进行分析研究，梳理其复杂的联动关系，解决其巨系统问题。③系统动力学采用定性与定量相结合的研究方法，将结构、功能和历史的方法统一起来，主要利用计算机模拟技术构建动态仿真模型，这一过程包括创建系统方程式以及绘制系统流图。之后运行模型进行仿真试验和有效性检验，如果该模型通过检验，则能够制定科学的决策和建议。④在对未来的预测上，系统动力学强调的是提供具有长期效力的发展策略，而非对未来发展趋势和具体情况的精准预测，因此它是一种有条件的预测(张波等，2010)。

生态安全是一个动态过程，其影响因素复杂多变，生态安全各影响因子之间耦合变化过程研究，是一种非线性的动态变化过程。而系统动力学模型(SD 模型)能表达非线性的因果循环关系、信息反馈以及随时间变化的复杂动态问题，通过改变系统的参数，测试各种战略方针、措施和政策的后效应，获得改善系统结构与功能的最优途径。因此，以森林—社会经济—环境复合系统之间相互作用反馈机制为依据，利用系统动力学模型作为模拟平台构建预测模型，开展北京市森林生态安全预警动态监测研究，明确目前不同区域森林生态安全所处的阶段以及变化趋势，并对未来一定时间内所属的类型、所处的阶段、所要采取的应对措施等进行判断，及时反映北京市及其各区县森林资源结构、生态功能、环境、经济的状况及逆向退化、恶化的变化趋势，为合理制定差异化的区域森林发展政策提供支撑。

十五、生态系统管理理论

生态系统管理学说起源于 20 世纪中叶。美国科学家利奥波德(Leopold)在 1949 年的著作中最早尝试性描述了生态系统及其管理方面的整体性观点，认为人类应该把土地当做一个"完整的生物体"，并应该尝试使"所有齿轮"保持良好状态。20 世纪 60 年代后，随着环境意识的不断增强，生态系统研究的重点不断增加，研究方向也引向保护和资源管理上。20 世纪 80 年代初期，生态系统管理的概念真正在美国得到了广泛认可，大量关于生态系统和管理方面的研究论文出现，生态学开始强调长期定位、大尺度和网终研究，生态系统管理与保护生态学、生态系统健康、生态整体性与恢复生态学相互促进和发展，美国政府尤其是农业部及国会积极倡导对生态系统进行科学管理。在此期间，Agee 和 Johnson 在 1988 年出版了生态系统管理的第一本专著。他们认为生态系统管理应包括生态学上定义的边界，明确强调管理目标、管理者间的合作、监测管理结果、国家政策层次上的领导和民众参与等 6 个方面。在 20 世纪 90 年代以来，关于生态系统管理的专著陆续问世。这些专著支持大多数的资源经营活动，而且强调用环境科学知识满足社会经济目标。自此，生态学界开始注意生态系统管理，并将生态管理与可持续发展相联系。森林生态系统管理研究与评估研究逐渐开展，生态系统管理的基本框架形成。

生态系统管理方法应当遵循整体性原则，从区域考虑，从局部着手，采用多学科交叉的方法，并在管理中特别考虑人为因素对系统的影响，在变化中寻求管理的最适性是我们追求的目标和道路。显然，生态系统管理的概念是在生态科学的发展过程中逐渐形成和发展的。在探索人类与自然和谐发展的道路上，生态系统的可持续性已成为生态系统管理的首要目标。

综合生态系统管理的基本要求主要包括：①可持续性：生态系统管理将长期的可持续性作为管理活动的先决条件；②目标：在生态系统可持续性的前提下，具体的目标应具有可监测性；③生态系统模型：在生态学原理的指导下，不断建立适宜的生态系统功能模型并将形态学、生理学及个体、种群、群落等不同层次上生态行为的认识上升到生态系统和景观水平，指导管理实践；④复杂性和相关性：生态系统复杂性和相关性是生态系统功能实现的基础；⑤动态特征：生态系统管理并不是试图维持生态系统某一种特定的状态和组成动态发展；⑥动态序列和尺度：生态系统过程在广泛的空间和时间尺度上进行着，并且任何特定的生态系统行为都受到周围生态系统的影响，因此，管理上不存在固定的空间尺度和时间框架；⑦人类是生态系统的组成部分：人类不仅是生态系统可持续性问题的因素，也是在寻求可持续管理目标过程中生态系统整体的组成部分；⑧适应性和功能性：通过生态学研究和生态系统监测，人类不断深化对生态系统的认识，并据此及时调整管理策略，以保证生态系统功能的实现。

由此可见，综合生态系统管理是"以制定政策和管理战略，解决资源利用和环境保护冲突，控制人类活动对区域环境影响的持续的、动态的过程"。其总体目标是确保区域自然资源达到最佳的持续利用，持久地维持高度的生物多样性和确实保护至关重要的生境。由于综合管理通常需要有效的政策和管理战略来实现，这种管理往往以一种政府行动来体现，是一种所谓的"集中式"生态系统综合管理。但是，要有效地实施综合生态系统管理，必然要求有各种利益团体，特别是以土地为依托的农民和有兴趣的公众、关心特定区域资源分配和矛盾调解方式的利益相关者的积极和持续介入。

第三节
生态安全相关研究进展

一、国外生态安全研究进展

国外生态安全研究是从生态风险分析发展而来（Barnthouse，1992），从对"安全"定义的扩展开始，主要围绕着"环境变化"和"安全"之间的关系而展开，经历了"思考人类生态环境的安全问题""提出政治安全和环境安全概念""对环境变化与安全的经验性研究""环境变化与安全的内在关系研究"四个阶段。

目前，国外学者对生态安全的研究重点主要集中在生态安全的概念与内容的确定及研究方法与手段的更新。国外有关生态安全的研究主要有：

（1）围绕生态安全的概念及生态安全与国家安全、民族问题、军事战略、可持续发展和全球化的相互关系而展开的研究。Costanza 等（1992）提出一个简明的定义，他认为"一个系统具有自身稳定结构和可持续发展能力，这样的系统就是健康的，也就是说一个系统在时间尺度上总能保持自身稳定性，同时对外界干扰有很强的恢复力，那么这样的系统就可以定义为健康的系统"。Rapport（1995）认为，生态系统是一个包含多种学科的复杂系统，该观点认为，由于人类干扰导致生态系统受到损害，所以如何诊断受害症状就需要不同的学科共同研究。

（2）研究方法的不断创新。系统论分析方法、生物统计方法在国外生态安全研究中被广泛应用，分辨率的遥感技术（RS）、地理信息系统技术（GIS）等高新技术手段越来越多地被引入生态安全研究体系。代表性论述：Schaeffer 和 Cox（1992）运用系统测算方法，研究了生态系统功能的阈值，并指明人类开发利用环境资源应控制在该阈值范围内，否则将对生态系统整体功能产生消极影响。Lai 等（2012）在现有生态环境和生态安全评价方法的基础上，利用压力—状态—响应（PSR）模型和地理信息系统（GIS）软件，针对三江平原生态环境日益恶化的问题，构建了生态安全评价指标体系，对位于中高纬度地区的三江平原进行研究。

（3）围绕生态安全的影响因素而展开的研究。Zhu 等（2009）通过链接隶属函数和不安全（I），轻度安全（LS），中度安全（MS）和安全（S）四个层次，采用状态和趋势评估方法对宁夏南部彭阳县所有农业生态系统的生态安全状况进行评估，指出化肥的不合理使用是生态安全的制约因素之一。

（4）农业生态系统健康及生态安全的影响。Singandhupe 等（2008）用 PODIUM 模型分四种情景［一切照常（BAU）、粮食安全情况（FS）、水安全情景（WS）和水和粮食安全情况（WFS）］对印度的水和粮食安全问题进行了全面的研究。

二、国内生态安全研究进展

生态安全已引起国内社会各界重视，成为一个热门话题。我国对生态安全的研究是从 20 世纪 90 年代开始的。2000 年 12 月国务院颁布的《全国生态环境保护纲要》，首次提出了"维护国家生态环境安全"的目标，"生态安全"的概念浮出水面，并指出所谓国家生态安全是指一个国家生存和发展所需的生态环境处于不受或少受破坏与威胁的状态（程漱兰、陈焱，1999）。近年来，生态安全研究已成为当前地理学、资源与环境科学以及生态学研究的前沿任务和重要领域。目前各学者针对各类生态系统的生态安全问题都有了一定的研究（李雪婷、陈珂，2015）。概括起来国内对生态安全的研究主要有：

（1）生态安全概念的不断深化和拓展。不同学者从环境安全、环境资源安全、生态系统的结构和功能、生态子系统、生态保障程度、人类生态安全、区域生态安全等不同的角度对生态安全进行了定义。代表性论述：陈柳钦（2002）从环境安全角度对生态安全进行了定义，即生态安全是指关系到全人类、某一国家、地区或城市居民的生存安全的环境容量（城市空气环境容量、江河湖海的地面水环境容量、大气臭氧层破坏的最大极限等）最低值是否具备、战略性自然资源（如水资源、土地资源、森林和草地资源、海洋资源、矿产资源等）存量的最低人均占有量是否有保障、重大生态灾害（如重大沙尘暴灾害等）是否得到抑制等一系列要素的综称。蒋信福（2000）从环境资源安全角度对生态安全进行了定义，指出生态安全是在一定区域内人类赖以生存和持续发展的以环境资源为物质基础、以环保产业为救济手段的生态系统的综合平衡。郭中伟（2001）认为所谓"生态安全"是指一个生态系统的结构是否受到破坏，其生态功能是否受到损害。"生态安全"的显性特征是生态系统所提供的服务的质量或数量的状态。陈东景和徐中民（2002）则认为生态安全的具体含义可以扩展为保持生态子系统中的各种自然资源和生态系统服务的合理使用和积极补偿，避免因自然资源衰竭、资源生产能力下降、生态环境污染和退化给社会生活和生产造成的短期和长期不利影响，甚至危及区域或国家的政治、经济和军事安全。肖笃宁等（2002）将生态安全与保障程度相联系，把生态安全定义为人类在生产、生活和健康等方面不受生态破坏与环境污染等影响的保障程度，包括饮用水与食物安全、空气质量与绿色环境等基本要素。陈国阶（2002）从人类生态安全角度出发，将生态安全定义为人类赖以生存的生态与环境，包括聚落、聚区、区域、国家乃至全球，不受生态条件、状态及其变化的胁迫、威胁、危害、损害乃至毁灭，能处于正常的生存和发展状态，即人类生存环境处于健康可持续发展的状态。肖荣波等（2004）则指出区域生态安全是在一定时空范围内，区域内生态环境条件以及所面临生态环境问题不对人类生存和发展造成威胁的状况，同时该地区生态系统的功能可以满足人类持续生存与发展需求。

(2)生态安全的研究方法逐步由定性向定量化发展。代表性论述：刘元慧和李钢(2010)以数理统计方法和地理信息技术为支撑，依据 PSR 模型构建兖州矿区生态评价指标体系，对矿区生态安全进行研究。陈宗铸和黄国宁(2010)以 PSR 模型为概念框架，结合层次分析等数学工具，构建以区域为空间尺度的森林生态安全评价指标体系，并对海南省森林生态安全进行定量动态评价。张强等(2010)利用可拓综合分析方法，建立了区域生态安全的动态预警模型。王文琴和鲁成树(2012)通过定量分析与定性描述相结合的方法，对黄山市历年土地资源生态安全状况差异进行研究。李保莲等(2013)通过 RS 和 GIS 平台，综合运用遥感影像、统计报表及抽样调查数据，研究粮食主产区县域土地利用变化及其生态安全状况。米锋等(2013)采用模糊综合评价方法，借助相对隶属度的概念和客观赋权的主成分分析，对北京市森林生态安全状态进行研究。张家其等(2014)将灰色系统理论与熵值赋权法相结合，采用压力—状态—响应模型，对恩施贫困地区生态安全状况进行综合评价。江源通等(2017)通过层次分析法和 GIS 空间叠置法综合多要素分析了平潭岛的生态敏感性，并对平潭岛城市生态安全格局进行了评价。

(3)研究范围涉及城市、流域、旅游地、自然保护区等各个方面。代表性论述：谢花林和李波(2004)从城市生态安全的内涵出发，从资源环境压力、资源环境状况、人文环境响应 3 个方面构建了一个 4 层次的城市生态安全评价指标体系，并在此基础上对北京、上海、广州、深圳、大连、天津、南京 7 大城市的生态安全进行了分析。高清竹等(2006)从长川流域土壤侵蚀、干旱缺水、生物多样性减少等实际主要生态环境问题的角度，建立流域生态安全评价指标体系，采用地理信息系统手段和综合评价方法，对 1976 年至 2000 年 4 期区域生态安全状况进行了研究。肖建红等(2011)在界定区域刚性生态足迹和区域弹性生态足迹含义的基础上，构建了广义海岛旅游地生态安全模型和狭义海岛旅游地生态安全模型，提出了海岛旅游地生态安全与可持续发展评估框架和判断标准，并进行了实证分析。侯鹏等(2017)以中国国家重点生态功能区、生物多样性保护优先区和国家级自然保护区等自然保护地为研究对象，定量分析自然保护地的时空分布特征，基于生态系统服务重要性评估辨识国家生态安全格局构建的空间缺失，面向国家生态安全构建和保障需求提出生态保护管控对策建议。

(4)研究对象涉及农业生态、土地利用、景观生态、海洋、水资源、草原、湿地、森林等各个方面。代表性论述：马丽君等(2009)首次提出了农田生态系统生态安全的概念，分析了农田生态系统生态风险源及我国农田生态系统的现状，探索了农田生态系统生态安全评价的方法。王庆日等(2010)从土地利用生态安全角度出发，定量评价西藏 7 个地(市)的土地利用生态安全状况。吴妍等(2010)以景观生态安全为出发点，在利用综合指数法初步构建的景观生态安全综合评价模型基础上，并对太阳岛湿地景观生态安全进行研究。苟露峰等(2015)从生态安全、经济安全和社会安全 3 方面选取 26 个指标构建海洋生态安全评价指标体系，运用 BP 神经网络对山东省海洋生态安全发展现状和演变趋势进行评价。张凤太和苏维词(2015)构建岩溶区地下水资源生态安全指数模型，对贵州省地下水资源生态安全进行动态研究。董世魁等(2016)开展了阿尔金山自然保护区草地生态安全量化研究。吴健生等(2017)对深圳市湿地生态安全进行了综合评价，并指出深圳市湿地破碎化严重，湿地生态安全受人为胁迫严重。汤旭等(2017)运用熵权法和模糊物元法计算出森林生态安全指数，然后结合气象类指标和地形类指标计算出生态区位系数，再用此系数来调整森林生态安全指数，并结合了 ArcGIS 软件和重心分析模型，对湖北省森林生态安全及重心演变进行研究。

（5）围绕生态安全影响因素而展开的研究。代表性论述：董伟等（2010）对长江上游重点水源涵养区生态安全状况中发现影响研究区生态安全的主要因素是降雨量、GDP 增长率、水资源有效利用率、植被覆盖度和水环境质量。乔瑞琪和刘汉斌（2015）从自然因素（海洋灾害频繁、气候变化）、人为因素（海洋环境污染严重、过度捕捞、外来水生生物入侵等）和制度因素（法律制度，组织管理制度，财政支持、技术因素）等角度分析评价我国海洋生态安全，并在此基础上提出加强海洋生态保护、保障海洋生态系统健康稳定发展的对策。阮连斌（2015）通过对影响到森林公园生态安全的诸多因素进行分析后指出能够影响到森林公园生态安全的因素主要包含 2 个方面：自然因素和人为因素。自然因素又包括了环境因素、资源因素和自然灾害因素；人为因素主要包括人口因素和公园管理者的管理与决策两种。贾书楠等（2016）以西安市为研究区域，构建了基于能值理论的耕地生态安全指标评价体系，采用多元线性回归模型分析了耕地生态安全的影响因素，发现人均能值产出、能值密度、农业财政支出比例、耕地非农化指数和人口密度是影响西安市耕地生态安全水平的重要因子。张钦礼等（2016）在对湘西自治州生态安全的评价研究中发现影响湘西自治州生态安全的因素可以归纳为环境影响因子、资源影响因子和社会影响因子，其中环境影响因子是最主要的因子，资源影响因子次之，社会影响因子对生态安全的影响最小。杨人豪等（2017）对丰都县农村土地生态安全状况研究中指出影响重庆市丰都县农村土地生态安全的因素按照影响程度大小依次为：植被生物条件、土壤条件、景观多样性、生态建设与发展协调程度、降水条件、水域条件。

第四节
生态安全评价研究进展

一、国外生态安全评价研究进展

国外对生态安全评价的研究是从生态风险分析和生态系统健康评价发展起来的。相对于生态风险评价和生态健康评价的研究水平，生态安全评价的研究水平较低，与生态安全相关的生态风险评价和生态健康风险评价具有较为完整的概念体系和系统的操作方法。在生态安全评价领域，美国环保署将地理因素与生态学因素相结合，建立了河流生态系统综合评价指标体系；联合国经济合作开发署 OECD，通过建立压力 – 状态 – 响应框架模型，建立研究生态安全的指标评价体系；Corvalan 等（1999）通过研究驱动力（Driving force）、压力（Pressure）、状态（State）、暴露（Exposure）、影响（Impact）和响应措施（Action），建立了生态安全评价的 DPSEEA 概念模型；Seminar（2002）通过研究生态底线（ecological bottomlines），来找寻平衡人类活动的策略。

二、国内生态安全评价研究进展

生态安全评价和分析是生态安全研究的主要内容，对于一个国家或地区的经济发展、资源合理利用和生态环境建设起着至关重要的作用。在生态安全评价方面，国内不少学者做了大量工作。可以把生态环境质量评价，生态风险分析以及生态系统健康看做是生态安全评价的先声。1992 年，中国科学院生态环境研究中心"生态环境预警研究"课题组提出了区域生态环境质量评价和预警分析的方法，并建立了全国省区生态环境评价的指标体系和评价方法，从环境容量因子、环境质量因子、环境负荷因子、人口密度因子和能源消耗因子五个方面对我国部分城市的环境质量进行了环境安全的预警研究。崔保山和杨志峰（2001）针对湿地生态系统健康问题，提出了一套包括系统特征、功能整合和社会政治环境三方面的湿地生态系统健康评价体系。马宝艳和张学林（2000）针对区域生态风险评价从风险的识别、安全浓度的确定、暴露量的确定和风险表征四方面进行了研究。真正严格意义上的生态安全评价研究始于吴国庆（2001）对区域农业可持续发展的生态安全评价研究，该研究以资源生态环境为评价核心，从其压力、质量和保护整治能力三方面来设定研究区域农业可持续发展的生态安全评价指标体系，并以浙江嘉兴市为例进行了实证研究。之后关于生态安全评价实证性研究和评述性的文章大量涌现。

　　生态安全评价的核心在于评价指标体系的构建。目前，国内已有的研究主要集中区域水平上，如陈东景和徐中民（2002）从状态—压力—响应的角度设计了一种评价生态安全的指标体系，对我国西北第二大内陆河黑河流域中游的张掖地区进行了实证分析。吴国庆（2001）以浙江省嘉兴市为例，讨论了区域农业可持续发展的生态安全评价的基本过程和方法。韩宇平和阮本清（2003）从社会经济安全、粮食安全、水资源与生态安全 3 个方面构建了由 13 个指标组成的区域水安全的指标体系，对郑州市水安全状况进行评价。刘勇等（2004）在建立土地资源生态安全评价指标体系的基础上，进而运用相关数学方法，对嘉兴市的土地资源生态安全状况进行了综合评价。董雪旺（2004）对旅游地生态安全评价的理论与方法进行探讨，建立了旅游地生态安全评价的理论框架结构，以五大连池风景名胜区为例进行了实证研究。李红霞（2006）利用 P－S－R 模型对长株潭城市群生态安全的现状进行了分析。顾艳红和张大红（2017）基于森林生态系统与自然、人类社会系统的交互关系，从森林资源状况、地理气候条件、地区社会经济压力、人类管护响应状况四个方面构建贵州、湖北、浙江、吉林、青海五个省份森林生态安全评价指标体系。这些研究的重点主要集中在区域生态安全的重要性、影响因素以及评价计算等方面，而且，有些是侧重于区域生态安全的某一方面（如区域水安全）开展研究。

　　在构建指标体系的概念框架中，其中 OECD（Organization of Economic Co-operation and Development，联合国经济合作开发署）建立的压力—状态—响应（PSR）框架模型使用最为广泛，吴国庆（2001）、陈东景和徐中民（2002）、左伟等（2003）、王恒伟等（2010）按这一概念框架构建了生态安全评价指标体系。有的学者对压力—状态—响应（PSR）进行了实证分析，如王韩民（2003）基于复合生态管理的思想，建立了生态安全系统评价的压力—状态—响应（PSR）指标体系，提出了一种简化的评价方法，以我国的生态安全系统为例进行了实例评价。谢花林和李波（2004）从城市生态安全的内涵出发，根据压力（pressure）状态（state）响应（response）模型，从资源环境压力、资源环境状况、人文环境响应 3 个方面构建了一个 4 层次的城市生态安全评价指标体系，并以此对北京、上海、广州、深圳、大连、天津、南京 7 大城市进行了实证分析。张锐等（2013）在界定耕地生态安全内涵的基础上，构建了基于压力—状态—响应（PSR）模型的评价指标体系，对我国耕地生态安全进行实证评价。也有学者考虑到响应内涵差异，从压力、状态、观念意识响应和行动措施响应4个层次来构建城市生态安全评价指标体系(赵运林,2006)。在此基础上,联合国可持续发展委员会(UNCSD)又提出了驱动力—状态—响应(D-S-R)概念模型,而欧洲环境署则在P-S-R基础上添加了"驱动力"(Driving force)和"影响"(Impact)两类指标构成了D-P-S-I-R框架。我国学者在上述概念框架下针对不同的评价对象对评价指标做了大量的有益探索。左伟等(2003)结合OECD及UNCSD概念框架,制定了区域生态安全评价的D-P-S-E-R生态环境系统服务的概念框架,扩展了原模型中压力模块的含义,指出既有来自人文社会方面的压力,也有来自自然界方面的压力并构建了满足人类需求的生态环境状态指标、人文社会压力指标及环境污染压力指标体系作为区域生态安全评价指标体系。刘世梁等(2007)从驱动力—状态—响应指标入手,评价DSR范式在工程生态安全评价中应用的可行性,制定了区域生态安全评价指标体系概念框架。王学等(2011)基于驱动力-状态-响应模型(DSR模型),构建了山东省生态安全状态评价指标体系。谈迎新和於忠祥(2012)基于DSR模型,根据研究区域的实际情况,选取淮河流域(六安段)的生态安全评价指标,建立生态安全评价模型。另一种具有代表性的生态安全评价指标体系是环境、生物与生态分类系统,该系统将生态安全评价的指标划分为环境安全指标、生物安全指标、生态系统安全指标,并建立各自的评价指标。

第五节
森林生态安全相关研究进展

一、国内外森林生态安全研究进展

目前,国外对于森林生态安全的研究很少,但在相关领域研究比较丰富。大部分学者认为,对森林生态系统健康的监测与评估可以在很大程度上反映其安全状况。森林生态系统健康是关系到生态安全的重大问题,所以引起了世界各国的普遍关注。20世纪70年代末期,德国针对国内森林出现的活力缺失情况,率先提出了森林健康状态的概念并开始了观测工作,这在整个欧洲都具有深远的影响,引起各国学者对森林生态安全的研究产生浓厚的兴趣,随即森林生态健康在世界其他国家也相继开始。主要从两个方面进行论述:

(1)森林生态健康概念的探讨。1992年,美国国会通过"森林生态系统健康和恢复法",农业部组织专家对美国东、西部的森林、湿地等进行了评价,并于1993年后出版了一系列的评估报告和专著。其中,Kolb(1994)认为一个健康的森林生态系统有下述特征:"首先在生境方面有能力产生支持森林生产的营养网,维护其对资源供求平衡,同时有从灾难中恢复的能力,维护其健康演替"。O'Laughlin等(1994)首先提出"森林生态系统健康是一种状态,向人类提供需要并维持自身复杂性的一种状态,复杂性尤其要考虑森林时空尺度的问题"。Alexander和Palmer(1999)认为森林生态系统健康是一种状态,是森林生态系统向人类提供需要并维持自身复杂性的一种状态。Dale等(2000)将森林生态系统健康定义为:"在生物和非生物因素,如病虫害、环境污染、营林、林产品和生态服务等不同层次需要的情况下,森林生态系统有能力进行资源更新"。Allen(2001)在对加拿大的森林资源进行健康评估的基础上指出森林健康是一个极其复杂的概念,经过讨论不同的相关利益者对森林健康概念的理解，认为利益相关者不同，则对它的理解不同。

（2）研究内容不断丰富。Hall（1995）利用酸雨预警系统对加拿大森林生态系统的健康状况进行检测。Aamlid 等（2000）对挪威北方森林 15 年的森林健康变化进行研究，推测出大多数挪威森林生态系统总体状况良好。澳大利亚学者 Stone 等（2001）对森林健康状况进行了分析，并针对不同地域的特点提出了不同的监测计划。Rogers（2002）利用森林健康监测评估落基山脉南部生态区的白杨林覆盖变化。Tkacz 等（2008）对北美森林健康状况进行研究，认为影响北美洲森林健康最大的原因是侵入性森林昆虫和病原体（如美国的翡翠灰螟和突然的橡树死亡）、本地有害生物（例如加拿大山松甲虫）的严重爆发以及火灾因气候变化而加剧。Klos 等（2009）使用森林健康和监测数据探讨美国东南部不同干旱严重程度对树木生长和死亡的区域效应。

国内对森林生态安全的相关研究最早是从 20 世纪 90 年代开始研究。2000 年 12 月 29 日国务院发布《全国生态环境保护纲要》，我国首次明确提出"维护国家生态安全"的目标（张婧，2009）。并在第七次全国森林资源清查中第一次增加了反映森林生态安全、森林健康、生物多样性以及满足林业工程建设和生态建设的指标和内容（黄莉莉等，2009）。之后，越来越多的学者投入到森林生态安全的研究中，可从以下几个方面概述：

（1）研究方法多元化。代表性论述：陈伟（2009）以压力—状态—响应概念模型为依托建立延平区森林生态安全评价指标体系，采用层次分析法确定不同层次评价指标权重，采用模糊综合评判法判定森林生态安全等级，进而对延平区森林生态安全进行研究。陈宗铸和黄国宁（2010）运用层次分析法等，构建以区域为空间尺度的森林生态安全评价指标体系，并对海南省森林生态安全进行定量动态评价。袁珍霞（2010）采用综合指数法评价福建三明市的森林生态安全状况。毛旭鹏等（2012）在构建森林生态安全评价指标体系的基础上，利用熵值法赋权，并结合模糊综合评价法对研究区森林生态安全状况进行评价分析。刘心竹等（2014）基于有害干扰角度，采用理论分析与实证分析、定性分析与定量分析相结合的研究方法，通过主成分分析、聚类分析、模糊评价等手段对 2011 年我国 31 个省级行政区域的森林生态安全水平进行实证分析和评价。周亚东（2014）采用数学模型方法、PSR 框架、层次分析法等手段，采取定性和定量相结合、规范研究与实证研究相结合的方法，对海南岛森林生态安全进行综合评价。刘婷婷等（2017）基于熵权模糊物元模型对我国省域森林生态安全研究。姚月和张大红（2017）在 PSR 模型的基础上，运用灰色关联分析方法，对湖北省重点生态功能区所在的 29 个区县的森林生态状况进行评价分析。

（2）森林生态安全影响因素分析。代表性论述：陈伟（2009）对延平区森林生态安全进行评价研究，发现森林生态安全状况与区域的经济状况、社会条件、森林资源存量与配置、科技文化进步等因素关系密切。毛旭鹏等（2012）研究了长株潭地区森林生态安全演变规律，并认为乱砍滥伐、病虫害、冰雪灾害和森林火灾是影响森林生态安全恶化的重要因素。米锋等（2015）对我国森林生态安全评价及其差异化分析研究，发现森林生态系统安全状况主要受到森林生态承载力的影响，人类行为的影响为辅，森林生态承载力指标中森林资源状况是导致各省、各年份之间森林生态承载力产生差异的最主要原因。冯彦等（2016）在对吉林省县域森林生态安全评价研究中，发现压力类的指标因素对森林生态安全造成的威胁较大，尤其是二氧化硫与工业废水排放量。冯彦等（2017）研究了湖北省县域森林生态安全评价及时空演变，并认为森林覆盖率、单位 GDP 能耗、人口密度等指标是影响森林生态安全的主要影响因素。

(3)森林生态安全时空格局分析研究。大多数学者对森林生态安全格局的分析研究主要集中在区域和景观尺度上。区域尺度上的生态安全代表性论述有：冯彦等(2016)基于 PSR 模型构建吉林省县域森林生态安全指标体系，对吉林省县域森林生态安全时空格局演变进行了研究分析。冯彦等(2017)以湖北省 85 个区县为研究对象，分析比较 1999～2014 年湖北省森林生态安全变化，在 GIS 技术支持下对湖北省县域森林生态安全格局进行空间相关性分析。景观尺度上的生态安全代表性论述有：王千等(2011)基于地理学研究中的空间格局分析技术，重点探讨河北省 138 个县耕地生态安全空间聚集格局差异特征，并分析聚集格局产生的主要影响因素。杨青生等(2013)建立景观生态安全评价指标体系，研究东莞市景观生态安全时空格局发展变化，揭示快速城市化地区生态安全发展变化的规律。赵筱青等(2015)以景观干扰度和景观脆弱度作为景观结构安全指数，引入生态系统服务价值作为景观功能安全指数，构建景观生态安全模型，分析 2000～2010 年西盟县景观生态安全时空变化特征。王斯锐和沈守云(2017)阐述了区域景观生态安全格局中设计与规划，以及建立景观生态安全的方法，对黄帝文化园景观生态安全格局进行研究。

(4)森林生态安全的相关领域森林生态系统健康研究。代表性论述：马立(2007)从森林生态系统的结构、功能，以及受到的外部扰动三方面入手，构建了北京地区的山地森林生态系统健康评价的综合指标体系。李杰等(2013)提出了由"调查指标－阈值指标－评价指标－控制指标－目标指标"5 个层次构成的森林健康评价指标体系框架。林国忠(2010)针对我国森林资源二类调查现状及建立县级监测体系要求，采用角规测树动态监测的理论与方法，建立县级小班总体的森林资源动态监测体系。李莉君等(2014)以东莞地区的森林特点为出发点，对森林有害生物对森林发展的影响进行分析。谢春华(2005)从构建基本理论入手，将森林景观生态健康作为一种新的管理方法，应用于密云水库集水区森林景观的管理。刘爱贤(2005)对森林资源与生态安全的关系进行了探讨。徐京萍等(2009)从区域尺度，对江西杨岐山地区森林健康状况与生态安全进行了研究。宋涛等(2008)在获取西洞庭湖区森林景观类型基本信息基础上，建立景观类型属性数据库，对森林景观空间格局特征进行分析。吴秀丽等(2011)将国内外森林健康经营对比研究，主要以美国、加拿大等典型国家(地区)为例，分析我国推进森林健康经营面临的问题，并提出对策建议。肖风劲等(2003)根据 300 多块森林样地调查数据和林业统计数据以及 300 个遥感观测站的每日气象等方面的数据对中国的森林生态系统健康及影响因素进行了分析。陈高等(2002)对森林生态系统健康评价指标进行了初步探讨，分析了已有的森林生态系统健康评估的思想和方法。

二、国内外森林生态安全评价指标体系研究进展

确立森林生态安全评价指标体系，是进行评价的关键。指标体系的优点就是，把森林对多种干扰的复杂反应变为一个具有可靠名称的数字。因此，通过建立指标体系，并不断根据具体的研究进行不断的调整，使森林生态安全的评价真正反映森林的实际健康状况，为人类更好地管理森林服务。然而，目前针对森林生态安全评价指标的研究相对较少，研究的范围较窄，研究角度雷同，指标体系多数基于 PSR 模型而建。压力—状态—响应模型，最初是由加拿大统计学家 Rapport 和 Friend(1979)提出，后由经济合作与发展组织(OECD)和联合国环境规划署(UNEP)于 20 世纪八九十年代共同发展起来的用于研究环境问题的框架体系。PSR 模型使用"原因—效应—响应"这一思维逻辑，体现了人类与环境之间的相互作用关系。人类通过各种活动从自然环境中获取其

生存与发展所必需的资源，同时又向环境排放废弃物，从而改变了自然资源储量与环境质量，而自然和环境状态的变化又反过来影响人类的社会经济活动和福利，进而社会通过环境政策、经济政策和部门政策，以及通过意识和行为的变化而对这些变化做出反应，如此循环往复，构成了人类与环境之间的压力—状态—响应关系。朱宁（2012）使用压力—状态—响应（PSR）概念模型，将森林生态安全总体评价水平划分为压力、状态和响应三个指标层。毛旭鹏等（2012）也按压力、状态、响应模型建立了长株潭地区森林生态安全评价指标体系。陈宗铸和黄国宁（2010）基于 PSR 模型和层次分析法对区域森林生态安全进行动态评价。然而相比于其他学者观点不同，沈文星等（2013）认为森林生态功能主要取决于森林资源的总量、结构和质量，因此，在其报告中增加了森林资源质量、结构和总量指标。

相对而言，国内外针对森林生态系统健康的评价指标研究相对较多，研究成果也相对较为成熟。表 2.1 综合叙述了国内外学者在进行森林健康评价时所建立的评价指标体系。从研究角度来看，森林健康评价指标体系总体上可分为以下两类。

一类是传统的指标构建观点，该观点遵循 Costanza（1992）提出的生态健康程度指数 HI = 系统活力×组织结构水平×系统恢复力标准，基本以活力、结构、恢复力为二级指标构建森林生态安全评价指标体系。此后，1995 年在蒙特利尔进程上，发表圣地亚哥宣言，签署了 7 个国际性的指标体系和 67 个具体指标，用来定义、评估和报告温带和热带森林的可持续经营的进程，其中森林生态系统的健康与活力（Forest Ecosystem Health and Vitality）作为 7 个指标体系之一，并在加拿大、美国、澳大利亚等很多国家的森林可持续经营报告中得到了体现（Oszlányi et al.，1997；Szepesi and Mallinson，1997；Tkacz et al.，2008）。尽管在指标具体构建过程中专家学者的学术侧重点有所不同，但本质上大同小异。

另一类是以袁菲（2012）为代表的森林生态系统健康评价指标体系，袁菲等认为传统森林生态系统健康评价指标体系理论性太强，数据获取困难，可操作性、实用性较差。为此，在分析国内外提出的众多森林生态系统健康评价指标的不足后，袁菲等基于有害干扰层面在森林生态系统健康评价指标体系构建上提出了一个新思路，即从森林火灾、林业有害生物、大气污染、人为有害干扰以及森林生态系统内部的增益干扰 5 个方面选取 20 个指标构建了森林生态系统健康评价指标体系。李静锐等（2007）从森林生态系统的结构和功能的角度出发，选用复合结构功能指标评价方法，选取了生长状况、有机质含量地类、土层厚度、灌木丰富度、草本丰富度共 6 个指标建立了北京八达岭林区森林健康评价指标体系，并通过指数法对北京八达岭林场试验示范区进行了森林健康评价。

表 2.1　国内外森林健康评价指标体系

研究者	时　间	指　标	特　点
Costanza	1992	提出系统活力、系统组织和系统恢复力 3 个指标	为健康评价提供了理论依据。但过于理论化，不能应用到实际
Alexander 和 Palmer	1999	树冠状况、植物物种多样性、土壤形态和鸣禽的栖息地等 17 个指标	指标筛选过程严格，需再修改和完善

（续）

研究者	时　间	指　标	特　点
Thormann	2006	地衣	为森林健康的全面评价提供了新的指标，但指标缺乏标准的检测数据来表示
Ryan et al	2009	物种多样性、年龄结构、密度、面积等8个指标	指标选取不全面
肖风劲等	2004	森林生理要素、森林生态要素、环境要素、气象要素、胁迫要素五个方面19个指标	生态环境要素全面，但是指标较难测度
陈高	2004	自然、经济、社会三个方面64个指标	指标考虑较全面，但是指标过多难以进行综合评价
李金良郑小贤	2004	物种多样性、群落层次结构、林分郁闭度、灌木层盖度、草本层盖度、枯落物层厚度、年龄结构、林分蓄积量、病虫危害程度9个指标	群落层次结构考虑全面，但指标选取不全面
李秀英	2006	生产力、组织结构、抵抗力、土壤状况四方面29个指标	土壤因素考虑较多，指标不易测量
谷建才	2006	活力、组织结构、适应性、社会价值四个方面7个指标	考虑到社会价值方面指标。但指标选取较少，不好测度
鲁绍伟	2006	物种多样性、群落层次结构、郁闭度、灌木层盖度、年龄结构、林分蓄积量、病虫危害程度、土壤侵蚀程度8个指标	指标易于测量
甘敬	2008	完整性、稳定性、可持续性三大类14个指标	指标较为合理。架构了森林健康评价的理论基础。与森林健康联系较密切的指标并不全面
曹云生	2011	活力、结构、抗干扰、生态服务功能四方面20个指标	综合考虑了生态系统结构和功能，以及生态系统的稳定性的影响。但是指标选取过多难以测度
胡阳	2012	活力、抵抗力、组织力、森林经营四方面15个指标	将森林经营纳入指标范围内，将人的影响加入指标中
胡焕香	2013	结构完整性、功能稳定性、系统活力性三个方面12个指标	指标选取较为合理
倪莉莉	2013	生产力、组织结构、抵抗力三个方面12个指标	指标易于测度

第六节
森林生态安全预警相关研究进展

一、国外森林生态安全预警研究

随着森林生态安全的开展和深入研究，森林生态安全预警的研究应运而生。预警一词英文称之为 Early-Warning，就是在灾害或灾难以及其他需要提防的危险发生之前，根据以往的总结的规律或观测得到的可能性前兆，向相关部门发出紧急信号，报告危险情况，以避免危害在不知情或准备不足的情况下发生，从而最大程度的减低危害所造成的损失的行为(吴延熊，1998)。预警的理论技术和实际研究首先应用在导弹防御系统和军事雷达技术方面，目前这个系统已经大面积地应用于民用领域，如在金融、企业管理等经济管理领域和医学领域中，显示了强大的服务功能，为社会经济和医疗卫生的发展做出了重大贡献(陈望雄，2012)。但国外对森林生态安全预警的直接研究较少，在一些相关研究当中取得较大进展。概括起来国外对相关方面的研究主要有：

(1)土地生态安全问题相关的预警。国外的相关研究以监测预警为主，如 Stephenne 和 Lambin(2001)进行的非洲萨赫勒地区土地利用变化动态模拟监测；Katlan 和 Sayyed(1999)对土壤退化以及土壤荒漠化进行的监测预警研究；Herrick(2002)等在耕地质量评价的基础上进行的牧地监测预警研究；Bouma(1999)等通过对土壤水、氮转化、生物灭剂的定量动态模拟、实时监测而组建的农业预警系统；Capparelli 和 Tiranti(2010)对意大利皮埃蒙特地区降雨引起的山体滑坡进行的预警研究；Rugege(2002)对玉米区域进行的预警分析等。Britz 等学者(2011)构建 CLUE－S 模型完成对区域土地利用的动态监测、格局优化以及驱动力分析研究。

(2)农业预警系统。Mwanjabe 和 Leirs(1997)从农业有害生物方面研究预警，对坦桑尼亚小型农耕系统中基于虫害防治的啮齿动物进行防治预警研究；Kumar(1998)通过估算印度拉贾斯坦邦焦特布尔地区主要粮食作物珍珠米的产量，开发了干旱地区的农业干旱预警系统；Leblanc(1993)对索马里农业粮食供求进行预警。

(3)其他生态安全的预警研究。Alibakhshi 和 Groen(2017)基于植被和水分指数相结合的新的综合指数(MVWR)，可以提高预测湿地生态系统的关键转变的能力，并提出 MVWR 与自相关 at －lag－1 相结合可以成功地为湿地生态系统中的一个关键转变提供早期预警信号。Waldner 等(2015)利用地球观测对沙漠蝗栖息地进行操作监测、评估和预警。

二、国内森林生态安全预警研究

国内关于森林生态安全预警的研究也尚处在发展阶段。目前仅有的研究具体如下：米锋等(2013)依托 PSR 概念模型，利用模糊综合评价法对北京市的森林生态安全进行预警研究，得到了2011～2015 年北京市森林生态安全状态继续转好的结论；毛旭鹏等(2012)基于 PSR 模型，采用 BP 神经网络对长株潭森林生态安全进行预警研究，预测 2012～2014 年森林生态安全状况都将处于"轻警"状态。但关于森林生态安全预警的相关研究比较丰富，概括起来主要有：

(1)农业生态安全的预警研究。李闯和刘吉平(2011)利用 GIS 技术的 MO 组件和 VB 语言建立了吉林省西部农业预警信息系统；肖薇薇(2009)则根据黄土丘陵区的农业生态现状，建立了黄土丘陵区农业生态安全预警评价指标体系，并运用层次分析法对黄土丘陵区农业生态安全进行了综合评价；王军等(2006)依据生态学拓适原理和乘补原理、生态幅概念和耐性规律以及经济学效益分析和环境库兹涅兹曲线原理建立了农业生态安全的理论基础，并从观念、技术和政府作用等方面进行了障碍性因素分析。

(2)农田生态安全的预警研究。江勇等(2011)基于农业生态系统的能值分析，采用灰色预测系统模型，建立了河北省武安市农田的预警系统，为农田的正确使用提供借鉴；马友华(2007)基于 WebGIS 系统对合肥市江淮分水岭地区的农田生态安全状况进行了预测预警。

(3)土地生态安全的预警研究。苏正国(2011)采用对象属性解析法建立土地生态安全预警指标体系，通过运用相关数学方法，预测各预警指标发展趋势，进而对南宁市土地生态警情进行评价。高奇(2015)以土地生态安全相关理论为理论指导，采用突变级数法和径向基函数神经网络模型开展了区域土地生态安全预警研究。吴冠岑和牛星(2010)引入变权理论，结合层次分析法得到的基础权和预警指标值的动态发展趋势构建了土地生态安全预警的惩罚型变权模型，对淮安市土地生态安全警情变动趋势进行了综合评价和深入分析。

(4)区域生态安全的预警研究。宫继萍等(2012)建立了区域生态安全的 SDI 动态预警模型，对未来五年生态环境安全进行动态预警；张强等(2010)利用可拓综合分析方法，也建立了区域生态安全的 SDI 动态预警模型；赵宏波和马延吉(2014)基于压力、状态、响应(P－S－R)和生态、环境、经济、社会(E－E－E－S)框架模型构建生态安全预警指标体系，对吉林省区域生态安全的预警等级进行了测度；韩晨霞等(2010)、张强等(2010)、马书明(2009)等进行了省级或市级区域生态安全的综合评价与预警分析。

(5)其他生态安全的预警研究。游巍斌等(2014)通过构建"压力—状态—调控"生态安全预警框架模型，基于可拓学中的物元模型理论对武夷山风景名胜区生态安全进行预警；陆均良(2009)运用 AHP 方法构建自然景区生态安全预警指标体系，并用因子分析法确定主要影响因子，实现对自然景区生态安全预警的评价和控制，并对该区域的安全状况提出了相关建议。

(6)生态安全预警研究的模型方法。关于生态安全预警研究的模型较多，每种方法考虑问题的侧重点不尽相同，所选择的方法不同，可能导致评价结果的不同。因而在进行不同类型生态系统预警研究时，应具体问题具体分析，根据被评价对象本身的特性，在遵循客观性、可操作性和有效性原则的基础选择合适的模型方法(表2.2)。

表2.2　生态安全预警研究的主要模型方法

名　称	具体解释或表达式	优缺点
综合指数法模型	$H = \sum b_i \times w_i$，式中，H 为健康指数，表示健康状况的综合评价值，W_i 表示第 i 个指标的权重，b_i 表示第 i 个指标标准化后的值	优点：该方法实现了由定性评价向定量评价的转变，体现了生态系统健康评价的综合性、整体性和层次性 缺点：计算过程中各因素权重取值的主观性可能会导致综合指数出现一定的偏差

（续）

名　称	具体解释或表达式	优缺点
生态系统健康指数（HI）	$HI = V \times O \times R$，式中 HI 为系统健康指数，V 为系统活力，O 为系统组织，R 为系统恢复力	优点：强化了系统健康的可操作性 缺点：只停留在理论探讨阶段
健康距离（HD）法	健康距离表示受干扰生态系统的健康程度偏离模式生态系统的健康程度（即所谓的背景值状态）的距离	优点：可以用于解释生态系统的健康评价计算 缺点：模式生态系统的健康程度不好度量
复合结构功能指标法	目标层、准则层、指标层	优点：综合了生态系统的多项指标，反映了生态系统的过程
指示物种法	指示物种法，首先是确定生态系统中的关键种、特有种、指示种、濒危物种、长寿命物种和环境敏感种，然后采用适宜方法测量其数量、生物量、生产力、结构功能指标及一些生理生态指标，进而描述生态系统的健康状况	优点：某一生态系统受到自然力和和人类获得的干扰后，生物指示法可以发生种群数量或种群行为的明显变。指示物种法具有高效、快捷的特点 缺点：指示物种的筛选标准不明确，有些采用了不合适的类群。很多物种具有很强的移动能力，与生态系统变化的相关性比较弱。指示物种的一些检测参数的选择不恰当也会给生态系统健康评价带来偏差。未考虑社会经济和人类健康因素
主成分投影法	该方法是利用降维的思想，把多指标转化为几个综合指标的多元统计分析方法	优点：用较少的指标来代替原来较多的指标，从根本上解决了指标间的信息重叠问题。克服了其他方法人为确定权数的缺陷 缺点：计算过程较为繁琐，对样本量的要求较大
层次分析法（AHP）	在构建出具有层次的指标体系之后，首先在专家的指导下进行打分，将打分值体现在软件的判断矩阵中，判断矩阵中指标两两比较→判断矩阵一致性检验	优点：把定量分析与定性分析有机的结合在一起 缺点：在应用中摆脱不了评价过程的随机性和评价专家主观上的不确定性及认识上的模糊性
模糊综合评价法	建立评价对象的指标集→建立评语集→建立单因素评价矩阵→建立指标权重向量→模糊综合评价	优点：模糊因素很好地解决了判断的模糊性和不确定性问题；实现了定性和定量的方法的有效集合 缺点：权重具有一定的主观性；不能解决指标间评价信息重复问题
人工神经网络法	建立网络：确定网络层数、每层中的神经元数和传递函数→训练网络：网络建立起来后，需要选择合适的训练函数对其训练→模拟输出：网络训练后以后，还需要用测试样本对其测试	优点：人工神经网络可处理极其复杂的问题，在解决森林生态系统有非常大的优势
灰色关联度法	灰色关联度分析对于一个系统发展变化态势提供了量化的度量，非常适合动态历程分析	优点：是系统分析中比较简单、可靠的一种分析方法 缺点：要利用该方法，这个系统必须是灰色系统，整个理论体系目前还不是很完善

（续）

名　　称	具体解释或表达式	优缺点
物元分析法	可拓理论提出了关联函数及其计算方法，以关联函数值表征事物具有某种性质的程度及转化过程，实现事物的状态分类和发展态势分析	优点：克服了多角度、多因素预警中容易出现的主观片面性，可拓集合中"既是又非"的临界概念，摆脱了经典数学"非此即彼"的二值限制，实现了生态环境"既此亦彼"的动态安全预警
生态足迹法	$E = N(i = 1, 2, 3, \cdots, n)$，式中 E 为区域生态足迹，N 为人口数，C_i 为 i 物质人均消费量，P_i 为 i 种物质的世界平均生产能力，i 为消费的物质种类	优点：模型简单，易于理解，可操作性强 缺点：属于静态模型，模型计算结果的准确性有待提高

第七节
国内外生态安全研究述评

森林生态安全在生态系统中具有的核心地位决定了对森林生态安全的研究意义。从以上国内外研究进展可看出，关于生态安全和森林生态系统健康研究的文献颇多，但森林生态安全的研究还处于初步发展阶段，对于其内涵没有明确的定义，因此需要科学界定森林生态安全的内涵。

从评价指标体系来看，对森林生态安全评价的研究尚处于摸索和完善的起步阶段，森林生态及其评价研究的概念框架不明，指标构建不够完整、精炼，且不具有较强的实用性，不能全面客观的反应森林生态安全的整体水平，亟须构建科学合理的森林生态安全评价指标体系和评价方法。

从研究尺度来看，国内外学者对森林健康与生态安全评价的研究多关注于某单一尺度，如林分尺度、景观尺度或区域尺度等，然而针对同一对象从多尺度进行研究偏少，因此基于多尺度耦合评价的森林生态安全研究有待加强。

从研究内容来看，生态安全预警相关研究取得了积极进展，但针对森林生态安全预警的研究很少，更缺乏对森林生态安全时空格局、驱动机制和预警调控的综合性研究，因此亟须探究森林生态安全预警模拟和科学调控的技术体系，建立一套包括森林生态安全格局定量评价、格局演化、驱动机制、预警分析、对策建议的理论方法分析框架，实现对森林生态安全的系统研究。

综上所述，立足于森林生态系统的角度，研究森林生态安全仍处在起步阶段，森林生态安全格局演变的驱动机制与预警研究更是几乎空白。因此，本书聚焦于森林生态安全科学评价与预警调控研究，在阐明森林生态安全内涵的基础上，整合中高分辨率遥感影像数据、森林资源二类调查数据和相关社会经济数据，构建森林生态安全评价指标体系和评价模型，利用 GIS 技术多尺度（小班、林场、景观、县域和市域）耦合评价森林生态安全的演变格局，并对影响森林生态安全格局的主要因子及其驱动机制进行深入探讨，进而采用系统仿真预警模型对北京市不同类型区森林生态安全状况进行情景分析与预警模拟，并为维护首都森林生态安全提出对策建议。本研究有助于加深国民对森林生态安全的了解，提升其生态安全意识和素质，并为北京地区进行生态治理、生态环境建设以及生态立法提供理论依据。

参考文献

[1]Aamlid D, Tørseth K, Venn K, et al. Changes of forest health in Norwegian boreal forests during 15 years[J]. Forest Ecology and Management, 2000, 127(1): 103 – 118.

[2]Alexander S A, Palmer C J. Forest health monitoring in the United States: First four years[J]. Environmental Monitoring and Assessment, 1999, 55(2): 267 – 277.

[3]Alibakhshi S, Groen T A, Rautiainen M, et al. Remotely – Sensed Early Warning Signals of a Critical Transition in a Wetland Ecosystem[J]. Remote Sensing, 2017, 9(4): 352.

[4]Allen E. Forest health assessment in Canada[J]. Ecosystem Health, 2001, 7(1): 28 – 34.

[5]Barnthouse L W. The role of models in ecological risk assessment: a 1990's perspective[J]. Environmental Toxicology and Chemistry, 1992, 11(12): 1751 – 1760.

[6]Bouma J, Stoorvogel J, Van Alphen B J, et al. Pedology, precision agriculture, and the changing paradigm of agricultural research[J]. Soil Science Society of America Journal, 1999, 63(6): 1763 – 1768.

[7]Britz W, Verburg P H, Leip A. Modelling of land cover and agricultural change in Europe: Combining the CLUE and CAPRI – Spat approaches[J]. Agriculture, ecosystems & environment, 2011, 142(1): 40 – 50.

[8]Cohen J E. Population growth and Earth's human carrying capacity[J]. Science, 1995, 269: 341 – 346.

[9]Corvalán C F, Kjellstrom T, Smith K R. Health, environment and sustainable development: identifying links and indicators to promote action[J]. Epidemiology – Baltimore, 1999, 10(5): 656.

[10]Costanza R, Norton B G, Haskell B D. Ecosystem Health: New Goals for Environmental Management[M]. W ashington DC: Island Press, 1992.

[11]Costanza R. Norton B. G, Haskell B. D. Ecosystem Health[M]. Washington D. C. Covelo, California, Island Press. 1992: 5 – 49.

[12]Covington W W, Fule P Z, Margaret M, et al. Restorating ecosystem health in ponderosa pine forests of the southwest [J]. Journal of Forestry, 1997(4): 23 – 29.

[13]Dale J. Forest health in west coast forests[J]. Oregon Department of Forestry, Salem, OR, 2000, 4130.

[14]Dhondt A A. Carrying CaPacity: a confusing concept[J]. Acta Oecol Oecol. Gen, 1988, 9(4): 337 – 346.

[15]Fries C, Carisson M, Dahlin B, et al. models for multi-objective forestry research, 1998, (28): 159 – 167. A review of conceptual in Sweden[J]. Canadian landscape planning journal of forest

[16]Hall J P. Monitoring the health of Canada's forests through the Acid Rain National Early Warning system (ARNEWS) [C]//Society of American Foresters. Convention (USA). 1995.

[17]Hamilton B B, Laughlin J A, Fiedler R C, et al. Interrater reliability of the 7-level functional independence measure (FIM). Scandinavian journal of rehabilitation medicine, 1994, 26(3), 115 – 119.

[18]Herrick J E, Brown J R, Tugel A J, et al. Application of soil quality to monitoring and management[J]. Agronomy Journal, 2002, 94(1): 3 – 11.

[19]Katlan B, Sayyed M A. Regionnal Study on Use of Geograohical Information System and Early Warning in Desertification Control and Movement of Schistocerca Gergana[J]. 1999.

[20]Klos R J, Wang G G, Bauerle W L, et al. Drought impact on forest growth and mortality in the southeast USA: an analysis using Forest Health and Monitoring data[J]. Ecological Applications, 2009, 19(3): 699 – 708.

[21]Kumar V. An early warning system for agricultural drought in an arid region using limited data[J]. Journal of arid

environments, 1998, 40(2): 199 – 209.

[22]Lai X, Hao F, Ouyang W, et al. Analysis on the ecological security of freeze-thaw agri-cultural area: Methodology and a case study for Sanjiang Plain[R]. Fresenius Environmental Bulletin, 2012.

[23]Leblanc M. The Food Early Warning System project in Somalia[J]. Tropicultura (Belgium), 1993.

[24]Lindberg K, McCool S. Rethinking, carrying capacity[J]. Ann. Tour. Res. , 1997, 24(2): 461 – 465.

[25]Lubchenco J, Olson A M, Brubaker L B et al. , An ecological research agenda[J]. Ecology, The sustainable biosphere initiative: 1991, 72: 371 – 412.

[26]Malthus T R. An Essay on the Principle of Population[M], Pickenng London, 1986.

[27]Mwanjabe P S, Leirs H. An early warning system for IPM-based rodent control in smallholder farming systems in Tanzania[J]. Belgian Journal of Zoology (Belgium), 1997. KumarV. Anearly warning system for agrieultural drought in an arid regionusing.

[28]O'Laughlin J, Livingston R L, Thier R, et al. Defining and measuring forest health[J]. Journal of Sustainable Forestry, 1994, 2(1 – 2): 65 – 85.

[29]Oszlányi G, Baumgartner G, Faigel G, et al. Na4C60: An Alkali Intercalated Two-Dimensional Polymer[J]. Physical Review Letters, 1997, 78(23): 4438.

[30]Potter K M, Conkling B L. Forest Health Monitoring 2009 National Technical Report[J]. General Technical Report – Southern Research Station, USDA Forest Service, 2012, (84): 1 – 159.

[31]Rapport D J. Evaluating and Monitoring the Health of Large-Scale Ecosystems[J]. Heidelberg: Springer-Verlag, 1995: 5 – 31.

[32]Rapport D, Friend A. Towards a Comprehensive Framework for Environmental Statistics: A Stress-response Approach, 1979[M]. Statistics Canada, 1979.

[33]Rogers P. Using Forest Health Monitoring to assess aspen forest cover change in the southern Rockies ecoregion[J]. Forest ecology and management, 2002, 155(1): 223 – 236.

[34]Rugege D. Regional analysis of maize-based land use systems for early warning applications[M]. 2002.

[35]Schaeffer D J, Cox D K. Establishing ecosystem threshold criteria[J]. Ecosystem Health-New Goals for Environmental Management. Island, Washington DC, 1992.

[36]Seidl L, Tisdell C A. Carrying capacity reconsidered: from Malthus' population theory to cultural carrying capacity [J]. Ecological economics, 1999, 38: 395 – 408

[37]Seminar S. Balancing Human Security and Ecological Security Interests in a Catchment: Towards Upstream/Downstream Hydrosolidarnty[J]. Stockholm, Sweden: Stockholm International Water Institute, 2002: 6 – 13.

[38]Shrader – Frechette K S. Ethics of scientific research[M]. Rowman & Littlefield, 1994.

[39]Singandhupe R B, Nanda P, Panda D K, et al. Analysis of water and food security scenarios for 2025 with the PODIUM model: the case of Agro-Ecological Region 12 of India[J]. Irrigation and drainage, 2008, 57(4): 385 – 399.

[40]Stephenne N, Lambin E F. A dynamic simulation model of land-use changes in Sudano-sahelian countries of Africa (SALU)[J]. Agriculture, Ecosystems & Environment, 2001, 85(1): 145 – 161.

[41]Stone C, Old K, Kile G, et al. Forest health monitoring in Australia: national and regional commitments and operational realities[J]. Ecosystem Health, 2001, 7(1): 48 – 57.

[42]Szepesi T S, Mallinson A M. Regulated charge pump DC/DC converter. Washington, DC: U. S. Patent and Trademark Office, 1997.

[43]Thormann M N. Lichens as indicators of forest health in Canada[J]. The Forestry Chronicle, 2006, 82(3): 335

－343.

[44]Tkacz B, Moody B, Castillo J V, et al. Forest health conditions in North America[J]. Environmental Pollution, 2008, 155(3): 409－425.

[45]Tkacz B, Moody B, Castillo J V, et al. Forest health conditions in North America[J]. Environmental Pollution, 2008, 155(3): 409－425.

[46]Waldner F, Ebbe M A B, Cressman K, et al. Operational monitoring of the Desert Locust habitat with Earth Observation: An assessment[J]. ISPRS International Journal of Geo-Information, 2015, 4(4): 2379－2400.

[47]Zhu Z, Liu L, Zhang J. Using state and trend analysis to assess ecological security for the vulnerable agricultural ecosystems of Pengyang County in the loess hilly region of China[J]. International Journal of Sustainable Development & World Ecology, 2009, 16(1): 1

[48]曹云生. 基于支持向量机(SVM)的森林生态系统健康评价及预警[D]. 保定: 河北农业大学, 2011.

[49]车生泉. 持续农业的生态学理论体系[J]. 生态经济, 1998, (2): 34－35.

[50]陈东景, 徐中民. 西北内陆河流域生态安全评价研究——以黑河流域中游张掖地区为例[J]. 干旱区地理, 2002, (3): 219－224.

[51]陈高, 代力民, 范竹华, 等. 森林生态系统健康及其评估监测[J]. 应用生态学报, 2002(5): 605－610.

[52]陈国阶. 论生态安全[J]. 重庆环境科学, 2002 (3): 1－3.

[53]陈柳钦. 关注和维护我国生态安全[J]. 节能与环保, 2002(9): 26－29.

[54]陈望雄. 东洞庭湖区域森林生态系统健康评价与预警研究[D]. 长沙: 中南林业科技大学, 2012.

[55]陈伟. 延平区森林生态安全评价研究[D]. 福州: 福建农林大学, 2009.

[56]陈宗铸, 黄国宁. 基于PSR模型与层次分析法的区域森林生态安全动态评价[J]. 热带林业, 2010, 38(3): 42－45.

[57]程漱兰, 陈焱. 高度重视国家生态安全战略[J]. 生态经济, 1999(5): 9－11.

[58]崔保山, 杨志峰. 湿地生态系统健康研究进展[J]. 生态学杂志, 2001(3): 31－36.

[59]董世魁, 吴娱, 刘世梁, 等. 阿尔金山国家级自然保护区草地生态安全评价[J]. 草地学报, 2016, 24(4): 906－909.

[60]董伟, 蒋仲安, 苏德, 等. 长江上游水源涵养区界定及生态安全影响因素分析[J]. 北京科技大学学报, 2010, 32(2): 139－144.

[61]董雪旺. 镜泊湖风景名胜区生态安全评价研究[J]. 国土与自然资源研究, 2004(2): 74－76.

[62]冯彦, 郑洁, 祝凌云, 等. 基于PSR模型的湖北省县域森林生态安全评价及时空演变[J]. 经济地理, 2017, 37(2): 171－178.

[63]冯彦, 祝凌云, 郑洁, 等. 基于PSR模型和GIS的吉林省县域森林生态安全评价及时空分布[J]. 农林经济管理学报, 2016, 15(5): 546－556.

[64]甘敬. 北京山区森林健康评价研究[D]. 北京: 北京林业大学, 2008.

[65]高奇. 基于CPM－RBF模型的区域土地生态安全预警研究[D]. 北京: 中国地质大学, 2015.

[66]高清竹, 许红梅, 康慕谊, 等. 黄河中游砒砂岩地区生态安全综合评价——以内蒙古长川流域为例[J]. 资源科学, 2006(2): 132－139.

[67]宫继萍, 石培基, 魏伟. 基于BP人工神经网络的区域生态安全预警——以甘肃省为例[J]. 干旱地区农业研究, 2012, 30(1): 211－216.

[68]苟露峰, 高强, 高乐华. 基于BP神经网络方法的山东省海洋生态安全评价[J]. 海洋环境科学, 2015, 34(3): 427－432.

[69]谷建才,陆贵巧,白顺江,等. 森林健康评价指标及应用研究[J]. 河北农业大学学报,2006(2):68-71.

[70]顾艳红,张大红. 省域森林生态安全评价——基于5省的经验数据[J]. 生态学报,2017,37(18):6229-6239.

[71]郭中伟. 建设国家生态安全预警系统与维护体系——面对严重的生态危机的对策[J]. 科技导报,2001(1):54-56.

[72]韩晨霞,赵旭阳,贺军亮,等. 石家庄市生态安全动态变化趋势及预警机制研究[J]. 地域研究与开发,2010,29(5):99-103.

[73]韩宇平,阮本清. 区域水安全评价指标体系初步研究[J]. 环境科学学报,2003(2):267-272.

[74]何东进,洪伟,胡海清. 景观生态学的基本理论及中国景观生态学的研究进展[J]. 江西农业大学学报,2003,25(2):276-282.

[75]贺培育,杨畅,朱有志,等. 中国生态安全报告[M]. 北京:红旗出版社,2009.

[76]洪伟,闫淑君,吴承祯. 福建森林生态系统安全和生态响应[J]. 福建农林大学学报:自然科学版,2003,32(1):79-83.

[77]侯鹏,杨旻,翟俊,等. 论自然保护地与国家生态安全格局构建[J]. 地理研究,2017,36(3):420-428.

[78]胡焕香. 基于小班尺度的宁远河流域森林健康评价研究[D]. 长沙:中南林业科技大学,2013.

[79]胡阳. 基于WebGIS的森林健康评价研究[D]. 北京:北京林业大学,2012.

[80]黄莉莉,米锋,孙丰军. 森林生态安全评价初探[J]. 林业经济,2009(12):64-68.

[81]黄志强. 从景观异质性分析近自然森林经营[J]. 世界林业研究,2004,17(5):9-12.

[82]贾书楠,孙睿,夏显力,等. 西安市耕地生态安全测度及影响因素分析[J]. 水土保持研究,2016,23(3):164-169.

[83]江勇,付梅臣,王增,等. 基于能值分析的武安市农业生态安全预警[J]. 农业工程学报,2011,27(6):319-323.

[84]江源通,田野,郑拴宁. 海岛型城市生态安全格局研究——以平潭岛为例. 生态学报,2018(3):1-9.

[85]蒋信福. 入世对我国生态安全的挑战与战略对策[J]. 环境保护,2000(10):23-25.

[86]李保莲,充津宇,焦俊党. 基于土地利用变化的粮食主产区土地生态安全研究——以河南省新郑市为例[J]. 湖北农业科学,2013(14):3451-3455.

[87]李海涛,严茂超,沈文清. 可持续发展与生态经济学刍议[J]. 江西农业大学学报,2001,23(3):410-415.

[88]李红霞. 益阳市土地生态安全评价及预警研究[D]. 长沙:湖南师范大学,2006

[89]李杰,高祥,徐光,等. 森林健康评价指标体系的研究[J]. 中南林业科技大学学报,2013(8):79-82.

[90]李金良,郑小贤. 北京地区水源涵养林健康评价指标体系的探讨[J]. 林业资源管理2004(1):31-34.

[91]李静锐,张振明,罗凯. 森林生态系统健康评价指标体系的建立[J]. 水土保持研究,2007(3):173-175.

[92]李莉君,邓应生,李炳华. 森林有害生物防治现状及对策[J]. 现代园艺,2014(8):76-76.

[93]李世东,徐程扬. 论生态文明[J]. 北京林业大学学报(社会科学版),2003(2):1-5.

[94]李雪婷,陈珂. 森林生态安全研究进展[J],中国林业经济,2015.

[95]林国忠. 森林资源二类调查方法的改进及监测体系研究[D]. 南京:南京林业大学,2010.

[96]刘爱贤. 论森林资源与生态安全[J]. 江西植保,2005(4):19-20.

[97]刘克英. 生态经济学发展前沿问题透视[J]. 前沿,2005(2):44-46.

[98]刘世梁,崔保山,温敏霞,等. 重大工程对区域生态安全的驱动效应及指标体系构建[J]. 生态环境,2007(1):234-238.

[99]刘婷婷,孔越,吴叶,等. 基于熵权模糊物元模型的我国省域森林生态安全研究[J]. 生态学报,2017,37

(15): 4946 - 4955.

[100] 刘心竹, 米锋, 张爽, 等. 基于有害干扰的中国省域森林生态安全评价[J]. 生态学报, 2014, 34(11): 3115 - 3127.

[101] 刘艳梅, 姜振寰. 熵、耗散结构理论与企业管理[J]. 西安交通大学学报(社会科学版), 2003(1): 88 - 91.

[102] 刘勇, 刘友兆, 徐萍. 区域土地资源生态安全评价——以浙江嘉兴市为例[J]. 资源科学, 2004, 03: 69 - 75.

[103] 刘元慧, 李钢. 基于 PSR 模型和遥感的矿区生态安全评价——以兖州矿区为例[J]. 测绘与空间地理信息, 2010(5): 134 - 138.

[104] 鲁绍伟, 刘凤芹, 余新晓, 等. 北京市八达岭林场森林生态系统健康性评价[J]. 水土保持学报, 2006(3): 79 - 82.

[105] 鲁西奇. 人地关系理论与历史地理研究[J]. 史学理论研究, 2001(2): 36 - 46

[106] 陆均良. 自然景区生态安全预警评价指标与方法研究——以杭州天目山自然风景区为例[D]. 杭州: 浙江大学, 2009.

[107] 马宝艳, 张学林. 吉林省区域环境中硒的生态风险评价[J]. 中国环境科学, 2000(1): 91 - 96.

[108] 马立. 北京山地森林健康综合评价体系的构建与应用[D]. 北京: 北京林业大学, 2007.

[109] 马丽君, 杨学军, 陈杰. 我国农田生态系统生态安全分析[J]. 现代农业科技, 2009(16): 258 - 261.

[110] 马世骏, 王如松. 社会—经济—自然复合生态系统[J]. 生态学报, 1984, 4(1): 1 - 9

[111] 马书明. 区域生态安全评价和预警研究[D]. 大连: 大连理工大学, 2009.

[112] 马友华. 基于 WebGIS 的农田生态安全预警系统研究[D]. : 合肥 安徽农业大学, 2007.

[113] 毛旭鹏, 陈彩虹, 郭霞, 等. 基于 PSR 模型的长株潭地区森林生态安全动态评价[J]. 中南林业科技大学学报, 2012, 32(6): 82 - 86.

[114] 米锋, 潘文婧, 朱宁, 等. 模糊综合评价法在森林生态安全预警中的应用[J]. 东北林业大学学报, 2013, 41(6): 66 - 72.

[115] 米锋, 谭曾豪迪, 顾艳红, 等. 我国森林生态安全评价及其差异化分析[J]. 林业科学, 2015, 51(7): 107 - 115.

[116] 倪莉莉. 基于小班水平的县级森林健康评价研究[D]. 南京: 南京林业大学, 2013.

[117] 欧定华. 城市近郊区景观生态安全格局构建研究[D]. 成都: 四川农业大学, 2016.

[118] 彭少麟. 恢复生态学与植被重建[J]. 生态科学, 1996, 15(2): 26 - 31.

[119] 乔瑞琪, 刘汉斌. 影响我国海洋生态安全的因素及对策[J]. 河北渔业, 2015(1): 40 - 45.

[120] 任海, 彭少麟. 恢复生态学导论[M]. 北京: 科学出版社, 2001.

[121] 阮连斌. 森林公园生态安全的影响因素与应对措施[J]. 现代园艺, 2015(2): 158 - 159.

[122] 沈文星, 李锋, 牛利民. 我国木质林产品贸易与森林生态安全耦合度研究[J]. 世界林业研究, 2013(1): 69 - 73.

[123] 宋涛, 陈端吕, 肖化顺, 等. 基于 GIS 的西洞庭湖区森林景观空间格局综合评价[J]. 中南林业调查规划, 2008(2): 50 - 54.

[124] 苏正国. 南宁市土地生态安全预警研究[D]. 成都: 四川农业大学, 2011.

[125] 孙飞, 李青华. 耗散结构理论及其科学思想[J]. 黑龙江大学自然科学学报, 2004(3): 76 - 79.

[126] 孙然好, 陈利顶, 张百平, 等. 山地景观垂直分异研究进展史[J]. 应用生态学报, 2009, 20(7): 1617 - 1624.

[127] 谈迎新, 於忠祥. 基于 DSR 模型的淮河流域生态安全评价研究[J]. 安徽农业大学学报(社会科学版), 2012, 21(5): 35 - 39.

[128] 汤旭, 冯彦, 鲁莎莎, 等. 基于生态区位系数的湖北省森林生态安全评价及重心演变分析[J]. 生态学报,

2018, (3): 1 - 14.

[129]田林,张宏伟,张雪花. 经济新区用水量预测系统动力学方法研究——以天津临空产业区为例[J]. 天津工业大学学报,2009,28(3): 68 - 72.

[130]汪永华. 景观生态学研究进展[J]. 长江大学学报:自然科学版,2005(8): 19 - 83.

[131]王韩民. 生态安全系统评价与预警研究[J]. 环境保护,2003(11): 30 - 34。

[132]王恒伟,廖和平,赵宏伟,等. 基于 PSR 的区域生态安全评价——以重庆市渝北区为例[J]. 西南师范大学学报(自然科学版),2010,35(2): 211 - 217.

[133]王军,崔秀丽,赵金龙. 构建河北省农业生态安全预警机制的理论探讨[R]. 中国环境科学学会学术年会优秀论文集,2006.

[134]王千,金晓斌,周寅康. 河北省耕地生态安全及空间聚集格局[J]. 农业工程学报,2011,27(8): 338 - 344.

[135]王庆日,谭永忠,薛继斌,等. 基于优度评价法的西藏土地利用生态安全评价研究[J]. 中国土地科学,2010,24(3): 48 - 54.

[136]王斯锐,沈守云. 区域景观生态安全格局研究[J]. 绿色科技,2017(7): 49 - 51.

[137]王松霈. 生态经济学[M]. 西安:陕西人民教育出版社,2000.

[138]王文琴,鲁成树. 土地资源生态安全分析——以黄山市为例[J]. 中国集体经济,2012(27): 38 - 39.

[139]王学,张祖陆,张超,等. 山东省生态安全状态评价与预测研究[J]. 鲁东大学学报(自然科学版),2011,27(2): 173 - 178.

[140]王子迎,吴芳芳,檀根甲. 生态位理论及其在植物病害研究中的应用前景[J]. 安徽农业大学学报,2000,27(3): 250 - 253.

[141]邬建国,景观生态学——概念与理论[J]. 生态学杂志,2000,19(1): 42 - 52.

[142]吴传钧. 地理学的特殊研究领域和今后任务[J]. 经济地理,1981(1): 5 - 10.

[143]吴传钧. 论地理学的研究核心——人地关系地域系统[J]. 经济地理,1991,11(3): 1 - 6.

[144]吴传钧. 中国经济地理[M]. 北京:科学出版社,2007.

[145]吴冠岑,牛星. 土地生态安全预警的惩罚型变权评价模型及应用——以淮安市为例[J]. 资源科学,2010,32(5): 992 - 999.

[146]吴国庆. 区域农业可持续发展的生态安全及其评价研究[J]. 自然资源学报,2001,16(3): 227 - 233.

[147]吴健生,张茜,曹祺文. 快速城市化地区湿地生态安全评价——以深圳市为例[J]. 湿地科学,2017,15(3): 321 - 328.

[148]吴秀丽,吴涛,刘羿. 国内外森林健康经营综述[J]. 世界林业研究,2011,24(4): 7 - 12.

[149]吴延熊,周国模,郭仁鉴. 区域森林资源系统的"新三论"[J]. 浙江林学院学报,1999(1): 36 - 42.

[150]吴延熊. 建区域森林资源预警系统的必要性[J]. 浙江林学院学报,1998,15(3): 280 - 286.

[151]吴妍,赵志强,龚文峰,等. 太阳岛湿地景观生态安全综合评价[J]. 东北林业大学学报,2010,38(1): 101 - 104.

[152]肖笃宁,陈文波,郭福良. 论生态安全的基本概念和研究内容[J]. 应用生态学报,2002,13(3): 354 - 358.

[153]肖风劲,欧阳华,傅伯杰,等. 森林生态系统健康评价指标及其在中国的应用[J]. 地理学报,2003,58(6): 803 - 809.

[154]肖建红,于庆东,刘康,等. 海岛旅游地生态安全与可持续发展评估——以舟山群岛为例[J]. 地理学报,2011,66(6): 842 - 852.

[155]肖荣波,欧阳志云,韩艺师,等. 海南岛生态安全评价[J]. 自然资源学报,2004(6): 769 - 775.

[156]肖薇薇. 黄土丘陵区农业生态安全预警研究——以延安市宝塔区、安塞县为例[J]. 安徽农业科学,2009,37

(34)：17045 - 17046.

[157] 谢春华. 北京密云水库集水区森林景观生态健康研究[D]. 北京：北京林业大学, 2005.

[158] 谢花林, 李波. 城市生态安全评价指标体系与评价方法研究[J]. 北京师范大学学报(自然科学版), 2004, 40 (5)：705 - 710.

[159] 谢运球. 恢复生态学[J]. 中国岩溶, 2003, 22(1)：28 - 34.

[160] 徐京萍, 周建清, 彭芳检. 森林健康是实现森林资源可持续发展的保障——江西杨歧山森林健康状况与生态 安全分析[J]. 中国林业, 2009(9)：47 - 47.

[161] 闫德胜. 现代系统科学的生态解读[D]. 沈阳：沈阳工业大学, 2014.

[162] 杨青生, 乔纪纲, 艾彬. 快速城市化地区景观生态安全时空演化过程分析——以东莞市为例[J]. 生态学报, 2013, 33(4)：1230 - 1239.

[163] 杨人豪, 杨庆媛, 曾黎, 等. 基于BP - ANN模型的农村土地生态安全评价及影响因素分析——以重庆市丰 都县为例[J]. 水土保持研究, 2017, 24(3)：206 - 213.

[164] 姚月, 张大红. 县域森林生态安全评价分析研究——基于湖北省29个县统计数据[J]. 林业经济, 2017, 39 (7)：51 - 55.

[165] 叶峻. 社会生态学的基本概念和基本范畴[J]. 烟台大学学报：社会科学版, 2001, 14(3)：250 - 258.

[166] 尤飞, 王传胜. 生态经济学基础理论、研究方法和学科发展趋势探讨[J]. 中国软科学, 2003(3)：131 - 138.

[167] 游巍斌, 何东进, 巫丽芸, 等. 武夷山风景名胜区景观生态安全度时空分异规律[J]. 生态学报, 2011, 31 (21)：6317 - 6327.

[168] 余新晓, 牛健植. 景观生态学[M]. 北京：高等教育出版社, 2006.

[169] 郁亚娟, 郭怀成, 刘永, 等. 城市生态系统的动力学演化模型研究进展[J]. 生态学报, 2007(6)：2603 - 2614.

[170] 袁菲, 张星耀, 梁军. 基于有害干扰的森林生态系统健康评价指标体系的构建[J]. 生态学报, 2012, 32(3)： 964 - 973.

[171] 袁珍霞. 基于3S技术的县域森林生态安全评价研究[D]. 福州：福建农林大学, 2010.

[172] 翟高粤. 基于系统动力学方法的农村可再生能源开发动态模拟——以江苏如皋为例[D]. 南京：南京农业大 学, 2004.

[173] 张波, 虞朝晖, 孙强, 等. 系统动力学简介及其相关软件综述[J]. 环境与可持续发展, 2010, 35(2)：1 - 4.

[174] 张凤太, 苏维词. 基于组合权重法的岩溶地区地下水资源生态安全动态演化研究[J]. 中国农村水利水电, 2016(12)：53 - 58.

[175] 张光明, 谢寿昌. 生态位概念演变与展望[J]. 生态学杂志, 1997(6)：47 - 52.

[176] 张家其, 吴宜进, 葛咏, 等. 基于灰色关联模型的贫困地区生态安全综合评价——以恩施贫困地区为例[J]. 地理研究, 2014, 33(8)：1457 - 1466.

[177] 张婧. 胶州湾海岸带生态安全研究[D]. 青岛：中国海洋大学, 2009.

[178] 张强, 薛惠锋, 张明军, 等. 基于可拓分析的区域生态安全预警模型及应用——以陕西省为例[J]. 生态学 报, 2010, 30(16)：4277 - 4286.

[179] 张钦礼, 邵佳, 彭秀丽, 等. 民族贫困地区生态安全评价及影响因素分析——以湘西自治州为例[J]. 中南 大学学报(社会科学版), 2016, 22(3)：83 - 90.

[180] 张锐, 郑华伟, 刘友兆. 基于PSR模型的耕地生态安全物元分析评价[J]. 生态学报, 2013, 33(16)：5090 - 5100.

[181] 张云. 基于系统动力学的生态安全评价与调控研究[D]. 石家庄：河北师范大学, 2008.

[182] 张智光. 林业生态安全的共生耦合测度模型与判据[J]. 中国人口资源与环境, 2014, 24(8)：90 - 99.

[183]章家恩, 徐琪. 恢复生态学研究的一些基本问题探讨[J]. 应用生态学报, 1999, 10(1): 109 – 113.

[184]赵宏波, 马延吉. 基于变权 – 物元分析模型的老工业基地区域生态安全动态预警研究——以吉林省为例[J]. 生态学报, 2014, 34(16): 4720 – 4733.

[185]周亚东. 基于景观格局与生态系统服务功能的海南岛森林生态安全研究[D]. 海口: 海南大学, 2014.

[186]朱春全. 生态位理论及其在森林生态学研究中的应用[J]. 生态学杂志, 1993(4): 41 – 46.

[187]祝国民. 恢复生态学理论在退耕还林工程中应用与发展浅议[J]. 华东森林经理, 2004, 18(4): 5 – 7.

[188]左伟, 周慧珍, 王桥. 区域生态安全评价指标体系选取的概念框架研究[J]. 土壤, 2003(1): 2 – 7.

第三章
研究区概况

第一节
基本概况

北京市位于华北平原西北边缘，是中国的政治、经济和文化中心。南起北纬 39°28′，北到北经 41°05′，西起东经 115°25′，东至东经 117°30′，东南面与天津市毗连外，其余均与河北省相邻。南北长约 176km，东西宽约 160km，总面积 16410km²，其中山地 10072km²，占北京市国土面积的 61.4%；平原面积 6338km²，占北京市国土面积的 38.6%。近年来北京市人口急速增长，全市常住人口达 2151.6 万人。北京市共有延庆、密云、怀柔、昌平、顺义、海淀、门头沟、石景山、朝阳、丰台、东城、西城、房山、大兴、通州等 16 个区。

北京市是我国重要的政治经济文化中心。社会经济的迅速发展导致森林资源的大量采伐、乱砍滥发现象愈发频繁，同时汽车尾气和污染废气导致北京大气污染越来越严重。北京市 2015 年环境公报显示，2015 年空气中的 6 项主要污染物，仅有二氧化硫和一氧化碳两项达到国家标准。二氧化氮、PM10、PM2.5 及臭氧四项均超过国家标准。其中，PM2.5 的超标幅度最大。这些状况对北京市森林生态安全造成了巨大的压力。

自 2000 年以后，为改善森林生态安全状况，北京市设立了森林生态安全专项基金，加强生态安全保护与建设工作。从 2012 年起实行"十二五"荒山造林工程，计划用 5 年时间在北京平原地区新增林地 100 万亩，截至 2015 年年底，北京市已基本完成规划工作，生态安全有了较好的改善。

第二节
森林资源概况

依托燕山、太行山和华北平原的地貌骨架，北京市林地呈现出"山区绿屏、平原绿网、城市绿景"的空间分布特点，森林资源比较丰富。根据第八次森林资源清查数据，北京森林面积 7.3453 万 hm²，森林覆盖率 41%，林业用地面积 10.8144 万 hm²，林木面积 96.7495 万 hm²，林木绿化率 58.4%，活立木总蓄积量为 2109.14 万 m³。北京市土地总面积为 1.641 万 km²，其中林业用地面积 82.9149 万 hm²，占土地总面积的 49.7%；非林业用地面积 83.7518 万 hm²，占土地总面积的 50.3%。林业用地按地类分：有林地面积 46.4594 万 hm²，占林业用地面积的 56.0%；疏林地面积 1.6798 万 hm²，占林业用地面积的 2.0%；灌木林地面积 17.3797 万 hm²，占林业用地面积 21.0%，其中国家规定的灌木林地 17.3797 万 hm²；未成林造林地面积 2.8303 万 hm²，占林业用地面积 3.4%；无林地面积 14.2294 万 hm²，占林业用地面积的 17.2%；苗圃地面积 0.3363 万 hm²，占林业用地面积的 0.4%。2012 年末生态公益林地中，重点公益林地 33.08 万 hm²，占林地总面积的 32.4%。商品林地均为一般商品林地，经济林地是其主要组成部分。

第三节
社会经济概况

一、人口数量

全市辖 16 个区，其中，城区 2 个（西城、东城），近郊区 4 个（朝阳、海淀、丰台、石景山），远郊区 10 个（平谷、密云、怀柔、延庆、昌平、门头沟、房山、大兴、通州、顺义），共有 135 个街道办事处，142 个建制镇，40 个建制乡。2015 年全市常住人口 2170.5 万人，其中，外来人口 822.6 万人，占常住人口的比重为 37.9%。常住人口中，城镇人口 1877.7 万人，占常住人口的 86.5%。

二、经济发展

截至 2015 年 GDP 保持 6.9% 以上的增长率，全市 GDP 达 22968.6 亿元，三产业结构由 2010 年的 0.9:24.1:75 变化为 2015 年的 0.6:19.6:79.8。第三产业占 GDP 比重由 2010 年 75% 上升到 2015 年 79.8%，现代服务业的比重在首都经济发展中的比重进一步提高，成为支柱行业，巩固了现在制造业、现代服务业、高新技术产业三足并立的经济发展格局（杨莹，2009）。北京市农林牧渔业总产值 368.2 亿元，2014 年北京市完成平原造林 35.5 万亩，累计完成平原造林面积 95 万亩，百万亩平原造林工程基本完成。平原造林成为向上拉动农业增长的主要因素，林业全年实现产值 57.3 亿元，同比下降 36.8%，占农林牧渔业总产值的比重达 15.56%。自"十二五"以来全市 GDP 年均增速高速增长，发展水平接近发达国家水平，经济增长主要来源于居民消费。社会经济的快速发展对森林资源造成巨大的压力，人口增长、经济发展以及资源环境三者之间的协调也越来越困难。

三、能源消耗

2015 年，全市能源消费量为 6850.7 万 t 标准煤，同比增长 0.3%，按 2010 年可比价格计算，2015 年万元 GDP 能耗 0.3374t 标准煤，下降 6.17%；全市用电总量为 952.7 亿 kW·h，同比增长 1.7%，按 2010 年可比价格计算，万元 GDP 电耗 469.2kW·h，下降 4.87%。2015 年，全市规模以上工业能源消费量为 1564.7 万 t 标准煤（按当量值计算），同比下降 7.3%，按可比价格计算，规模以上工业万元增加值能耗下降 8.16%。虽然能源消费量有所下降，但消费量依然很高，给环境带来巨大压力。

第四节
自然环境概况

北京市属暖温带半湿润大陆性季风气候，主要特点是四季分明。春季干旱，夏季炎热多雨，秋季天高气爽，冬季寒冷干燥；风向有明显的季节变化，冬季盛行西北风。北京年平均气温 8～11℃，极端最低气温 -15℃，极端最高气温 40℃；多年平均降水量为 585mm，年际之间变化大，降水量集中在夏季，约占 70%～80%，7、8 月常有暴雨；年均蒸发量 1800～2000mm；年均日照时间是 2600～2800 小时；年均无霜期是 190～195 天，西部山区较短。

一、大气环境

北京的大气污染属于典型煤烟型污染和汽车尾气污染结合的复合型污染，主要因为：污染空气在北京市三面环山的地理环境下，难以扩散；静风天气较多，煤炭和煤烟污染严重；机动车保有量增加过快，从 2000 年的 157.8 万辆增长到 2015 年的 1.5 亿辆，近 10 年汽车年均增加 1100 多万辆，主要交通干线的污染物常年超过国家规定标准；天气干燥，露天建筑施工造成的粉尘污染严重。同时，周边地区如河北、天津等地区对北京也存在着一次、二次污染互相传输的情况，对大气污染的影响不容小视（北京市环保局、北京市发改委，2011）。监测结果表明，2015 年，北京的 PM2.5 年平均浓度值同比下降 6.2%，PM2.5 达到一级优的天数为 105 天，比上年增加 12 天；达到五级及以上重污染的天数为 42 天，比上年减少 3 天。去年 8 月 20 日至 9 月 3 日期间，北京全市 PM2.5 平均浓度为 17.8μg/m³，连续 15 天达到一级优水平，是有监测历史以来的最低水平。但这仍然威胁到了北京市的森林生态安全。

二、日照和降雨量

北京市太阳辐射量全年平均为 112～136kcal/cm²。两个高值区分别分布在延庆盆地及密云县西北部至怀柔东部一带，年辐射量均在 135kcal/cm² 以上；低值区位于房山区的霞云岭附近，年辐射量为 112kcal/cm²。北京市年平均日照时数在 2000～2800 小时之间。最大值在延庆区和密云区古北口，为 2800 小时以上，最小值分布在霞云岭，日照为 2063 小时。夏季正当雨季，日照时数减少，月日照在 230 小时左右；秋季日照时数虽没有春季多，但比夏季要多，月日照 230～245 小时；冬季是一年中日照时数最少季节，月日照不足 200 小时，一般在 170～190 小时。北京市多年平均降水 585mm，年均降水总量 98.28 亿 m³，形成地表径流 17.72 亿 m³，地下水资源 25.59 亿 m³，当地自产一次水资源总量 37.39 亿 m³。2007 年平均降雨量 483.9mm，为华北地区降雨最多的地区之一。降水季节分配很不均匀，全年降水的 80% 集中在夏季 6、7、8 三个月，7、8 月有大雨。境内五大水系除北运河发源于本市外，其他四条水系均发源于境外的河北、山西和内蒙古。

多年平均入境水量 16.06 亿 m^3，出境水量 14.52 亿 m^3。北京属资源型重度缺水地区，属 111 个特贫水城市之一，是水库存水量全国下降最快的三个城市之一。北京市有大小河流 200 多条，属海河流域，境内主要包括永定河、潮白河、大清河、北运河和蓟运河五大水系，大部分由西北流向东南，在天津注入渤海。全市境内多年平均降水总量为 98.3 亿 m^3，由境内降水而形成的多年平均地表径流量 23 亿 m^3，地下水资源量 25.6 亿 m^3。全市共有大、中、小型水库 82 座，总库容量为 95.05 亿 m^3。

三、土壤和植被

北京市的地带性土壤为褐土。由于地形特点的差异和地下水位的影响，普遍存在土壤的垂直地带性。土壤垂直分布从高到低分别为山地草甸土（个别山顶局部地段）、山地棕壤和山地褐土。由山麓至冲积平原，其土壤类型变化是褐土、碳酸盐褐土和潮土类及部分水稻土。在局部地区又有盐碱土和沼泽类型的土壤。北京山地原始植被类型为暖温带落叶阔叶林，因长期受人为影响原始植被类型已不多见，现存自然植被多为松栎林、杨桦林或灌丛草本群落。山地自然植被的分布规律受地形、气候及土壤的影响甚为显著，特别是坡向和海拔高度制约着水热条件，从而构成自然植被有规律的垂直分布。中山上部，特别是阴坡和半阴坡，茂密的天然次生林较多，主要有山顶草甸和杨、桦、栎类及混生次生林，并有少量散生落叶松、云杉等。中山下部，主要是大面积辽东栎和蒙古栎萌生丛和灌丛，仅在局部地区生长有辽东栎、蒙古栎、山杨和油松，且多为人工林和次生林，山间地带及沟谷地带生长着杨树、榆树和核桃、板栗、苹果、柿子等。地带性植被类型为落叶阔叶林，兼有温带针叶林。平原地区多为农田林网和四旁植树以及农作物等，自然植被仅在少量地方存在，如沙地、河岸和洼地有一些野生沙生植物和沼生植被生长。

第四章
森林生态安全评价指标体系及测度方法

森林生态安全在生态系统中具有的核心地位决定了对森林生态安全的研究意义。关于生态安全和森林生态系统健康研究的文献颇多，但森林生态安全的研究还处于初步发展阶段。从评价指标体系来看，对森林生态安全评价的研究尚处于摸索和完善的起步阶段，森林生态及其评价研究的概念框架不明，指标构建不够完整、精炼，且不具有较强的实用性，不能全面客观的反应森林生态安全的整体水平，亟须构建科学合理的森林生态安全评价指标体系和评价方法。从研究尺度来看，国内外学者对森林健康与生态安全评价的研究多关注于某单一尺度，如林分尺度、景观尺度或区域尺度等，然而针对同一对象从多尺度进行研究偏少，因此基于多尺度耦合评价的森林生态安全研究有待加强。

因此，构建森林生态安全评价指标体系，计算森林生态安全综合评估值，研究森林生态安全状况的演化过程与规律，判断森林生态安全状况的整体变化轨迹及转变拐点，有助于从宏观上把握北京市森林生态安全状况，并得出具有启示意义的科学认知。本章基于 PSR 模型构建的北京市森林生态安全评价指标体系，综合采用了适合本课题研究特点的文献查阅法、专家咨询法、理论与经验分析、频度统计分析和实地调研等方法，形成适合北京市市情的森林生态安全科学理论体系。森林资源数据来源于 2001~2016 年的首都园林绿化政务网；社会经济和气象统计数据来源于相应年份的《北京市统计年鉴》；工业污染治理完成投资额和林业完成投资额数据来源于《中华人民共和国统计局》；其他相关数据来源于相关文献资料、文件以及研究报告。

第一节
构建森林生态安全评价指标体系

一、森林生态安全指标体系构建原则

设计基于中高分辨率遥感影像、森林资源二类调查数据和统计数据相结合的指标获取方法，构建森林生态安全综合评估值计算模型，计算北京市及北京市各区县森林生态状态评估值、压力评估值和响应评估值，最终得到森林生态安全综合评估值。其中指标体系的建立是首要和关键的步骤，指标体系建立的好坏直接关系到评价的科学性和准确程度。森林生态系统生态安全指标的筛选并不是无节制的海选，指标的取舍要以系统的完整概括性和直观解释便利为目标。选取的指标应当既能充分描述和反映社会、经济、环境等各方面的生态安全水平与状态，又能实现对生态系统自身运行及其外部环境的监测，同时还能实现功能上的横纵向比较。因此，在综合有关研究基础上，本书明确了建立指标体系所遵循的基本原则，具体如下：

（1）科学性原则：指标的选择、指标权重的确定、数据的选取等都要建立在科学分析的基础上，要能代表森林生态安全的影响因素，能合理表达森林生态安全状况，能反映出森林生态安全未来变化的趋势，且构建的指标体系需层次分明、逻辑合理、易于解释。

（2）可操作性原则：指标的选择应在包含大部分重要信息的基础上尽量简化，要具有较强的可操作性。对于部分指标一定要考虑其因子数值的可获取性，并保障数据的准确性；要尽量利用现有数据、统计资料数据和各种规范标准。

（3）可比性原则：要求指标数据的选取与计算采取统一口径，以便于相似区域之间进行比较，保证评价指标在横向上具有可比性。

（4）普遍性原则：在选择评价指标时，为了达到普遍适用的目的，使不同区域在运用指标体系进行研究时具有可比性，在建立整个评价指标体系时，选择的评价指标覆盖面要广，同时又要选择适用的指标因子，做到适当的取舍，可以适用于不同的区域。

（5）代表性与实用性原则：构建的指标体系既要全面客观地反映指标信息之间错综复杂的关系，保证所有信息既不被遗漏，又要避免指标信息过度冗杂重叠。同时，为保证系统内指标体系具有代表性，应先初步建立数量较为丰富的指标体系，再通过一定的方法或准则进行筛选。

二、森林生态安全指标体系构建说明

森林生态系统是一个涉及自然环境、经济条件、社会状态、文化科技等因素的多成分、多功能的复杂的综合性大系统。在该复合系统内部有众多的影响因素，且各因素对林业生态安全的作用大小不一。面对这样一个复杂系统，没有全面、系统地了解系统的内部结构与运行原理，以及各系统因子的运行轨迹与权重大小，仅根据几个显示因子去构建森林生态安全评价体系，其结果必定具有某些片面性与主观性，甚至是错误的，经不起检验的。因而，寻找一个科学、合理的，能够从不同角度、不同层次反映森林生态安全真实水平状态的综合评价体系方法成为关键。

因此，在全面考虑到森林生态资源自身及其生态环境的整体安全，在前人研究和生物学、生态学领域相关专家指导的基础上，构建一套相对较为完整、全面、客观、具有较强可操作性的适合于北京市森林生态安全评价的指标体系意义重大。

考虑到数据的可获性，指标的重要性、均衡性、同类项合并等原则，本研究构建的森林生态安全状态指标体系具有更强的可操作性。

对于森林生态安全状态指标体系构建，应分别从资源类指标、灾害类指标、气候类指标、环境类指标四个二级指标反映森林系统的基本特征、物质组成、服务功能等。

对于森林生态安全压力指标体系的构建旨在衡量由于人类社会、经济等方面的活动对森林生态系统生态安全产生的影响程度。本书构建的森林生态安全压力指标包括社会经济压力、资源压力、环境压力三个二级指标。

对于森林生态安全响应指标体系的构建，主要从投入和治理两个二级指标反映政府采取的保护及治理政策。在人类无节制利用森林资源产生了一系列自然灾害之后，对森林实施保护措施，有利于缓解人类经济活动对森林生态系统带来的压力。所以，选取人类维护森林资源的响应政策反映森林生态系统安全状况。

三、森林生态安全指标体系及其解释说明

森林生态安全是指在一定的时空范围内，在一定外界环境和人为社会经济活动等影响下，森林生态系统能够实现自我调控和自我修复，维护自我生态系统可持续性、复杂性、恢复性、服务性的状态。基于森林生态安全内涵，遵循数据可获性、代表性和易操作性原则，采用文献归纳法和层次分析法构建评价指标体系(鲁莎莎等，2017)。目前国内对森林生态安全评价指标的研究相对较少，指标体系多数基于 PSR 模型而建。本研究也使用状态—压力—响应(PSR)概念模型，将从三方面构建森林生态安全状况综合评价指标体系，主要包括：森林生态状态评估指标体系、森林生态压力评估指标体系、森林生态响应评估指标体系。

本研究依据现有统计资料和研究文献，进行了尽可能全面系统的数据收集。根据目前数据的获取情况，设计如下指标体系(表4.1)。

表4.1　森林生态安全评价指标

	一级指标	二级指标	指标名称(单位)	指标性质
北京市森林生态安全综合指数	状态指标(A_1)	资源量状态(B_1)	C_1单位面积森林蓄积量(m^3/hm^2)	+
			C_2森林覆盖率(%)	+
			C_3公益林比重(%)	+
		气候类状态(B_2)	C_4年降雨量(mm)	+
			C_5年平均气温(℃)	+
			C_6年日照时数(h)	+
		灾害类状态(B_3)	C_7森林火灾受灾率(%)	−
			C_8森林病虫鼠害发生率(%)	−
		环境类状态(B_4)	C_9空气质量大于二级的天数所占比例(%)	+
			C_{10}人口密度(人/公顷)	−
	压力指标(A_2)	社会经济压力(B_5)	C_{11}单位面积 GDP(元/公顷)	−
			C_{12}人类工程占用土地指数(%)	−
			C_{13}产业结构指数(%)	−
		资源压力(B_6)	C_{14}森林采伐量强度指数(%)	−
			C_{15}森林旅游开发强度指数(%)	−
			C_{16}单位森林面积人口数量(人/公顷)	−
		环境压力(B_7)	$C_{17}CO_2$排放量指数(t/hm^2)	−
			$C_{18}SO_2$排放量指数(t/hm^2)	−
			C_{19}可吸入颗粒年日均值(mg/m^3)	−
	响应指标(A_3)	投入情况(B_8)	C_{20}林业完成投资额指数(%)	+
			C_{21}环境保护投资额指数(%)	+
		治理情况(B_9)	C_{22}单位 GDP 工业污染治理完成投资指数(%)	+

（一）状态指标层各项指标解释

B_1资源状态指标

（1）C_1单位面积森林蓄积量（Forest stock volume per unit land area）。森林总蓄积量是指一定森林面积上存在着的林木树干部分的总材积。单位面积森林蓄积量则是指单位土地调查面积上的森林蓄积量。计算方法为：

$$单位面积森林蓄积量 = \frac{森林蓄积量}{土地调查面积} \times 100\% \tag{1}$$

森林总蓄积量是反映一个国家或地区森林资源总规模和水平的基本指标之一，也是反映森林资源量的丰富程度、衡量森林生态环境优劣的重要依据。为使各区县数据可比，使用单位面积森林蓄积量来反映该区县的森林资源水平。因此该指标属于正指标，在指标表中用"＋"表示，该指标数值越大，说明该区县的森林资源越丰富，森林生态安全程度越高。

（2）C_2森林覆盖率（The forest coverage rate）。森林覆盖率亦称森林覆被率，是指森林面积占该地区土地调查面积的百分比。计算方法为：

$$森林覆盖率 = \frac{森林面积}{土地调查面积} \times 100\% \tag{2}$$

森林覆盖率是反映一个地区森林面积占有情况，或森林资源丰富程度及实现绿化程度的指标，同时也是评价一个地区生态环境好坏的重要指标（邵志忠，2010）。因此该指标属于正指标，在指标表中用"＋"表示，森林覆盖率越高，森林的生命力越强，森林资源也越丰富，森林生态系统安全度越高。

（3）C_3公益林比重（The public welfare forest proportion）。公益林又称生态公益林，指为满足人类社会的生态、社会需求和可持续发展需要，以维护和改善生态环境、保持生态平衡、保护生物多样性等为其主体功能，主要提供公益性、社会性产品或服务的森林、林木、林地（包括国家、集体、个人所属公益林），即主要用于发挥生态效益的森林。公益林比重指该地区公益林面积占整个森林面积的比重。计算方法为：

$$公益林比重 = \frac{公益林面积}{森林面积} \times 100\% \tag{3}$$

公益林面积所占比重越大，说明该省以生产木材为主要目的的采伐、抚育和改造活动越少，能有效发挥森林生态效益、保持生态平衡、保护生物多样性的林木越多。因此该指标属于正指标，在指标表中用"＋"表示，公益林所占比重越大，森林生态系统越安全。

B_2气候类状态指标

（1）C_4年降雨量（Annual rainfall）。降雨量指一年中每月降雨量的平均值的总和。降水是植物生长和森林物种分布的重要限制性因子，其对森林生态系统安全状况的影响主要通过影响森林的生产力以及物种的分布实现。该指标由北京市和各区县统计年鉴直接获取。

森林能够保蓄水分，汲取自己所需的水分，降雨量越大，生物多样性越丰富，森林生产力越高，森林生态系统越安全。因此该指标属于正指标，在指标表中用"＋"表示。

（2）C_5年平均气温（The annual average temperature）。年平均气温是指在一年时间内，各次观测的气温值的算术平均值。该指标由北京市和各区县统计年鉴直接获取。

气温通过影响森林生产力和生物多样性来影响森林生态安全，气温越高，森林生态系统越安全。因此该指标属于正指标，在指标表中用"＋"表示。

（3）C_6年日照时数（Annual sunshine hours）。日照时数也可称实照时数，年日照时数是指在一年内太阳直接辐照度达到或超过120W/㎡的各段时间的总和，以小时为单位，取一位小数。该指标由北京市和各区县统计年鉴直接获取。

日照时数对森林生态安全的影响通过影响植物的正常生长实现，一般情况下，日照时数越长，森林生态系统越安全。因此该指标属于正指标，在指标表中用"＋"表示。

B_3灾害类状态指标

（1）C_7森林火灾受灾率（Forest fire disaster rate）。森林火灾受灾率是指森林火灾受灾面积与森林面积的比，反映受火灾干扰的森林面积损失程度。计算公式：

$$森林火灾受灾率 = \frac{森林火灾受灾面积}{森林面积} \times 100\% \tag{4}$$

森林火灾受灾率是鉴定森林火灾干扰对森林生态系统威胁程度的首要指标。森林火灾对森林生态系统的干扰过大就会影响到森林生态系统的健康与可持续发展，因此该指标属于逆指标，在指标表中用"－"表示，森林火灾受灾率越高，森林生态系统越不安全。

（2）C_8森林病虫鼠害发生率（Forest disease pest and rodent disaster rate）。森林病虫鼠害指对森林、林木、林木种苗及木材、竹材形成的病害、虫害和鼠害。根据国家林业局发布的主要森林病虫鼠害发生面积统计规定，发生面积的统计起点，以森林病虫鼠害种群密度（虫口密度、感病指数、捕获率）达到能造成轻度危害以上，或已造成轻度危害以上的标准计算。森林病虫鼠害发生率是指森林病虫鼠害发生面积与森林面积之比，反映森林受病、虫、鼠危害的综合性指标。

$$森林病虫鼠害发生率 = \frac{森林病虫鼠害发生面积}{森林面积} \times 100\% \tag{5}$$

病、虫、鼠是威胁森林生态安全的重要因素，病虫鼠害发生面积越大，说明森林受到有害生物的干扰和威胁更严重，因此该指标属于逆指标，在指标表中用"－"表示，该指标数值越大，森林生态系统越不安全。

B_4环境类状态指标

C_9空气质量大于二级天数所占比例（Days of air quality above grade II rate）。是指空气质量优于二级的天数占全年天数之比。计算公式为：

$$空气质量大于二级天数所占比例 = \frac{空气质量大于二级以上天数}{365} \times 100\% \tag{6}$$

空气质量大于二级天数所占比例是反映当地生态安全程度的重要指标。该指标采取国家统一的环境空气质量标准，具有可比性。通过该指标也可以反映出当地经济发展对生态环境的影响，反映出当地森林生态安全状态，从而体现出当地社会文明进步程度。该指标值越大，说明森林生态系统对空气的净化能力越强。因此该指标属于正指标，在指标表中用"＋"表示，该指标数值越大，森林生态系统越安全。

（二）压力指标层各项指标解释

B_5社会经济压力指标

（1）C_{10}人口密度（Population density）。人口密度是指单位土地调查面积上居住的人口数，是表示人口密集程度的指标。计算方法为：

$$人口密度 = \frac{各地区年末人口数}{土地调查面积} \times 100\% \qquad (7)$$

人口密度对生态环境的影响是综合的，全方位的，在森林资源有限的情况下，同等面积人口密度越大，对森林资源的需求越大，对森林生态系统的压力越大，森林生态系统越不安全。因此该指标属于逆指标，在指标表中用"－"表示，该指标数值越大，森林生态系统越不安全。

（2）C_{11}单位面积 GDP（GDP per unit area）。GDP 指在一定时期内（一个季度或一年），一个地区的经济中所生产出的全部最终产品和劳务的价值，常被公认为衡量地区经济状况的最佳指标。计算方法为：

$$单位面积生产总值 = \frac{地区生产总值}{土地调查面积} \times 100\% \qquad (8)$$

随着人类经济社会发展水平的提高，会引发过度追求利益的行为，造成森林生态系统的稳定性破坏，影响森林生态安全。因此该指标属于逆指标，在指标表中用"－"表示，该指标数值越大，森林生态系统越不安全。

（3）C_{12}人类工程占用土地指数（Human engineering occupation of land index）。人类工程占用土地指数反映的是人类为了生存对林业用地的侵占和影响。计算方法为：

$$人类工程占用土地指数 = \frac{建设用地面积}{土地调查面积} \times 100\% \qquad (9)$$

人类工程占用土地是目前极具代表性的人类开发利用自然资源的方式（肖风劲，2004），因此能较好地反映人类活动对自然生态环境产生的压力、带来的影响。因此选取人类工程占用土地指数来反映人类活动给自然带来的压力。人类工程占用土地越多，森林生态系统承受的压力越大。因此该指标属于逆指标，在指标表中用"－"表示，该指标数值越大，森林生态系统越不安全。

（4）C_{13}产业结构指数（Industrial structure index）。第二产业占地区生产总值比重，即第二产业生产总值与地区生产总值之比。计算方法为：

$$产业结构指数 = \frac{第二产业生产总值}{地区生产总值} \times 100\% \qquad (10)$$

第二产业的发展为人类带来丰富工业产品、促进经济发展的同时，其对资源的开发利用，对环境产生的污染破坏也是不容忽视的，第二产业发展对生态环境的影响是综合的，全方位的，该指标间接衡量了人类消耗森林资源的强度。因此该指标属于逆指标，在指标表中用"－"表示，该指标数值越大，森林生态系统越不安全。

B_6资源压力指标

（1）C_{14}森林采伐强度指数（Forest harvesting intensity index）。一定时期内木材采伐量占林木蓄积量的比重。计算方法为：

$$森林采伐强度指数 = \frac{采伐限额}{森林蓄积量} \times 100\% \qquad (11)$$

森林采伐是人类为获得木材而进行的一种森林经营活动，该活动为人类开发利用森林资源的主要、直接形式，进行森林经营活动是对森林资源的一种消耗，同时也不可避免地对森林生态系统产生较大的扰动，森林采伐强度越大，森林生态系统承受的压力越大。因此该指标属于逆指标，在指标表中用"﹣"表示，该指标数值越大，森林生态系统越不安全。

(2)C_{15}森林旅游开发强度(Forest tourism development intensity index)。森林旅游开发强度指数反映人类对森林的开发利用程度。计算方法为：

$$森林旅游开发强度指数 = \frac{森林公园面积}{森林面积} \times 100\% \tag{12}$$

目前，人类占用森林资源的集中、主要表现形式为开发森林旅游，在森林中建设一系列公共设施，这些行为改变了森林原始的面貌，占用了大量森林资源，因此，选取森林旅游开发强度指数反映人类占用森林资源的压力及强度。森林旅游开发强度指数越大，森林生态系统承受的压力越大。因此该指标属于逆指标，在指标表中用"﹣"表示，该指标数值越大，森林生态系统越不安全。

(3)C_{16}单位森林面积人口数量(Population per unit forest area)。地区人口数量与森林面积之比，即单位森林面积上所承载的人口数。计算方法为：

$$单位森林面积人口数量 = \frac{地区人口数量}{森林面积} \times 100\% \tag{13}$$

人类消耗森林资源的能力和程度与人口数量的多少密切正相关，在相同消耗能力基础上，人口数量越多，对森林资源的消耗量越大，森林生态系统承受的压力越大。因此该指标属于逆指标，在指标表中用"﹣"表示，该指标数值越大，森林生态系统越不安全。

B_7环境压力指标

(1)C_{17}二氧化碳排放量指数(Carbon dioxide emissions index)。CO_2排放量指数是指单位土地调查面积上化石燃料中CO_2排放量。计算方法为：

$$二氧化碳排放指数 = \frac{二氧化碳排放量}{土地调查面积} \times 100\% \tag{14}$$

二氧化碳排放是引发全球温室效应的主要原因之一，随着大气中CO_2等增温物质的增多，能够更多地阻挡地面和近地气层向宇宙空间的长波辐射能量支出，从而使地球气候变暖，导致热带和温带的旱、涝灾害发生频繁，以及冰山融化，海平面上升，沿海三角洲被淹没。森林植被是吸收二氧化碳，排放氧气的主要转换者之一，二氧化碳排放过量，超过了森林生态系统吸收二氧化碳的范围，便会对森林、大气、人类生活带来危害。因此该指标属于逆指标，在指标表中用"﹣"表示，该指标数值越大，森林生态系统越不安全。

(2)C_{18}二氧化硫排放量指数(Sulfur dioxide emission index)。SO_2排放量指数是指单位土地调查面积上排放的SO_2量，反映人类破坏森林资源的压力及强度。计算方法为：

$$二氧化硫排放指数 = \frac{废气二氧化碳排放量}{土地调查面积} \times 100\% \tag{15}$$

人类活动产生的废气对自然环境产生了非常大的破坏和影响，也对人类健康、生存环境产生影响，废气中二氧化硫会形成酸雨，严重影响自然环境、人类生存生活和经济发展，因此，用二氧化硫排放指数反映人类破坏森林资源的压力及强度。二氧化硫排放指数越大，森林生态系统压力越大。因此该指标属于逆指标，在指标表中用"﹣"表示，该指标数值越大，森林生态系统越不安全。

(2)C_{19}可吸入颗粒物年日均值(Annual average daily particulate matter)。可吸入颗粒物是指悬

浮在空气中，空气动力学当量直径≤10 微米的颗粒物。该指标由北京市和各区县统计年鉴直接获取。

可吸入颗粒物的形成主要有两个途径：其一，各种工业过程(燃煤、冶金、化工、内燃机等)直接排放的超细颗粒物；其二，大气中二次形成的超细颗粒物与气溶胶等。其中，第一种途径是可吸入颗粒物的主要形成源，也是可吸入颗粒物污染控制的重要对象。可吸入颗粒物能较长时间悬浮于空气中，其在空气中含量浓度越高，就代表空气污染越严重，因而对人体健康和大气环境质量的影响更大。因此该指标属于逆指标，在指标表中用"－"表示，该指标数值越大，森林生态系统越不安全。

(三)响应层各项指标解释

B_8 投入情况指标

(1)C_{20} 林业完成投资额指数(Investment in forest resources)。林业完成投资指数是指当年林业完成投资占森林面积的百分比。计算方法为：

$$林业完成投资额指数 = \frac{林业完成投资额}{森林面积} \times 100\% \tag{16}$$

林业完成投资额反映了人类为保护林业所做出的投资，该指数越大，说明对森林生态系统的保护恢复工作越到位。因此，林业完成投资额指数越大，森林生态系统承受的压力越小。因此该指标属于正指标，在指标表中用"＋"表示，该指标数值越大，森林生态系统越安全。

(2)C_{21} 环境保护投资额指数(Investment of environmental protection completed index)。环境保护投资额指数是指当年环境保护投资占当地国内生产总值的百分比。计算方法为：

$$环境保护投资额指数 = \frac{环境保护投资额}{地区生产总值} \times 100\% \tag{17}$$

环境保护投资是指进行防治环境污染，改善环境质量及有利于自然生态环境的恢复和建设的投资。环境保护投资包括两个方面：环境污染治理投入和环境管理与污染防治科技投入，反映了人类为减轻其破坏环境的行为所作的努力。该指数越大，表示保护情况越好，对森林生态系统的保护恢复工作越到位，森林生态系统承受的压力越小。因此该指标属于正指标，在指标表中用"＋"表示，该指标数值越大，森林生态系统越安全。

B_9 治理情况指标

(1)C_{22} 单位 GDP 工业污染治理完成投资指数(Investment rate of industrial pollution control per unit GDP)。单位 GDP 工业污染治理完成投资额是指，一单位的生产总值中用于治理工业污染的量。计算方法为：

$$单位 GDP 工业污染治理完成投资指数 = \frac{工业污染治理完成投资额}{地区生产总值} \times 100\% \tag{18}$$

工业污染治理完成投资指数反映了人类为减轻其破坏环境的行为所作的努力，该指数越大，表示治理污染完成情况越好，对森林生态系统的治理恢复工作越到位。因此该指标属于正指标，在指标表中用"＋"表示，该指标数值越大，森林生态系统承受的压力越小，森林生态系统越安全。

第二节
构建森林生态安全综合评估模型

一、指标数据的处理、评价方法以及权重计算

(一)指标数据处理

由于各指标单位不同(即量纲不统一)，相互之间不具备可比性，直接利用它们无法计算综合指标数值。因此需要首先进行标准化处理来消除这种因素。

1. 评价指标类型的一致化

评价指标中可能包含有"极大型"指标，"极小型"指标、"中间型"指标和"区间型"指标。

极大型指标：总是期望指标的取值越大越好；

极小型指标：总是期望指标的取值越小越好；

中间型指标：总是期望指标的取值既不要太大，也不要太小为好，即取适当的中间值为最好；

区间型指标：总是期望指标的取值最好是落在某一个确定的区间内为最好。

处理方法：

1)极小型指标

对于某个极小型指标 x，则通过变换 $x^* = M - x$，或变换 $x^* = \dfrac{1}{x}$，其中 M 为指标 x 的可能取值的最大值，即可将指标 x 一致化。

2)中间型指标

对于某个中间型指标 x，则通过变换 $x^* = \begin{cases} 2(x - m) & m \leqslant x \leqslant \dfrac{M + m}{2} \\ 2(M - x) & \dfrac{M + m}{2} \leqslant x \leqslant M \end{cases}$，

其中 M 和 m 分别为指标 x 的可能取值的最大值和最小值，即可将中间型指标 x 一致化。

3)区间型指标

对于某个区间型指标 x，则通过变换 $x^* = \begin{cases} 1 - \dfrac{q_1 - x}{\max(q_1 - m,\ M - q_2)} & x < q_1, \\ 1 & q_1 < x < q_2, \\ 1 - \dfrac{x - q_2}{\max(q_1 - m,\ M - q_2)} & x > q_2 \end{cases}$

其中 $[q_1, q_2]$ 为指标 x 的最佳稳定的区间，M 和 m 分别为指标 x 的可能取值的最大值和最小值，即可将区间型指标 x 极大化。

2. 评价指标的无量纲化

无量纲化处理又称为指标数据的标准化，或规范化处理。常用方法：标准差方法、极值差方法和功效系数方法。

假设 m 个评价指标，已经进行了类型的一致化处理，并都有 n 组样本观测值 $x_{ij}(i=1,2,\cdots,m;j=1,2,\cdots,n)$，可按如下方法将其作无量纲化处理。

1）标准差方法

令 $x'_{ij}=\dfrac{x_{ij}-x'_j}{S_j}(i=1,2,\cdots,n;j=1,2,\cdots,m)$。其中 $x'_j=\dfrac{1}{n}\sum\limits_{i=1}^{n}x_{ij},x_j=\left[\dfrac{1}{n}\sum\limits_{i=1}^{n}(x_{ij}-\bar{x}_j)\right]^{\frac{1}{2}}(j=1,2,\cdots,m)$。

显然指标 $x'_{ij}(i=1,2,\cdots,n;j=1,2,\cdots,m)$ 的均值和均方差分别为 0 和 1，即 $x'_{ij}\in[0,1]$ 是无量纲的指标，称之为 x_{ij} 的标准观测值。

2）值差方法

令 $x'_{ij}=\dfrac{x_{ij}-m_j}{M_j-m_j}(i=1,2,\cdots,n;j=1,2,\cdots,m)$，其中 $M_j=\max\limits_{1\leqslant i\leqslant n}\{x_{ij}\}(j=1,2,\cdots,m)$，$m_j=\min\limits_{1\leqslant i\leqslant n}\{x_{ij}\}(j=1,2,\cdots,m)$，则 $x'_{ij}\in[0,1]$ 是无量纲的指标观测值。

3）标准比值法

主要特点：通过对各项参评指标分别确定单一的对比标准来计算个体指数，然后将诸个体指数加权平均得到综合评价指数。个体指数 $=\dfrac{\text{参评指标实际值}}{\text{相应指标标准值}}\times 100\%$，这样得到的个体指数可以围绕 100% 上下取值，最小值通常不能小于零，但理论上没有一定的取值上限。

4）功效系数法

主要特点：通过对各项参评指标分别确定阈值，并运用"功效系数"的方法计算个体指数，然后将诸个体指数加权平均得到综合评价指数。功效系数：$d_i=\dfrac{x_i-x_s}{x_h-x_s}$，式中 x_h 和 x_s 分别为各项指标的满意值和不允许值。一般以某项指标可能达到的最佳值为满意值，而以该项指标不应出现的最差值为不允许值。或以某项指标历史上曾经达到过的（或所有参评对象中的）最大值和最小值分别作为该指标的满意值和不允许值。

对于正指标，满意值是最大值，不允许值是最小值；对于逆指标则相反。即功效系数正指标：$d_i=\dfrac{x_i-x_{\min}}{x_{\max}-x_{\min}}$，逆指标：$d_i=\dfrac{x_i-x_{\max}}{x_{\min}-x_{\max}}$，这样得到的功效系数的取值范围是：$0\leqslant d_i\leqslant 1$。改进的功效系数：$d_i=\dfrac{x_i-x_s}{x_h-x_s}\times 40+60$。

标准比值法计算简便，得到的综合评价指数可以在 100% 上下取值，但没有确定的上限。功效系数法的计算结果有确定取值范围（60~100 分之间），分析意义直观、明确。两种方法给出的基本评价结果（排名顺序）通常相同或相近；但由于两者的对比标准不同，各自的评价意义会存在差异。

（二）评价方法及指标权重的确定

1. 评价方法

根据数据来源和计算过程的不同，分为三类：主观赋权法、客观赋权法、综合赋权法。

主观赋权评估法采取定性的方法，由专家根据经验进行主观判断而得到权数，然后再对指标进行综合评估。如层次分析法、专家调查法（Delphi 法）、模糊分析法、二项系数法、环比评分法、最小平方法、序关系分析法(G1 – 法)等方法。

客观赋权评估法则根据历史数据研究指标之间的相关关系或指标与评估结果的关系来进行综合评估。主要有最大熵技术法、主成分分析法、多目标规划法、拉开档次法、均方差法、变异系数法等。其中熵权法用得较多。

综合赋权法。这类方法主要是将主观赋权法和客观赋权法结合在一起使用。根据不同的研究主题和侧重点有多种形式。表4.2对主观赋权方法和客观赋权方法做了一个比较。

表4.2　主观赋权方法和客观赋权方法比较表

	主观赋权方法	客观赋权法
优点	专家可以根据实际问题，较为合理地确定各指标之间的排序，可以在一定程度上有效地确定各指标按重要程度给定的权系数的先后顺序	不具有主观随意性，不增加对决策分析者的负担，决策或评价结果具有较强的数学理论依据
缺点	主观随意性大，选取的专家不同，得出的权系数也不同；这一点并未因采取诸如增加专家数量、仔细选专家等措施而得到根本改善。在某些情况下应用一种主观赋权法得到的权重结果可能会与实际情况存在较大差异	研究时间比较短暂，还很不完善；依赖于实际的问题域，因而通用性和决策人的可参与性较差，没有考虑决策人的主观意向，且计算方法大都比较繁锁

2. 权重的确定

确定权重时广泛采用的层次分析法取值过于主观，往往忽略评价指标实际取值的影响。因此，本书采用修正的权值确定方法，提出一种基于熵权法和层次分析法(AHP)的模糊综合评价方法，从而避免人为因素的影响。通过专家打分法，对同一层次中的不同指标层次，以上层指标为标准进行两两比较，构造两两比较判断矩阵，确定指标权重。再利用同一层次中所有本层次对应二级指标的权重值，以及二级指标层次所有指标的权重，进行加权计算本层次所有指标对对象层次(一级指标)的权重值，权重的计算公式如式(19)所示：

$$w_{ij} = B_{ij} \times C_{ij} \tag{19}$$

w_{ij}是该标层次相对于对象层层次(一级指标)的权重，B_j是二级指标相对于对象层次(一级指标)的权重，C_{ij}是指标层次相对于二级指标的权重。

其次，利用熵权法计算权重。在综合评价中，当各评价对象某项指标值相差越大时，信息熵越小，说明该指标提供的有效信息量越大，该指标权重也越大；反之，指标权重越小。本书根据各指标所对应的原始数据，分别计算具体评价指标的权重。设有 m 个评价指标 n 个评价对象，则形成原始数据矩阵 $R = (r_{ij})_{m \times n}$。对第 i 个指标的熵定义为：

$$H_i = -k \sum_{j=1}^{n} f_{ij} \ln f_{ij} \tag{20}$$

式中，$i = 1,2,3,\cdots,n$，$k = 1/\ln n$，$f_{ij} = \dfrac{r_{ij}}{\sum\limits_{j=1}^{n} r_{ij}}$，$f_{ij} = 0$ 时，令 $f_{ij} \ln f_{ij} = 0$，f_{ij} 为第 i 个指标下第 j 个评价对象占该指标的权重，n 为评价对象的个数，H_i 为第 i 个指标的熵。定义完第 i 个指标的熵后，第 i 个指标的权熵定义为：

$$w_{2i} = \frac{(1 - H_i)}{(m - \sum\limits_{j=1}^{n} H_i)} \tag{21}$$

式中,$0 \leqslant w_{ij} \leqslant 1$,$\sum_{i=1}^{m} w_i = 1$,$H_i$ 为第 i 个指标的熵,m 为评价指标的个数,为第 i 个指标的权熵。

最后,综合专家打分法权重和熵权法权重,得指标综合权重,综合权重的计算根据:

$$w_i = \frac{(\alpha w_{1i} + \beta w_{2i})}{\sum_{j=1}^{n} (\alpha w_{1i} + \beta w_{2i})} \tag{22}$$

式中,$\alpha + \beta = 1$,$\sum_{i=1}^{m} w_i = 1$。

二、综合评估值模型构建

系统动力学仿真模型用来预测未来森林生态安全系统中的指标,基于各指标的现有历史数据和预测数据,结合式(19)确定的权重,计算森林生态安全评估综合值。

1. 森林生态系统状态评估值的计算步骤

第一步,对森林状态指标原始数据表(记为表1)的每一列数据(表示北京市和各区县各个年份某个指标的所有统计数据),确定一个满意值 $x_{i好}$ 和不允许值 $x_{i差}$:对越大越好型指标(即正项指标),选取这些统计数据中的最大值作为满意值,相应的最小值作为不允许值;对于越小越好型指标(即负向指标),选取这些统计数据中的最小值作为满意值,最大值作为不允许值。

第二步,把状态指标原始数据表中的数据标准化:

把表1中第 j 列数据 x_{ij},$i = 1, 2, \cdots, n$,即第 j 个指标对应的所有数据(北京市和各区县各个年份的第 j 个指标的数据)标准数据 y_{ij},$i = 1, 2, \cdots, n$,计算公式为 $y_{ij} = \frac{x_{ij} - x_{i差}}{x_{i好} - x_{i差}}$,其中 $x_{i好}$,$x_{i差}$ 分别为第 j 个指标的满意值和不允许值。

第三步,计算森林生态安全状态评估值:

对各指标进行标准化后,可根据式(23)计算北京市及各区县历年的森林生态安全状态评估值,同样适用式(23)计算预测年份的森林生态安全状态评估值,评价北京市及各区县生态安全状态的优劣。

$$E_{j1} = \sum_{i=1}^{n} W_i Y_{ij} \tag{23}$$

式中 Y_{ij} 是 i 指标在 j 年的标准化分值;W_i 是 i 指标的权重;E_{j1} 表示在 j 年的状态评估值。

状态评估值反映森林生态系统本身的安全状况。状态评估值越大,表示该地区森林生态安全自身状况越好。

2. 森林生态系统压力评估值的计算步骤

压力评估值刻画的是地区社会、经济对森林生态系统直接或间接带来的生态安全方面的影响和造成的压力,故压力评估值越大,表示该地区生态安全压力越大。

第一步,对森林压力指标原始数据表(记为表2)的每一列数据(表示北京市和各区县各个年份某个指标的所有统计数据),确定一个最大值 x_{max} 和不允许值 x_{min}。

第二步,把压力指标原始数据表中的数据标准化:

把表2中第 j 列数据 x_{ij},$i = 1, 2, \cdots, n$,即第 j 个指标对应的所有数据(北京市和各区县各

个年份的第 j 个指标的数据)化为标准数据 y_{ij}，$i=1$，2，$\cdots$，n。

对于负向指标，其计算公式为 $y_{ij}=\dfrac{x_{ij}-x_{\min}}{x_{\max}-x_{\min}}$，其中 $x_{\max}$，$x_{\min}$ 分别为第 j 个指标的最大值和最小值。

对于正向指标，其计算公式为 $y_{ij}=\dfrac{x_{\max}-x_{ij}}{x_{\max}-x_{\min}}$，其中 $x_{\max}$，$x_{\min}$ 分别为第 j 个指标的最大值和最小值。

第三步，计算森林生态安全压力评估值：

对各指标进行标准化后，可根据式(24)计算北京市及各区县历年的森林生态安全压力评估值，同样适用式(24)计算预测年份的森林生态安全压力评估值，评价北京市及各区县生态安全压力程度。

$$E_{j2}=\sum_{i=1}^{n}W_iY_{ij} \tag{24}$$

式中 Y_{ij} 是 i 指标在 j 年的标准化分值；W_i 是 i 指标的权重；E_{j2} 表示在 j 年的状态评估值。

压力评估值刻画的是地区社会、经济对森林生态系统直接或间接带来的生态安全方面的影响和造成的压力。压力评估值越大，表示该地区生态安全压力越大，森林生态安全状况越差。但本书在计算森林生态安全压力评估值时根据实际需要将指标计算进行了处理，得到能够直接反映森林生态安全状况的压力评估值。

3. 森林生态系统响应评估值的计算步骤

响应评估值刻画的是林业政府部门针对地区社会、经济对森林生态系统直接或间接带来的生态安全方面的压力所采取的响应政策，故响应评估值越大，越有利于森林生态安全。

第一步，对森林响应指标原始数据表(记为表3)的每一列数据(表示北京市和各区县各个年份某个指标的所有统计数据)，确定一个满意值 $x_{i好}$ 和不允许值 $x_{i差}$：对越大越好型指标(即正项指标)，选取这些统计数据中的最大值作为满意值，相应的最小值作为不允许值；对于越小越好型指标(即负向指标)，选取这些统计数据中的最小值作为满意值，最大值作为不允许值。

第二步，把响应指标原始数据表中的数据标准化：

把表3中第 j 列数据 x_{ij}，$i=1$，2，$\cdots$，n，即第 j 个指标对应的所有数据(各个区和北京市各个历史年份的第 j 个指标的数据)化为标准数据 x_{ij}，$i=1$，2，$\cdots$，n，计算公式为 $y_{ij}=\dfrac{x_{ij}-x_{i差}}{x_{i好}-x_{i差}}$，其中 $x_{i好}$，$x_{i差}$ 分别为第 j 个指标的满意值和不允许值。

第三步，计算森林生态安全响应评估值：

对各指标进行标准化后，可根据式(25)计算北京市及各区县历年的森林生态安全响应评估值，同样适用式(25)计算预测年份的森林生态安全响应评估值，评价北京市及各区县生态安全响应。

$$E_{j3}=\sum_{i=1}^{n}W_iY_{ij} \tag{25}$$

式中 Y_{ij} 是 i 指标在 j 年的标准化分值；W_i 是 i 指标的权重；E_{j3} 表示在 j 年的状态评估值。

4. 森林生态系统生态安全评估值的形式

北京市及各区(如第 i 个地区)某年份森林的生态安全评估值计算公式为:

$$E = E_{j1} + E_{j2} + E_{j3} \tag{26}$$

其中 E_{j1}、E_{j2}、E_{j3} 分别为该地区森林的生态安全状态评估值、生态安全压力评估值、生态安全响应评估值。

第三节
小　结

本章构建了森林生态安全评价指标体系,并在此基础上建立森林生态安全综合评估模型。森林生态系统是一个复杂的生态系统,在该复合系统内部有众多的影响因素,作用大小也不尽相同。研究从资源类指标、灾害类指标、气候类指标、环境类指标四个维度反映森林生态系统的基本特征、物质组成、服务功能等;从社会经济压力、资源压力、环境压力三个维度刻画森林生态系统承载的压力;从投入和治理两个维度反映政府采取的保护及治理政策。通过计算北京市及其各区县森林生态状态评估值、压力评估值和响应评估值,最终得到森林生态安全综合评估值。研究构建的森林生态安全评价指标体系及模型,层次分明、逻辑合理、易于解释,可操作性强。既避免了重要信息被遗漏,又避免了指标体系过于冗杂,能够反映森林生态安全的真实状况,为科学评价社会、自然、环境、人类活动等因素对森林生态安全状况的影响提供了重要参考。

参考文献

[1] Potter K M, Conkling B L. Forest Health Monitoring 2009 National Technical Report[J]. General Technical Report-Southern Research Station, USDA Forest Service, 2012, (84): 1 – 159.

[2] Shrader-Frechette K S. Ecosystem health: A new paradigm for ecological assessment[J]. Trends in Ecology & Evolution, 1994, 9(12): 456 – 457.

[3] 陈高, 邓红兵, 代力民, 等. 综合构成指数在森林生态系统健康评估中的应用[J]. 生态学报, 2005, 25(7): 1725 – 1733.

[4] 陈仁利, 余雪标, 黄金城, 等. 森林生态系统服务功能及其价值评估[J]. 热带林业, 2006, 34(2): 15 – 18.

[5] 洪伟, 闫淑君, 吴承祯. 福建森林生态系统安全和生态响应[J]. 福建农林大学学报(自然版), 2003, 32(1): 79 – 83.

[6] 胡阳, 刘东兰, 郑小贤, 等. 基于 GIS 和 RS 的八达岭林场森林健康评价[J]. 林业科技开发, 2011, 25(5): 58 – 61.

[7] 黄莉莉, 米锋, 孙丰军. 森林生态安全评价初探[J]. 林业经济, 2009, (12): 64 – 68.

[8] 鲁莎莎, 郭丽婷, 陈英红, 等. 北京市森林生态安全情景模拟与优化调控研究[J]. 干旱区地理, 2017, 40(4): 787 – 794.

[9] 王金龙, 杨伶, 李亚云, 等. 中国县域森林生态安全指数——基于5省15个试点县的经验数据[J]. 生态学报, 2016, 36(20): 6636 – 6645.

[10] 肖风劲, 欧阳华, 孙江华, 等. 森林生态系统健康评价指标与方法[J]. 林业资源管理, 2004, (1): 27 – 30.

[11] 张智光. 林业生态安全的共生耦合测度模型与判据[J]. 中国人口资源与环境, 2014, (8): 90 – 99.

第五章

北京市森林生态安全演变的时空格局

人口与经济增长消耗大量资源和能源，导致了严重的生态退化和环境危机，造成了世界范围内干旱、洪涝和高温等极端天气和灾害频发，生态安全已成为 21 世纪人类实现可持续发展亟须应对的重大问题(李文华，2008)。在中国，大规模快速地城镇化和对经济利益的一味追求造成了森林生态系统破碎化和生境质量下降，森林生态环境日益恶化，这已经威胁到人们的生存和生活健康状态，森林生态安全问题日益引起中国政府的高度重视(肖笃宁等，2002)。目前，中央政府正以生态建设为主线，推进和改善森林生态安全状况。北京作为国际大都市，其城市生态安全和社会经济的可持续发展，都依托森林生态系统这个不可替代的生态载体。目前，北京市森林生态安全境况不容乐观，对森林生态安全进行研究具有重要的理论和现实意义。本章节从全局尺度刻画北京市森林生态安全演变的过程轨迹及转变拐点；从县域尺度对森林生态安全区域内部差异进行对比分析；从景观尺度对森林景观组成、景观破碎化、空间集中度等进行定量分析；从小班尺度对森林类型、龄组、林种和林场的健康状况进行深入研究。这种多尺度综合性的研究具有较大创新性，有助于政府管理部门全面直观地认识不同尺度的森林生态安全问题及其形成原因，为进行区域生态环境管理提供决策支撑。

第一节
从全局尺度刻画森林生态安全演变的过程

一、北京市森林生态安全的时序演变特征

图 5.1 展示了北京市森林生态安全综合水平以及各个层面森林生态安全水平的变化趋势。研究期间，北京市森林生态系统呈现改善趋势，但不同年份起伏较大，上涨与下跌交替出现，森林生态安全评估值(FES)由 2000 年 0.4080 增加到 2015 年 0.5299，增长幅度达到 29.9%。

根据森林生态安全评估值的变化趋势，北京市森林生态安全的时序演变大体可分为三个阶段：

(1)缓慢上升阶段(2000~2005 年)。森林生态安全评估值从 2000 年的 0.4080 上升到 2005 年 0.4548，均值为 0.413，森林生态安全处于较低水平。状态评估值的变化趋势与综合评估值的变化

趋势基本趋同，大致呈现同步稳定上升态势，森林状态呈良好态势发展。同期，压力评估值由
0.1736 增加到 0.195；响应评估值呈波动型增长趋势，五年间增幅为 41.5%。其中，最低值出现
在 2004 年(0.0296)，最高值出现在 2005 年(0.058)。

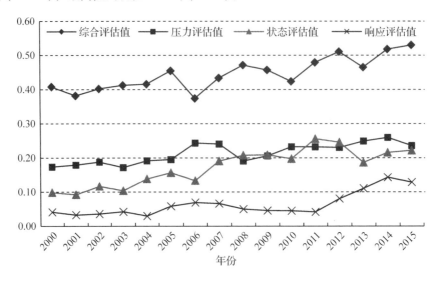

图 5.1　北京市森林生态安全综合评估值

(2)起伏变化阶段(2006~2010 年)。综合评估值从 2006 年的 0.3743 增加到 2008 年的 0.4715，
增幅达 25.96%，之后急剧下降到 2010 年的 0.4239。状态评估值的变化趋势与综合评估值的变化
趋势一致，并在 2008 年达到最大值 0.208，这反映了状态子系统在森林生态安全格局变化中具有
重要的地位。压力评估值在这一阶段呈现波动变化，并由 2006 年 0.2435 下降到 2008 年 0.2080，
之后缓慢上升到 2010 年 0.232。同期，响应评估值则呈缓慢下降趋势，由 2006 年的 0.07 下降到
2010 年的 0.04，这反映了这一阶段政府相关部门的投入治理力度有所下降。

(3)迅速上升阶段(2011~2015 年)。这一阶段的综合评估值在 2013 年突然骤降到 0.4651，随
后有所改善，直至 2015 年达到最优状态 0.53。状态评估值的变化趋势整体呈下降趋势，五年期间
下降幅度为 13.3%；压力评估值由 2011 年 0.2559 上升到 2014 年 0.2595，之后急剧下降到 2015 年
0.222；响应评估值在 2011~2014 年快速上升到最高值 0.143 之后又下降至 2015 年的 0.128，整体
呈上升趋势。

依据北京市森林生态安全时空差异分析，从森林生态安全状态、森林生态安全压力、森林生
态安全响应三方面揭示北京市森林生态安全变化的时序演变特征。

二、森林生态安全状态评估值时序变化

尽管研究期内北京市森林生态安全状态评估值下降的年份颇多，但上涨时的幅度较大，使得
森林生态系统安全状况仍以改善为主要趋势。森林生态安全状态评估值从 2000 年的 0.0985 增长
到 2015 年的 0.2219，增幅高达 125.28%(图 5.2)。其中，资源类指标评估值由 2000 年 0.0001 稳
步增长到 2015 年 0.1474；气候指标和环境类指标评估值呈现波动上升趋势，分别由 2000 年
0.0350、0.0040 增长到 2015 年 0.0528、0.0075；而灾害类指标评估值则呈现波动下降趋势，由

2000 年 0.0595 下降到 2015 年 0.0142。

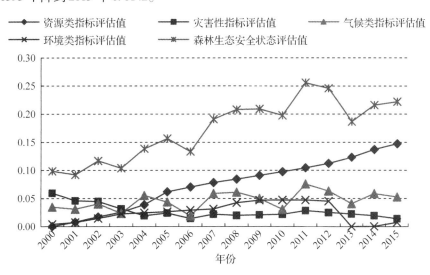

图 **5.2**　北京市森林生态安全状态评估值

三、森林生态安全压力评估值时序变化

森林生态安全压力评估值从 2000 年的 0.1736 增长到 2015 年的 0.2356，整体呈上升趋势，但不同年份起伏较大，上涨与下跌交替(图 5.3)。环境压力评估值呈现波动下降趋势，由 2000 年 0.1109 下降到 2015 年 0.0017，下降幅度高达 98.47%，需要加大对环境污染的治理，促进森林生态系统安全状况的改善；而社会压力评估值和资源压力评估值呈现逐渐上升趋势，分别由 2000 年 0.0470、0.0157 增加到 2015 年的 0.1358、0.0980。

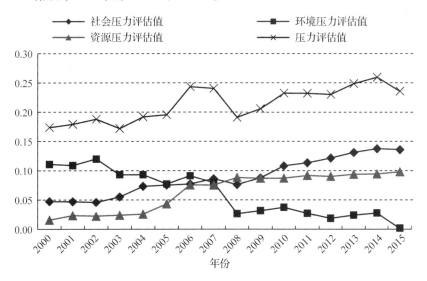

图 **5.3**　北京市森林生态安全压力评估值

四、森林生态安全响应评估值时序变化

森林生态安全响应评估值呈大幅波动，但上涨幅度大于下降幅度。其中，在2011年到2015年五年间生态安全响应评估值从0.0414增长到0.1283，增幅高达209.9%。治理响应评估值的变化趋势与生态安全响应评估值的变化趋势基本一致，在2000~2011年出现巨大波动后逐年上升，2011至2015五年间增幅高达469.15%，这与北京市相关政策的颁布与实施息息相关。投入评估值在2000~2014年呈逐年上升趋势，在2015年突然骤降至0.046，究其原因是由于该年政府在林业上的投资额下降，下降幅度达到32.36%。

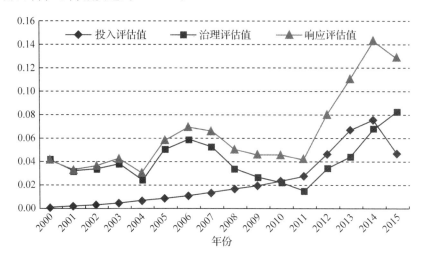

图5.4　北京市森林生态安全响应评估值

第二节
从小班尺度揭示森林生态安全演变的特征

一、研究方法和数据来源

1. 研究方法

小班健康研究过程中科学构建北京市森林小班健康评价指标体系，采用了GIS等地理信息技术、空间统计技术、数理模型方法，在确定指标权重的过程中，利用层次分析法对熵值法所得出的权重进行修正，这在一定程度上克服了单一运用熵值法或者层次分析法方法确定权重的不足，使得研究结果更为合理，形成一套可以量化的适合评价小班健康的指标体系。

2. 数据来源

借助森林资源二类调查小班数据，所调查的数据主要包括森林类型、郁闭度、胸径、树高、单位面积蓄积量、草本平均高、灌木平均高、坡向、坡度、林龄、易燃度、灌草生物量等。

二、小班健康评价指标体系建立的理论依据

森林经营小班健康评价最核心的理论为系统科学理论，森林经营小班健康评价即生态系统尺度的健康研究，现代系统为森林生态系统健康研究提供的理论基础主要有："老三论"即贝塔朗菲的一般系统论(System)、维纳的控制论(Cybernetics)和申农的信息论(Information)，简称 SCI 理论；"新三论"即普里高津的耗散结构论(Dissipative structrue)、哈肯的协同论(Synergertics)和托姆的突变论(Catastrophe Theory)，简称 DSC 理论。从 SCI 理论发展到 DSC 理论是现代系统科学综合化和一体化的新阶段，它的重要特征就是应用逻辑模型和数学模型，通过多种变量来描述系统运动状态(吴延熊，1998)。

对于森林生态系统这个非线性高度复杂的系统而言，系统科学理论为其健康研究提供了定性和定量研究的理论基础。耗散结构理论启发我们从系统的完整性来研究森林健康(黄宝荣等，2006)，这是森林健康研究的基础，而渐进突变理论更是为森林健康的动态研究提供了重要依据。森林生态系统的发展是渐进和突变的耦合，既有渐进性，又有突变性。从渐进理论来研究系统的可持续性，从突变理论来研究系统的稳定性，是森林健康评价的两条重要途径。因此森林健康评价的指标选取应把握研究对象的完整性、稳定性和可持续性。生态系统的稳定性、可持续性和整合性是生态系统健康的基础，也是森林生态系统健康评价的标准。一个生态系统只有在结构完整、系统相对稳定的条件下，才能够充分地实现它的生态过程和生态功能，并维持系统的可持续性，这样的生态系统才是健康的生态系统(肖风劲，2004)。

三、小班健康评价指标选取原则

为了能科学、合理、全面地进行森林健康状况评价，本研究为森林健康评价指标体系的建立制定了以下 6 条原则：

(1)科学性原则。森林健康评价指标体系要建立在科学的基础上，力求能够全面反映评价对象的本质内涵与特征。每个指标应涵义明确，能为森林健康评价提供必要的信息，为科研和政府决策提供可靠与可验证的基础数据。

(2)代表性原则。在选取指标时要抓住问题的实质，森林资源二类清查小班的属性内容十分丰富，指标体系不可能把与森林健康相关的所有方面都包含在内，这就要求在尽可能覆盖评价基本内容的同时，应选取那些最具代表性的和那些代表性强、综合性强的指标。

(3)系统性原则。所选取的指标必须能形成一个完整体系，尽量能全面、系统地反映出该区域森林的主要特征，同时要能正确的反应森林的健康状况，这样的指标体系才能在实践中推广应用。

(4)区域性原则。不同流域所处的社会、经济、人文等背景均有所不同，不同区域内的森林所被赋予的结构与功能会存在着一定的差异。因此，在选取评价指标和确定指标权重的过程中要充分全面地考虑评价目标本身所具有的区域性和差异性。

(5)定性与定量结合的原则。将小班属性进行定量与定性之间的分类，在广泛查阅文献和征求专家意见的基础上尽量将有些复杂的小班因子简单化并定量化，以便保证小班因子的全面性和指标体系的完整性，使评价结果更加客观和准确。

(6)可比性原则。以便于不同森林健康评价指标体系之间的比较，为林分的调整与优化、森林健康经营措施类型的选择与确定提供参考依据。

(7)可测性原则。各项指标便于测量，易于量化。

四、小班健康评价指标体系的内容

根据小班健康评价指标体系建立的理论依据和指标选取原则，本书统计了本研究所能搜集到的数据和通过计算得到的与森林小班健康评价密切相关的重要指标，建立了森林小班健康评价指标体系(表5.1)。

表5.1　森林小班健康评价指标体系

目标层	准则层	指标层(一级指标)	指标性质
森林小班健康评价 A_1	完整性 B_1	植被盖度 C_1	+
		林分蓄积量 C_2	+
		群落结构 C_3	+
		单位面积生物量 C_4	+
	稳定性 B_2	生态脆弱性 C_5	−
		土壤侵蚀程度 C_6	−
		森林火险等级 C_7	−
	可持续性 B_3	腐殖质层厚度 C_8	+
		土壤厚度 C_9	+
		自然度 C_{10}	−
		叶面积指数 C_{11}	+

(一)B_1完整性准则层各项指标解释

小班森林健康评价完整性指标包括植被盖度、林分蓄积量、群落结构、单位面积生物量四项指标。

1. C_1 植被盖度(正向指标)

植被盖度指植物群落总体或个体的地上部分的垂直投影面积与样方面积之比的百分数。它反映植被的茂密程度和植物进行光合作用面积的大小。森林的植被盖度越大，森林的健康状况越好。该指标值由二类调查数据直接获得。

2. C_2 林分蓄积量(正向指标)

蓄积量是指一定森林面积上存在着的林木树干部分的总材积。森林总蓄积量是反映一个国家或地区森林资源总规模和水平的基本指标之一，也是反映森林资源量的丰富程度、衡量森林生态环境优劣的重要依据。林分蓄积量是反映林分质量的最重要的因子，蓄积量高林分质量一般较好(甘敬，2008)。该指标数值越大，说明森林资源越丰富，森林生态安全程度越高。该指标由二类调查数据直接获得。

3. C_3 群落结构(正向指标)

群落中各种生物在空间上的配置状况，即为群落的结构。群落结构包括形态方面的结构和生态方面的结构，前者包括垂直结构和水平结构，后者指层片结构。林分层次结构完备、合理是森林生态系统完整性的重要体现。该指标也是描述小班结构完整性的指标，但主要描述垂直方向的空间结构。依据植被层次的多少及其复杂程度将群落结构分为完整结构、复杂结构、简单结构三种(表5.2)。在确定了群落结构的基础上，将群落结构按其对森林小班健康完整性的影响程度进行量化赋值，以便于数学模型的应用。群落结构越复杂，量化赋值越大，森林生态系统越完整；反之则越不完整。该指标值由二类调查数据直接获得。

表5.2　群落结构分类及其赋值

群落结构	特　点	赋　值
完整结构	森林结构完整，乔木层、灌木层、草本层和地被物层4个层次都具有。	3
复杂结构	森林结构相对复杂，具有乔木层和其他1~2个植被层的森林。	2
简单结构	森林结构简单，具有乔木层和少量林下植被层的森林。	1

4. C_4单位面积生物量(正向指标)

单位面积生物量是指单位面积内群落在一定时间内积累的有机质总量。森林群落的单位面积生物量是表示森林生产力的最好指标，是森林生态系统结构优劣和功能高低的最直接的表现，是森林生态系统环境质量的综合体现(甘敬，2008)。本书在生物量的计算过程中引用甘敬(2008)在对北京山区的森林健康状况评价时建立的北京市18种森林类型生物量计算模型。即一个森林生态系统中乔木层的生物量用蓄积推算法来测定，灌木层的生物量通过与灌木平均高度建立相关函数来获得，草本层的生物量通过与草本平均高度建立相关函数来获得(表5.3)。

表5.3　18种森林类型林分生物量与蓄积量的关系模型

森林类型	模型 y 为林分生物量(m^3) x 为林分蓄积量(m^3)	模型 y 为灌木层生物量(m^3) x 为灌木平均高(m)	模型 y 为草本层生物量(m^3) x 为草本平均高(m)
人工阔叶混交林	$y = 0.8001x + 0.6923$	$y = 1.389 + 0.231x - 0.007x^2$	$y = 0.204 + 0.755x - 0.007x^2$
人工针叶混交林	$y = 0.6018x + 0.8249$	$y = 1.137 + 0.103x - 0.027x^2$	$y = 0.256 + 0.657x - 0.008x^2$
天然阔叶混交林	$y = 0.8528x + 14.145$	$y = 1.509 + 0.448x - 0.052x^2$	$y = 0.302 + 0.607x - 0.01x^2$
天然针叶混交林	$y = 0.6725x + 0.8248$	$y = 1.391 + 0.143x - 0.05x^2$	$y = 0.123 + 0.923x - 0.001x^2$
人工刺槐林	$y = 0.7915x + 0.9711$	$y = 1.008 + 0.182x - 0.024x^2$	$y = 0.017 + 1.011x - 0.01x^2$
其他人工阔叶林	$y = 0.6237x + 0.4213$	$y = 1.026 + 0.443x - 0.028x^2$	$y = 0.408 + 0.318x - 0.018x^2$
人工杨树林	$y = 0.7405x + 0.5846$	$y = 1.159 + 0.149x - 0.06x^2$	$y = 0.325 + 0.356x - 0.024x^2$
人工柞树林	$y = 0.7548x + 0.3658$	$y = 1.315 + 0.381x - 0.014x^2$	$y = 0.485 + 0.189x - 0.013x^2$
天然桦树林	$y = 0.7824x + 0.1259$	$y = 1.381 + 0.448x - 0.034x^2$	$y = 0.364 + 0.313x - 0.021x^2$
其他天然阔叶林	$y = 0.7827x + 0.4986$	$y = 1.307 + 0.304x - 0.036x^2$	$y = 0.462 + 0.356x - 0.003x^2$
天然山杨林	$y = 0.6210x + 0.7269$	$y = 1.294 + 0.005x - 0.051x^2$	$y = 0.251 + 0.566x - 0.003x^2$
天然柞树林	$y = 0.8018x + 0.8392$	$y = 1.34 + 0.598x - 0.008x^2$	$y = 0.473 + 0.07x - 0.005x^2$
人工侧柏林	$y = 0.9213x + 0.6315$	$y = 1.062 + 0.137x - 0.032x^2$	$y = 0.473 + 0.099x - 0.011x^2$
人工落叶松林	$y = 0.5156x + 0.3948$	$y = 1.093 + 0.292x - 0.052x^2$	$y = 0.381 + 0.068x - 0.010x^2$
人工油松林	$y = 1.1586x + 0.2556$	$y = 1.285 + 0.425x - 0.031x^2$	$y = 0.514 + 0.105x - 0.011x^2$

（续）

森林类型	模型 y 为林分生物量（m^3） x 为林分蓄积量（m^3）	模型 y 为灌木层生物量（m^3） x 为灌木平均高（m）	模型 y 为草本层生物量（m^3） x 为草本平均高（m）
天然侧柏林	$y = 0.8012x + 8.6231$	$y = 0.917 + 0.105x - 0.044x^2$	$y = 0.549 + 0.042x - 0.003x^2$
天然油松林	$y = 1.0127x + 0.5894$	$y = 1.267 + 0.185x - 0.039x^2$	$y = 0.331 + 0.264x - 0.005x^2$
经济林	$y = 1.1007x + 0.5286$	$y = 0.938 + 0.151x - 0.026x^2$	$y = 0.105 + 0.585x - 0.016x^2$

（二）B_2 稳定性准则层各项指标解释

小班森林健康评价稳定性指标包括生态脆弱性、土壤侵蚀程度、森林火险等级三项指标。

1. C_5 生态脆弱性（负向指标）

指标衡量某一具体地段的生态脆弱程度。根据北京市"十五"森林资源二类调查技术规程，生态脆弱性分为极端脆弱（1级）、非常脆弱（2级）、比较脆弱（3级）和一般（4级）四个等级。森林的生态脆弱性越高，森林的健康程度越差。该指标值由二类调查数据直接获得。

按照生态脆弱性对森林健康的影响程度对指标进行量化赋值（表5.4），赋值越大，森林的健康程度越差。

表5.4　生态脆弱性分级及其赋值

生态脆弱性	赋　值
极端脆弱	4
非常脆弱	3
比较脆弱	2
一　般	1

2. C_6 土壤侵蚀程度（负向指标）

土壤侵蚀程度是指土壤侵蚀发展相对阶段或相对强度的差异。根据北京市森林资源二类调查技术规程，土壤侵蚀度由土壤剖面中 A 层（表土层）、B 层（心土层）及 C 层（母质层）的丧失来衡量，具体划分为轻度侵蚀、中度侵蚀、强度侵蚀、严重侵蚀。该指标值由二类调查数据直接获得。

按照土壤侵蚀程度对森林健康的影响程度，对指标进行量化赋值（表5.5），赋值越大，森林的健康程度越差。

表5.5　土壤侵蚀程度及其赋值

土壤侵蚀程度	特　点	赋　值
严重侵蚀	崩山、深度沟蚀、侵蚀沟活动明显，沟壑密度 >3km/km^2，沟蚀面积 >21%。	4
强度侵蚀	沟蚀、重度面蚀，沟壑密度 1~3km/km^2，沟蚀面积 15%~20%。	3
中度侵蚀	表土面侵蚀较严重，沟壑密度 <1km/km^2，沟蚀面积 <10%。	2
轻度侵蚀	轻度或无明显侵蚀，表土基本完整。	1

3. C_7森林火险等级(负向指标)

森林火灾主要指失去控制的森林燃烧,火灾对森林的破坏性极大,危害极深,造成的后果也是相当严重的。森林火险等级就是根据发生火灾的危险性大小,用等级表示的方法。森林火灾是最传统最直接的毁灭森林的途径之一。研究区内森林火灾是危害森林健康最主要的威胁。

森林火险等级是一个合成的高级指标,它由郁闭度、坡度、坡向、林龄、易燃度、灌草生物量6项亚指标共同决定。取得小班六个火险分量的数据,计算出各小班火险指数。

$$R = \sum_{i=1}^{n} W_i X_i \tag{1}$$

式(1)中,R 为综合指标,X_1 为郁闭度分量,X_2 为坡度分量,X_3 为坡向分量,X_4 为林龄分量,X_5 易燃度分量,X_6 为灌草生物量分量。W_i 为权重。在实际计算中,本文将火险指数当做模糊综合评价的最低层次,通过计算其隶属度来替代。郁闭度、坡度、坡向、林龄、易燃度5个亚指标值由二类调查数据直接获得,灌木和草本的生物量通过与灌木和草本的平均高度建立相关函数来获得(表5.3)。

(1)郁闭度 X_1。郁闭度是指林冠投影面积占林地总面积的比例,反映了林分的密度。林分内活、死地被物的数量由郁闭度直接决定,随着郁闭度增加,林内光线减弱,蒸发小、温度低、湿度大,不宜燃,郁闭度愈大,发生火灾的可能性愈小,郁闭度愈小,蒸发大、温度高、湿度小发生火灾的可能性愈大。林分郁闭度燃烧性等级划分见表5.6。

(2)坡度 X_2。坡度大小直接影响可燃物湿度的变化,因为坡度大或陡,水分停留时间短,可燃物易干燥。相反,坡度平缓,水分停留时间长,林内潮湿,可燃物含水量大(文定元等,1987)。另外,坡度的大小对热的传播有很大影响。在山地条件下,火的蔓延与坡度密切相关,坡度愈大,由于陡坡上的可燃物直接暴露于火的前锋,故接受到更多的对流和辐射热,相反,坡度平缓,火蔓延缓慢,容易扑灭,造成的损失也就小。坡度燃烧性等级划分见表5.6。

(3)坡向 X_3。阴坡、阳坡对森林火灾的易燃程度与火速蔓延影响不同。一般说来,阴坡日照弱,蒸发慢,温度低,可燃物不易燃,火蔓延较缓慢;阳坡日照强,温度高,可燃物易干燥易燃,火蔓延快(胡阳,2012)。坡向燃烧性等级划分见表5.6。

表5.6 森林火险各亚指标分级

等级	郁闭度	坡向	坡度/(°)	林龄	灌草生物量
1	>0.6	北、东北	≤5	中龄林、近熟林	>1
2	0.6~0.5	东、西北	6~15 缓坡	成熟林、过熟林	1~1.5
3	0.4~0.5	东南、西	16~25 斜坡	造林地、阔叶幼龄林	1.5~2.0
4	0.3~0.4	南、西南	26~35 陡坡	针阔混交幼龄林	2.0~2.5
5	0.1~0.3	无	≥36 急坡	针叶幼龄林	>2.5

(4)林龄 X_4。林龄与森林中枯落物多少有关。处于不同龄组的林分,其结构和功能也各不相同。其中幼龄林由于树木较矮,树冠较低,林木通过自然稀疏和自然整枝,会出现大量枯木和枯立木。中龄林和近熟林树木高大,自然整枝良好,树冠远离地表,使得光线较少照进林内,林内

杂草较少。而在成、过熟林内，由于林木年龄老化，出现大量枯死木，树冠稀疏，林内光线良好，杂草丛生(蒙艳，2015)。林龄燃烧性等级划分见表5.6。

(5)易燃度 X_5。李艳梅等通过研究森林主要树种的可燃性，从森林火灾承灾体——可燃物的角度，重新划分了我国森林主要树种燃烧等级(李艳梅等，2005；见表5.7)。李艳梅等(2005)认为树种可燃物的燃烧等级及其优势度共同决定了可燃物对森林火灾的影响程度，并以此构建了评价可燃物对森林火灾影响的模型，称之为可燃物的易燃度 S，其表达式为：

$$S = \sum_{i=1}^{n} g_i \times l_i \tag{2}$$

g 为小班内(树种) i 的优势度，乙为小班内(树种) i 的燃烧等级($l=1$，2，3)。 S 表示易燃度。

表5.7　中国森林主要树种燃烧等级划分及赋值

分　类	主要树种	等　级	赋　值
难燃类	阔叶混交、槐、榆	一级	1
可燃类	针阔混交、杉类、桦、杨、柳、椴	二级	2
易燃类	松、柏类、栎、针叶混交、矮木	三级	3

(6)灌草生物量 X_6。灌草生物量的多少与森林火灾的发生有密切的关系。灌草生物量越大，森林发生火灾的可能性越大。灌草生物量燃烧性等级划分见表5.6。

(三) B_3 可持续性准则层各项指标解释

可持续性指标包括腐殖质层厚度、土壤厚度、近自然度、叶面积指数四项指标。

1. C_8 腐殖质层厚度(正向指标)

腐殖质层厚度是指富含腐殖质的土壤表层的厚度。腐殖质层为植物生长提供必要的氮等营养元素，腐殖质层越厚土壤状况越好。根据北京市森林资源二类调查技术规程，腐殖质层厚度划分为三个等级(表5.8)：厚 >5cm；中 2~4.9cm；薄 <2cm。该指标值直接由二类调查数据获得。

表5.8　腐殖质厚度分级

等　级	厚度(cm)
厚	>5
中	2~4.9
薄	<2

2. C_9 土壤厚度(正向指标)

土壤层次分为覆盖层、淋溶层、淀积层、母质层，其中在淋溶层中的最上面那层就是通常说的土壤厚度在这一层。土壤是林木生存、生长及发挥生态功能的基础，土壤健康对森林健康十分重要。土壤厚度能直接反映土壤的发育程度，与土壤肥力密切相关，是野外土壤肥力鉴定的重要指标。土层较厚说明其能够提供给林分正向演替较为有利的环境，林分持续健康发展的潜力较大。根据北京市森林资源二类调查技术规程，土壤厚度根据土层 A 层＋B 层厚度确定，划分为三个等级(表5.9)。该指标值由二类调查数据直接获得。

表5.9 土壤厚度分级

等级	厚度(cm)
厚土层	>50
中土层	26~50
薄土层	<25

3. C_{10}自然度(负向指标)

森林自然度是指地段森林生长发育过程状态与森林稳定(顶极)状态的距离,具体含义包括总蓄积量、蓄积结构(径级分布、垂直分布)、树种组成等与森林顶极状态的近似程度。

为了在实际生产中应用时便于操作,根据森林自然度的含义,我们将森林自然度划分成I-V 5个等级(表5.10)。

表5.10 自然度分级

自然度	划分原则	赋值
I	未受人为干预的原始林或稳定的顶极森林	1
II	上层原始树种林木的郁闭度在0.2以上,其蓄积量在林分中占优势(50%以上)	2
III	上层原始树种林木以散生木状态保存,其蓄积量虽不占优势,但仍保持三分之一的比重,林分总蓄积量属中上水平	3
IV	上层原始树种林木以散生木状态保存,其蓄积量虽不占优势,但仍保持三分之一的比重,林分总蓄积量属中上水平	4
V	天然更新幼林地、皆伐迹地、火烧迹地和宜林地	5

注:该指标值由二类调查数据直接获得。

4. C_{11}叶面积指数(正向指标)

叶面积指数又叫叶面积系数,是指单位土地面积上植物叶片总面积占土地面积的倍数。叶面积指数作为单位面积上绿色植物叶面积的大小是反映生态系统光合、呼吸和蒸腾过程总作用面积的重要指标。叶面积指数与生态系统蒸散量、总初级生产力、冠层光量的截获等多个重要的生态学参数都有直接的关系(Gower S T,1992),因此在一些生产力和蒸发散模型中叶面积指数都是一个重要的输入参数。叶面积指数作为一个表征生产潜力的指标,能够描述可持续性。该指标值通过建立其与胸径和树高的函数关系来推求。胸径和树高两个指标值直接由二类调查数据获得。

由于缺乏实测数据,无法直接计算叶面积指数,本书直接引用北京山区健康评价叶面积指数模型来进行计算(甘敬,2008)。

$$LAI = a \times \left[\ln(100 \times D^2 \times H) \right]^b \tag{3}$$

其中:LAI为叶面积指数;D为胸径;H为树高;a,b为常数。18种森林类型叶面积指数模型见表5.11。

表 5.11　十八种森林类型叶面积指数模型

森林类型	模　型
人工阔叶混交林	$y = 2.9823x^{0.1431}$
人工针叶混交林	$y = 2.049x^{0.1897}$
天然阔叶混交林	$y = 2.254x^{0.2419}$
天然针叶混交林	$y = 1.2786x^{0.1766}$
人工刺槐林	$y = 2.2786x^{0.1265}$
其他人工阔叶林	$y = 2.059x^{0.3218}$
人工杨树林	$y = 1.968x^{0.2584}$
人工柞树林	$y = 0.524x^{0.8865}$
天然桦树林	$y = 0.3436x^{0.9135}$
其他天然阔叶林	$y = 0.3685x^{0.8738}$
天然山杨林	$y = 0.2677x^{1.0892}$
天然柞树林	$y = 0.0039x^{2.7555}$
人工侧柏林	$y = 1.154x^{0.1521}$
人工落叶松林	$y = 0.0195x^{1.8254}$
人工油松林	$y = 1.889x^{0.0157}$
天然侧柏林	$y = 0.2528x^{0.7613}$
天然油松林	$y = 2.889x^{0.0092}$
经济林	$y = 1.7696x^{0.4221}$

五、小班森林健康评价结果及结论

(一)小班森林健康的时序动态变化

2004 年研究区所有经营小班中，处于优质、健康、亚健康、不健康、疾病的小班面积分别为 1511.20hm²、2503.00hm²、5555.70hm²、1942.90hm²、1983.20hm²，其对应所占面积比例分别为 11.20%、18.55%、41.17%、14.40%、14.69%；小班数量分别为 69、155、304、127、198 个，其对应所占个数比例分别为 8.09%、18.17%、35.64%、14.89%、23.21%。

2009 年，处于优质、健康、亚健康、不健康、疾病的小班面积分别为 969.56hm²、3129.96hm²、5392.27hm²、2125.44hm²、1904.54hm²，其对应所占面积比例分别为 7.17%、23.15%、39.88%、15.72%、14.09%；小班数量分别为 90、188、297、107、191 个，其对应所占个数比例分别为 10.31%、21.53%、34.02%、12.26%、21.88%。

2014 年，处于优质、健康、亚健康、不健康、疾病的小班面积分别为 517.66hm²、4877.31hm²、6849.43hm²、775.78hm²、499.68hm²，其对应所占面积比例分别为 3.83%、36.08%、50.66%、5.74%、3.70%；小班数量分别为 54、278、411、71、50 个，其对应所占个数比例分别为 6.25%、32.18%、47.57%、8.22%、5.79%。

总体来看，2004~2009 年，处于优质、健康状况的小班面积和数量明显增加，其他健康状况的小班面积和数量均不同程度的减少，小班森林健康状况得到改善。2009~2014 年，处于优质、不健康和疾病状况的小班面积和数量有所下降，健康、亚健康状况的小班面积和数量均不同程度的增加，小班森林健康状况略有改善。

相较于 2004 年，2014 年处于健康和亚健康状况的小班面积和数量均有明显增加；处于不健康、疾病状况的小班面积和数量明显下降，逐渐向亚健康等级转化；优质状况的小班面积和数量略有下降。整体来看，2004～2014 年小班森林健康状况得到了一定程度的改善（表 5.12）。

表 5.12　小班森林健康状况

年份	类　型	健康等级				
		优质 （＞35）	健康 （25～35）	亚健康 （15～25）	不健康 （5～15）	疾病 （＜5）
2004	小班个数	69	155	304	127	198
	个数比例(%)	8.09	18.17	35.64	14.89	23.21
	小班面积(hm²)	1511.20	2503.00	5555.70	1942.90	1983.20
	面积所占比例(%)	11.20	18.55	41.17	14.40	14.69
2009	小班个数	90	188	297	107	191
	个数比例(%)	10.31	21.53	34.02	12.26	21.88
	小班面积(hm²)	969.56	3129.96	5392.27	2125.44	1904.54
	面积所占比例(%)	7.17	23.15	39.88	15.72	14.09
2014	小班个数	54	278	411	71	50
	个数比例(%)	6.25	32.18	47.57	8.22	5.79
	小班面积(hm²)	517.66	4877.31	6849.43	775.78	499.68
	面积所占比例(%)	3.83	36.08	50.66	5.74	3.70

研究期内研究区不同健康状况的小班呈现不同的演进特征（表 5.13、表 5.14）：2004～2009 年，198 个疾病小班中有 14 个小班的健康状况得到改善，184 个小班仍旧处于疾病状态。127 个不健康小班中有 29 个小班的健康状况得到改善；304 个亚健康小班中有 35 个小班的健康状况得到改善，少数小班健康状况恶化；155 个健康小班中 45 个小班的健康状况得到改善，少数小班健康状况恶化；69 个优质小班中极少数小班健康状况恶化。2009～2014 年，191 个疾病小班中有 151 个小班的健康状况得到改善，40 个小班仍旧处于疾病状态。123 个不健康小班中有 108 个小班的健康状况得到改善，极少数健康状况恶化；282 个亚健康小班中有 31 个小班的健康状况得到改善，少数小班健康状况恶化；176 个健康小班中 7 个小班的健康状况得到改善，少数小班健康状况恶化；81 个优质小班中大约 2/3 小班健康状况恶化，少数小班健康状况好转。这表明，五个林场极少数小班健康状况恶化，大部分森林小班健康状况得到改善，整体小班健康状况得到提升。这些变化的主要原因是：一是处于疾病状态的小班大部分是纯林，森林群落结构较为简单、处于较初级状态，林分处于发育初期，健康状况不易得到改善。二是优质小班主要由林分结构完整的混交林组成，具有很高的生产力，林分密度合理，森林防火等级高，抗病虫害和干扰能力强，健康状况不易恶化。所以，在研究区可以适当减少纯林，改为混交林，并加强对造林地的养护，从而在一定程度上继续改善研究区的小班健康状况。

表5.13　森林小班健康改变状况

健康状况	疾　病	不健康	亚健康	健　康	优　质	2004 年
疾　病	184	2	6	2	4	198
不健康	1	97	27	2	0	127
亚健康	3	21	245	15	20	304
健　康	2	3	3	102	45	155
优　质	1	0	1	55	12	69
2009 年	191	123	282	176	81	853

表5.14　森林小班健康改变状况

健康状况	疾　病	不健康	亚健康	健　康	优　质	2009 年
疾　病	40	38	36	59	18	191
不健康	1	14	98	10	0	123
亚健康	0	9	242	30	1	282
健　康	3	9	23	134	7	176
优　质	1	2	16	36	26	81
2014 年	45	72	415	269	52	853

1. 不同森林类型小班健康状况分析

2004～2009 年研究区的小班总面积和总数目几乎未发生变化，各森林类型小班总体上处于动态平衡状态（表5.15）。但不同森林类型的小班数量和面积呈现不同的演进特征：人工柞树林近乎消失、天然油松林在林区出现，人工阔叶混交林、人工针阔混交林、人工针叶混交林、天然阔叶混交林、天然针叶混交林、天然针阔混交林、天然油松林、天然桦树林、其他天然阔叶林、其他土地的小班面积均有所增加，尤以人工阔叶混交林、人工针阔混交林为最，而人工刺槐林、其他人工阔叶林、人工杨树林、人工柞树林、人工侧柏林、人工落叶松林、人工油松林、天然山杨林、天然柞树林、天然侧柏林的小班面积则有所减小。

2009～2014 年研究区的小班总面积和总数目有所增加。不同森林类型的小班数量和面积呈现不同的演进特征：天然桦树林在林区已消失、天然山杨林和柞树林近乎消失，人工阔叶混交林、人工针叶混交林、天然阔叶混交林、天然针叶混交林、天然针阔混交林、天然油松林、人工刺槐林、人工杨树林、其他土地的小班面积均有所增加，尤以天然针阔叶混交林为最，而人工针阔混交林、人工柞树林、人工侧柏林、人工落叶松林、人工油松林、天然桦树林、天然山杨林、天然柞树林、天然侧柏林、天然油松林、其他人工阔叶林、其他天然阔叶林的小班面积则有所减小。

具体来看：2004 年，除天然柞树林有处于疾病状态的小班外，其他森林类型的小班健康状况均在不健康等级以上。与其他森林类型的小班健康状况相比，天然阔叶混交林处于优质等级的比例较大，占天然阔叶混交林小班总数的44.83%、总面积的41.65%。天然针阔混交林、天然柞树林和其他天然阔叶林均以健康等级为主，分别达到相应森林类型小班总数的57.14%、68.75%、89.47%、总面积的58.36%、66.07%、82.10%。人工阔叶混交林林、人工针叶混交林、人工针阔混交林、人工刺槐林、人工柞树林、其他人工阔叶林和天然桦树林均以亚健康为主，分别达到相应森林类型小班总数的 88.46%、50.00%、74.58%、94.29%、75.00%、79.41%、100%，总面积的 84.13%、60.67%、82.36%、96.16%、70.44%、89.38%、100%。其中除其他人工阔叶林外，其他森林类型均不存在优质等级的小班，人工刺槐林、人工柞树林只有亚健康和不健康等级的小班，天然桦树林只有亚健康等级的小班。人工侧柏林、人工落叶松、人工油松林、天然山杨林及天然侧柏林的健康状况都不理想，均以不健康等级为主。

2009 年，除人工油松林有处于疾病状态的小班外，其他森林类型的小班健康状况均在不健康等级以上。与其他森林类型的小班相比，天然油松林的小班均处于优质等级。人工杨树林、天然阔叶混交林、天然针阔混交林、天然柞树林、天然山杨林和其他天然阔叶混交林均以健康等级为主，分别达到相应森林类型小班总数的 100%、60.47%、45.45%、100%、100%、71.43%，总面积的 100%、58.89%、58.58%、100%、100%、68.87%，并且除人工杨树林、天然柞树林和天然山杨林外，其他 3 大森林类型均存在优质等级的小班。人工阔叶混交林、人工针叶混交林、人工针阔混交林、人工刺槐林、其他人工阔叶林和天然桦树林均以亚健康为主，分别达到相应森林类型小班总数的 69.57%、49.24%、74.57%、88.24%、85.71%、100%，总面积的 72.55%、62.66%、74.88%、92.36%、92.81%、100%，其中人工阔叶混交林、人工针叶混交林和人工针阔混交林不存在不健康等级的小班，天然桦树林和人工刺槐林不存在优质等级的小班。人工柞树林、人工侧柏林、人工落叶松林、人工油松林、天然侧柏林和天然针叶混交林的健康状况均不理想，均都以不健康等级为主，其中人工柞树林和天然侧柏林的小班均处于不健康等级。

2014 年，与其他森林类型的小班相比，人工杨树林的小班均处于优质等级。天然阔叶混交林、天然针阔混交林、天然柞树林、天然油松林和其他天然阔叶林均以健康等级为主，分别达到相应森林类型小班总数的 81.87%、30.00%、50.00%、100%、50.00%，总面积的 88.35%、31.49%、61.51%、100%、51.86%。其他森林类型的小班除其他土地、天然桦树林外，均以亚健康为主。其中人工柞树林、人工落叶松林、天然侧柏林和天然针阔混交林不存在不健康和疾病等级的小班，人工侧柏林不存在疾病等级的小班。

总体而言，2004～2009 年，人工阔叶混交林、人工针叶混交林、人工针阔混交林、天然针阔混交林、天然针叶混交林、天然针阔混交林、天然油松林、人工油松林、人工侧柏林的优质小班数量和面积均有所增加，其中人工针叶混交林和人工针阔混交林的增幅最大。人工柞树林、天然阔叶混交林的健康状况出现恶化，其中人工柞树林处于亚健康等级的小班全部转化为不健康等级的小班，天然阔叶混交林有小部分优质等级的小班向健康等级转化。2009～2014 年，人工阔叶混交林、人工针叶混交林、人工针阔混交林、人工侧柏林、天然阔叶混交林、天然针阔混交林处于健康等级以上的小班数量和面积有较大幅度增加，尤其是天然阔叶林。人工柞树林、人工侧柏林、人工落叶松林、人工油松林、天然针叶混交林和天然侧柏林的健康状况以不健康等级为主向以亚健康等级为主转化，健康状况得到一定程度的改善。整体上看，从 2004～2014 年，大部分森林类型的小班健康状况整体处于改善状态。其中，人工阔叶混交林、人工针叶混交林、人工针阔混交林的优质小班数量和面积明显增加，天然阔叶混交林和天然针阔混交林的健康小班数量和面积明显增加，天然针叶混交林的小班由不健康等级为主向以亚健康等级为转化。可以看出，无论是天然林还是人工林，混交林处于优质和健康状态较多；而纯林则极为少数处于优质和健康状态。说明纯林自身恢复能力不如混交林,这除了混交林具有抵抗灾害能力强和防护效益好等优点,还由于混交林的结构比较完整、功能比较稳定,腐殖质层和土层较厚,单位面积生物蓄积量较高,森林生产力高。各林场在未来的在森林经营过程中,混交林的经营应该逐渐走向合理化,并加大对纯林的保护,以改善森林健康状态。另外,相对于天然林,人工林处于优质和健康状态较多,反映出在森林经营过程中人类的森林经营管理起到了关键性的作用。因此,人类也不能忽视对天然林的保护管理。

2. 不同龄组小班健康状况分析

2004 年,除幼龄林的健康状况有处于疾病的小班外,其他林龄均没有疾病等级的小班(表5.16)。其中,幼龄林、近熟林和成熟林的健康状况多处于亚健康等级,分别达到相应龄组小班总数的 37.95% 、63.43% 、72.86% ,总面积的 40.12% 、66.99% 、74.80% 。过熟林小班均处于亚健康状况。中龄林处于健康等级的小班比例较大,占中龄林小班总数的 44.93% 、总面积的 41.00% 。

2009 年,除成熟林有较低比例的小班处于疾病等级外,其他林龄均没有疾病等级的小班。其中,幼龄林、近熟林和成熟林的健康状况仍均以亚健康等级为主,分别达到相应龄组小班总数的 37.23% 、60.61% 、55.32% ,总面积的 40.50% 、72.31% 、56.13% 。过熟林小班处于亚健康等级的比例较大,优势比较明显,占近熟林小班总数的 83.33% 、总面积的 89.64% 。中龄林的健康等级比例较大,占中龄林小班总数的 41.74% 、总面积的 46.00% 。

2014 年,与其他林龄相比,中龄林处于健康等级的比例较大,优势比较明显,占中龄林小班总数的 53.40% 、总面积的 58.78% 。幼龄林、近熟林、成熟林和过熟林处于亚健康等级的比例较大,分别占相应龄组小班总数的 55.33% 、65.43% 、68.43% 、91.67% ,占总面积的 78.35% 、79.03% 、91.09% 、97.17% 。各林龄处于疾病等级的小班比例均较低。

总体而言,与 2004 年相比,2009 年幼龄林处于疾病状态的小班数降为零,优质小班的比例下降,健康小班的比例明显增加。中龄林、近熟林和成熟林的优质小班比例均有增加,其中中龄林、近熟林的优质小班比例增加最为明显。与 2009 年相比,2014 年各龄组处于疾病状态的小班数均有较小幅度的增加。幼龄林的优质小班比例有较小幅度的增加。幼龄林、近熟林、成熟林和过熟林处于亚健康状态的小班比例明显增加,处于不健康状况的小班比例明显下降。中龄林处于优质小班比例有较小幅度的下降,处于健康状况的小班比例明显增加。2004 ~ 2014 年,除中龄林的小班以健康等级为主以外,其他龄组的小班均以亚健康等级为主,且除过熟林外,比例均有不同程度的增加。幼龄林和中龄林处于优质小班的比例有所下降,近熟林和成熟林处于优质小班的比例有所增加。整体来看,各龄组的小班健康状况均得到一定程度的改善。这些变化的主要原因是:一是研究区处于健康等级以上的小班基本分布在中龄林、近熟林、成熟林和过熟林,其群落结构基本上属于完整结构,森林病虫害和土壤侵蚀度程度普遍较低,森林火险等级基本在一、二级左右,单位面积蓄积量、生物量都较高,森林生产力高,林分密度适中;而不健康等级以下的小班主要分布在幼龄林,其他林龄也有分布,结构比较简单,单位面积蓄积量很低,森林生产力较低,森林病虫害和土壤侵蚀度程度较严重,森林火险等级也较高,是需要进行大力调控的一类林分。二是研究区的龄组结构主要以中幼林和近熟林为主,占了研究区森林总面积的 80% 以上,大部分都是混交林,虽然受到人为干扰,但群落结构比较复杂,单位面积蓄积量、生物量都较高，林分密度适中，且中幼龄受到各林场的有效管护，下一步应继续加大森林抚育管理工作。

3. 主要林种小班健康状况分析

在林业5大林种中，研究区主要有防护林、特殊用途林和经济林3大林种（健康状况见表5.17），主要以特殊用途林为主，防护林为辅，而经济林所占比例最低。2004年，防护林的健康状况主要以优质和健康等级为主，占防护林小班总数的69.47%、总面积的71.78%，其中优质等级的比例较大，占防护林总面积的37.66%；不健康和疾病健康等级分别占7.79%、1.30%。特殊用途林的健康状况基本上是处于健康、亚健康和不健康等级，其中，亚健康等级所占小班总数比例及总面积比例最大。经济林的所有小班健康状况均处于疾病状态。

2009年，防护林的健康状况仍以优质和健康等级为主，占防护林小班总数的50.00%、总面积的50.74%，其中健康等级的比例较大，占防护林总面积的43.97%；不健康和疾病健康等级分别占12.44%、8.55%。特殊用途林处于优质、健康、亚健康、不健康、疾病的小班面积分别为774.36hm^2、1853.66hm^2、4577.14hm^2、1766.78hm^2、1562.05hm^2，其对应所占面积比例分别为7.35%、17.60%、43.45%、16.77%、14.83%；小班数量分别为75、116、255、107、150个，其对应所占个数比例分别为10.67%、16.50%、36.27%、15.22%、21.34%。经济林的所有小班健康状况仍处于疾病状态。

2014年，防护林的健康状况仍以优质和健康等级为主，占防护林小班总数的69.81%、总面积的73.35%，健康等级的比例较大，占防护林总面积的64.15%，不健康和疾病健康等级分别占3.77%、9.43%。特殊用途林处于优质、健康、亚健康、不健康、疾病的小班面积分别为476.69hm^2、3943.01hm^2、6597.57hm^2、727.79hm^2、420.28hm^2，其对应所占面积比例分别为3.92%、32.41%、54.23%、5.98%、3.45%；小班数量分别为50、231、398、63、38个，其对应所占个数比例分别为6.41%、29.62%、51.03%、8.08%、4.87%。经济林的所有小班均处于不健康和疾病状态。

总体而言，2004~2014年，3大林种的健康状况始终是防护林＞特殊用途林＞经济林。经济林的健康等级始终处于不健康或疾病状态，小班数量和面积也严重低于防护林和特殊用途林。这主要是因为研究区的经济林基本上都是人工林，群落结构比较简单，并且人类对经济林的经营活动强度也相对较大，自然度等级和森林火险等级比较高，土层厚度和腐殖质层厚度较低，土壤侵蚀程度较为严重，森林生态系统相对比较脆弱。此外，还有些经济树种不存在蓄积结构，所以最终导致经济林的结构完整性、功能稳定性和系统活力性都普遍偏低，使得经济林小班的整体健康状况较差且未得到改善。

表 5.15　不同森林类型小班健康评价结果

森林类型	小班健康分级类型	优质			健康			亚健康			不健康			疾病		
		2004	2009	2014	2004	2009	2014	2004	2009	2014	2004	2009	2014	2004	2009	2014
人工阔叶混交林 $N_1=52$ $A_1=813.40$ $N_2=69$ $A_2=1059.91$ $N_3=107$ $A_3=1554.55$	数量健康分级（n）	0	8	12	5	10	14	46	48	76	1	3	2	0	0	3
	数量比例（%）	0.00	11.59	11.21	9.62	14.49	13.08	88.46	69.57	71.03	1.92	4.35	1.87	0.00	0.00	2.80
	面积健康分级（hm²）	0.00	62.46	150.77	107.60	173.80	122.17	684.30	768.97	1253.14	21.50	54.68	3.69	0.00	0.00	24.78
	面积比例（%）	0.00	5.89	9.70	13.23	16.40	7.86	84.13	72.55	80.61	2.64	5.16	0.24	0.00	0.00	1.59
人工针叶混交林 $N_1=124$ $A_1=2297.60$ $N_2=132$ $A_2=2324.37$ $N_3=191$ $A_3=3200.04$	数量健康分级（n）	0	21	17	34	19	34	62	65	133	28	27	5	0	0	2
	数量比例（%）	0.00	15.91	8.90	27.42	14.39	17.80	50.00	49.24	69.63	22.58	20.45	2.62	0.00	0.00	1.05
	面积健康分级（hm²）	0.00	215.65	167.80	472.50	221.36	367.32	1394.00	1456.52	2542.95	431.10	430.83	84.39	0.00	0.00	37.58
	面积比例（%）	0.00	9.28	5.24	20.56	9.52	11.48	60.67	62.66	79.47	18.76	18.54	2.64	0.00	0.00	1.17
人工针阔混交林 $N_1=59$ $A_1=888.50$ $N_2=80$ $A_2=1637.57$ $N_3=83$ $A_3=899.27$	数量健康分级（n）	0	9	6	13	18	27	44	47	37	2	6	8	0	0	5
	数量比例（%）	0.00	11.25	7.23	22.03	22.50	32.53	74.58	58.75	44.58	3.39	7.50	9.64	0.00	0.00	6.02
	面积健康分级（hm²）	0.00	77.45	49.59	143.40	245.91	189.03	731.80	1226.30	574.99	13.30	87.91	58.94	0.00	0.00	26.72
	面积比例（%）	0.00	4.73	5.51	16.14	15.02	21.02	82.36	74.89	63.94	1.50	5.37	6.55	0.00	0.00	2.97
人工刺槐林 $N_1=35$ $A_1=3507.90$ $N_2=34$ $A_2=3614.42$ $N_3=36$ $A_3=4119.14$	数量健康分级（n）	0	0	0	0	1	0	33	30	27	2	3	9	0	0	0
	数量比例（%）	0.00	0.00	0.00	0.00	2.94	0.00	94.29	88.24	75.00	5.71	8.82	25.00	0.00	0.00	0.00
	面积健康分级（hm²）	0.00	0.00	0.00	0.00	4.31	0.00	3403.60	3357.81	3362.21	104.30	252.30	756.82	0.00	0.00	0.00
	面积比例（%）	0.00	0.00	0.00	0.00	0.12	0.00	96.16	92.36	82.50	3.84	6.52	17.50	0.00	0.00	0.00
人工杨树林 $N_1=1$ $N_2=1$ $N_3=1$	数量健康分级（n）	0	0	1	0	0	1	1	1	0	0	0	0	0	0	0
	数量比例（%）	0.00	0.00	100.00	0.00	0.00	100.00	100.00	100.00	0.00	0.00	0.00	0.00	0.00	0.00	0.00
	面积健康分级（hm²）	0.00	0.00	3.75	0.00	0.00	3.75	100.00	100.00	0.00	0.00	0.00	0.00	0.00	0.00	0.00
	面积比例（%）	0.00	0.00	100.00	0.00	0.00	100.00	100.00	100.00	0.00	0.00	0.00	0.00	0.00	0.00	0.00
人工栎树林 $N_1=8$ $N_2=1$ $N_3=1$	数量健康分级（n）	0	0	0	0	0	0	6	0	1	2	1	0	0	0	0
	数量比例（%）	0.00	0.00	0.00	0.00	0.00	0.00	75.00	0.00	100.00	25.00	100.00	0.00	0.00	0.00	0.00
	面积健康分级（hm²）	0.00	0.00	0.00	0.00	0.00	0.00	109.60	0.00	18.23	46.00	24.33	0.00	0.00	0.00	0.00
	面积比例（%）	0.00	0.00	0.00	0.00	0.00	0.00	70.44	0.00	100.00	29.56	100.00	0.00	0.00	0.00	0.00
人工侧柏林 $N_1=59$	数量健康分级（n）	0	4	3	0	0	3	17	3	30	42	37	9	0	0	0
	数量比例（%）	0.00	9.09	6.67	0.00	0.00	6.67	28.81	6.82	66.67	71.19	84.09	20.00	0.00	0.00	0.00

（续）

森林类型	小班健康分级类型	优质			健康			亚健康			不健康			疾病		
		2004	2009	2014	2004	2009	2014	2004	2009	2014	2004	2009	2014	2004	2009	2014
（续前） $N_2=44$　$N_3=45$	面积健康分级（hm^2）	0.00	66.07	48.78	0.00	0.00	0.00	272.30	30.15	488.19	675.20	590.02	94.75	0.00	0.00	0.00
	面积比例（%）	0.00	9.63	7.28	0.00	0.00	0.00	28.74	4.39	72.88	71.26	85.98	14.14	0.00	0.00	0.00
人工落叶松林 $N_1=8$　$N_2=5$　$N_3=1$	数量健康分级（n）	0	0	0	0	0	0	0	1	1	8	4	0	0	0	0
	数量健康比例（%）	0.00	0.00	0.00	0.00	0.00	0.00	0.00	20.00	100.00	100.00	80.00	0.00	0.00	0.00	0.00
	面积健康分级（hm^2）	0.00	0.00	0.00	0.00	0.00	0.00	0.00	11.32	45.92	83.40	49.79	0.00	0.00	0.00	0.00
	面积比例（%）	0.00	0.00	0.00	0.00	0.00	0.00	0.00	18.52	100.00	100.00	81.48	0.00	0.00	0.00	0.00
人工油松林 $N_1=52$　$N_2=50$　$N_3=52$	数量健康分级（n）	0	8	5	16	10	7	8	11	33	28	20	5	0	1	2
	数量健康比例（%）	0.00	16.00	9.62	30.77	20.00	13.46	15.38	22.00	63.46	53.85	40.00	9.62	0.00	2.00	3.85
	面积健康分级（hm^2）	0.00	76.34	18.40	207.60	108.27	67.87	87.20	175.05	387.24	318.50	195.63	20.81	0.00	0.49	13.78
	面积比例（%）	0.00	13.74	3.62	33.85	19.48	13.36	14.22	31.50	76.21	51.93	35.20	4.10	0.00	0.09	2.71
其他人工阔叶林 $A_1=490.5$　$A_2=464.15$　$A_3=127.18$	数量健康分级（n）	1	2	0	5	0	0	27	24	8	1	2	0	0	0	1
	数量健康比例（%）	2.94	7.14	0.00	14.71	0.00	0.00	79.41	85.71	88.89	2.94	7.14	0.00	0.00	0.00	11.11
	面积健康分级（hm^2）	13.90	2.39	0.00	14.90	0.00	0.00	438.40	430.79	115.54	23.30	30.96	0.00	0.00	0.00	11.64
	面积比例（%）	2.83	0.52	0.00	3.04	0.00	0.00	89.38	92.81	90.85	4.75	6.67	0.00	0.00	0.00	9.15
天然阔叶混交林 $N_1=145$　$N_2=172$　$N_3=193$	数量健康分级（n）	65	21	8	47	104	158	30	30	20	3	17	6	0	0	1
	数量健康比例（%）	44.83	12.21	4.15	32.41	60.47	81.87	20.69	17.44	10.36	2.07	9.88	3.11	0.00	0.00	0.52
	面积健康分级（hm^2）	1461.20	890.77	67.22	1128.30	128.33	3639.0	845.00	734.16	329.24	73.40	361.14	82.08	0.00	0.00	1.54
	面积比例（%）	41.65	10.81	1.63	32.16	58.89	88.35	24.09	20.31	7.99	2.09	9.99	1.99	0.00	0.00	0.04
天然针叶叶混交林 $N_1=4$　$N_2=6$　$N_3=7$	数量健康分级（n）	0	2	0	1	0	2	0	0	5	3	4	0	0	0	0
	数量健康比例（%）	0.00	33.33	0.00	25.00	0.00	28.57	0.00	0.00	71.43	75.00	66.67	0.00	0.00	0.00	0.00
	面积健康分级（hm^2）	0.00	23.87	0.00	27.20	0.00	41.19	0.00	0.00	118.88	103.00	130.25	0.00	0.00	0.00	0.00
	面积比例（%）	0.00	15.49	0.00	20.89	0.00	25.73	0.00	0.00	74.27	79.11	84.51	0.00	0.00	0.00	0.00
天然阔叶混交林 $N_1=145$　$N_2=172$　$N_3=193$	数量健康分级（n）	0	1	0	4	5	24	1	1	22	2	4	16	0	0	18
	数量健康比例（%）	0.00	9.09	0.00	57.14	45.45	30.00	14.29	9.09	27.50	28.57	36.36	20.00	0.00	0.00	22.50
	面积健康分级（hm^2）	0.00	2.87	0.00	67.70	120.78	298.82	0.20	25.95	302.08	48.10	56.62	180.65	0.00	0.00	167.47
	面积比例（%）	0.00	1.39	0.00	58.36	58.57	31.49	0.17	12.58	31.83	41.47	27.46	19.04	0.00	0.00	17.65

（续）

森林类型	小班健康分级类型	优质 2004	优质 2009	优质 2014	健康 2004	健康 2009	健康 2014	亚健康 2004	亚健康 2009	亚健康 2014	不健康 2004	不健康 2009	不健康 2014	疾病 2004	疾病 2009	疾病 2014
天然柞树林 $N_1=16$ $A_1=292.10$ $N_2=3$ $A_2=57.57$ $N_3=4$ $A_3=74.35$	数量健康分级（n）	0	0	0	11	3	2	2	0	2	1	0	0	2	0	0
	数量比例（%）	0.00	0.00	0.00	68.75	100.00	50.00	12.50	0.00	50.00	6.25	0.00	0.00	12.50	0.00	0.00
	面积健康分级（hm²）	0.00	0.00	0.00	193.00	57.57	45.73	59.40	0.00	28.62	17.40	0.00	0.00	22.30	0.00	0.00
	面积比例（%）	0.00	0.00	0.00	66.07	100.00	61.51	20.34	0.00	38.49	5.96	0.00	0.00	7.63	0.00	0.00
天然桦树林 $N_1=4$ $N_2=5$ $N_3=0$	数量健康分级（n）	0	0	0	0	0	0	4	5	0	0	0	0	0	0	0
	数量比例（%）	0.00	0.00	0.00	0.00	0.00	0.00	100.00	100.00	0.00	0.00	0.00	0.00	0.00	0.00	0.00
	面积健康分级（hm²）	0.00	0.00	0.00	0.00	0.00	0.00	130.40	136.78	0.00	0.00	0.00	0.00	0.00	0.00	0.00
	面积比例（%）	0.00	0.00	0.00	0.00	0.00	0.00	100.00	100.00	0.00	0.00	0.00	0.00	0.00	0.00	0.00
天然山杨林 $N_1=2$ $N_2=1$ $N_3=1$	数量健康分级（n）	0	0	1	0	1	0	0	0	0	2	0	0	0	0	0
	数量比例（%）	0.00	0.00	100.00	0.00	100.00	0.00	0.00	0.00	0.00	100.00	0.00	0.00	0.00	0.00	0.00
	面积健康分级（hm²）	0.00	0.00	0.96	0.00	3.95	0.00	0.00	0.00	0.00	25.70	0.00	0.00	0.00	0.00	0.00
	面积比例（%）	0.00	0.00	100.00	0.00	100.00	0.00	0.00	0.00	0.00	100.00	0.00	0.00	0.00	0.00	0.00
天然侧柏林 $N_1=1$ $N_2=1$ $N_3=1$	数量健康分级（n）	0	0	0	0	0	0	0	0	1	1	1	0	0	0	0
	数量比例（%）	0.00	0.00	0.00	0.00	0.00	0.00	0.00	0.00	100.00	100.00	100.00	0.00	0.00	0.00	0.00
	面积健康分级（hm²）	0.00	0.00	0.00	0.00	0.00	0.00	0.00	0.00	30.44	30.30	30.33	0.00	0.00	0.00	0.00
	面积比例（%）	0.00	0.00	0.00	0.00	0.00	0.00	0.00	0.00	100.00	100.00	100.00	0.00	0.00	0.00	0.00
天然油松林 $N_1=0$ $N_2=3$ $N_3=2$	数量健康分级（n）	0	3	0	0	0	2	0	0	0	0	0	0	0	0	0
	数量比例（%）	0.00	100.00	0.00	0.00	0.00	100.00	0.00	0.00	0.00	0.00	0.00	0.00	0.00	0.00	0.00
	面积健康分级（hm²）	0.00	25.34	0.00	0.00	0.00	23.33	0.00	0.00	0.00	0.00	0.00	0.00	0.00	0.00	0.00
	面积比例（%）	0.00	100.00	0.00	0.00	0.00	100.00	0.00	0.00	0.00	0.00	0.00	0.00	0.00	0.00	0.00
其他天然阔叶林 $N_1=19$ $N_2=14$ $N_3=8$	数量健康分级（n）	2	2	1	17	10	4	0	0	0	0	2	3	0	0	0
	数量比例（%）	10.53	14.29	12.50	89.47	71.43	50.00	0.00	0.00	0.00	0.00	14.29	37.50	0.00	0.00	0.00
	面积健康分级（hm²）	30.10	26.34	10.39	138.10	129.05	50.25	0.00	0.00	0.00	0.00	32.00	36.26	0.00	0.00	0.00
	面积比例（%）	17.90	14.05	10.72	82.10	68.87	51.86	0.00	0.00	0.00	0.00	17.08	37.42	0.00	0.00	0.00
其他林地 $N_1=27$ $A_1=424.00$ $N_2=0$ $A_2=0$ $N_3=4$ $A_3=12.92$	数量健康分级（n）	1	0	0	1	0	1	24	0	2	1	0	1	0	0	0
	数量比例（%）	3.70	0.00	0.00	3.70	0.00	25.00	88.89	0.00	50.00	3.70	0.00	25.00	0.00	0.00	0.00
	面积健康分级（hm²）	6.00	0.00	0.00	1.90	0.00	8.39	399.50	0.00	4.35	16.60	0.00	0.18	0.00	0.00	0.00
	面积比例（%）	1.42	0.00	0.00	0.45	0.00	64.94	94.22	0.00	33.67	3.92	0.00	1.39	0.00	0.00	0.00

表5.16　不同龄组小班森林健康评价结果

林龄	健康等级	小班个数(n)			占各龄组小班个数比例(%)			面积(hm²)			占各龄组小班面积比例(%)		
		2004	2009	2014	2004	2009	2014	2004	2009	2014	2004	2009	2014
幼龄林	优质	40	11	6	20.51	5.85	6.00	868.90	186.06	74.45	22.72	5.17	5.92
	健康	25	60	10	12.82	31.91	17.33	513.70	1170.48	130.89	13.43	32.55	10.40
	亚健康	74	70	52	37.95	37.23	55.33	1534.00	1456.17	985.8	40.12	40.50	78.35
	不健康	54	47	6	27.69	25.00	20.00	884.80	783.17	55.15	23.14	21.78	4.38
	疾病	2	0	1	1.03	0.00	1.33	22.30	0.00	11.91	0.58	0.00	0.95
中龄林	优质	25	49	37	12.08	22.48	8.98	576.80	567.35	349.23	18.40	16.59	4.83
	健康	93	91	220	44.93	41.74	53.40	1285.10	1573.21	4248.56	41.00	46.00	58.78
	亚健康	58	51	129	28.02	23.39	31.31	817.60	830.02	2345.34	26.09	24.27	32.45
	不健康	31	27	22	14.98	12.39	5.34	454.80	449.68	263.95	14.51	13.15	3.65
	疾病	0	0	4	0.00	0.00	0.97	0.00	0.00	20.26	0.00	0.00	0.28
近熟林	优质	4	20	10	2.29	12.12	8.70	65.50	192.19	93.02	2.02	7.07	5.85
	健康	35	23	12	20.00	13.94	23.33	674.70	304.06	111.66	20.82	11.19	7.02
	亚健康	111	100	81	63.43	60.61	65.43	2171.00	1964.47	1257.00	66.99	72.31	79.03
	不健康	25	22	8	14.29	13.33	2.06	329.60	255.94	90.34	10.17	9.42	5.68
	疾病	0	0	4	0.00	0.00	0.48	0.00	0.00	38.45	0.00	0.00	2.42
成熟林	优质	0	1	1	0.00	1.06	0.75	0.00	23.96	0.96	0.00	1.47	0.05
	健康	2	7	4	2.86	7.45	22.99	29.50	81.46	88.80	2.45	4.98	4.21
	亚健康	51	52	118	72.86	55.32	68.06	900.20	917.88	1924.53	74.80	56.13	91.19
	不健康	17	33	8	24.29	35.11	5.97	273.70	611.54	59.85	22.74	37.40	2.84
	疾病	0	1	3	0.00	1.06	2.24	0.00	0.49	36.31	0.00	0.03	1.72
过熟林	优质	0	0	0	0.00	0.00	0.00	0.00	0.00	0.00	0.00	0.00	0.00
	健康	0	1	0	0.00	5.56	0.00	0.00	0.76	0.00	0.00	0.30	0.00
	亚健康	10	15	11	100.00	83.33	91.67	132.90	223.74	160.52	100.00	89.64	97.17
	不健康	0	2	0	0.00	11.11	0.00	0.00	25.11	0.00	0.00	10.06	0.00
	疾病	0	0	1	0.00	0.00	8.33	0.00	0.00	4.67	0.00	0.00	2.83

表5.17　主要林种小班健康评价结果

林种	健康等级	小班个数(n)			占各林种小班个数比例(%)			面积(hm²)			占各林种小班面积比例(%)		
		2004	2009	2014	2004	2009	2014	2004	2009	2014	2004	2009	2014
防护林	优质	58	6	0	37.66	4.23	0.00	1337.40	195.20	0.00	36.31	6.77	0.00
	健康	49	65	5	31.82	45.77	38.46	1306.80	1267.91	103.89	35.48	43.97	41.19
	亚健康	33	33	7	21.43	23.24	53.85	903.30	815.13	140.03	24.52	28.27	55.52
	不健康	12	24	0	7.79	16.90	0.00	113.90	358.66	0.00	3.09	12.44	0.00
	疾病	2	14	1	1.30	9.86	7.69	22.30	246.69	8.30	0.61	8.55	3.29

（续）

林种	健康等级	小班个数（n）			占各林种小班个数比例（%）			面积（hm²）			占各林种小班面积比例（%）		
		2004	2009	2014	2004	2009	2014	2004	2009	2014	2004	2009	2014
特殊用途林	优质	11	75	52	2.19	10.67	6.35	173.80	774.36	512.95	2.22	7.35	4.04
	健康	106	116	257	21.12	16.50	31.38	1196.20	1853.66	4412.85	15.28	17.60	34.73
	亚健康	271	255	395	53.98	36.27	48.23	4652.40	4577.14	6549.75	59.42	43.45	51.55
	不健康	114	107	68	22.71	15.22	8.30	1807.50	1766.78	742.49	23.08	16.77	5.84
	疾病	0	150	47	0.00	21.34	5.74	0.00	1562.05	486.87	0.00	14.83	3.83
经济林	优质	0	0	0	0.00	0.00	0.00	0.00	0.00	0.00	0.00	0.00	0.00
	健康	0	0	0	0.00	0.00	0.00	0.00	0.00	0.00	0.00	0.00	0.00
	亚健康	0	0	0	0.00	0.00	0.00	0.00	0.00	0.00	0.00	0.00	0.00
	不健康	0	0	5	0.00	0.00	55.56	0.00	0.00	11.54	0.00	0.00	76.27
	疾病	12	10	4	100.00	100.00	44.44	41.50	29.02	3.59	100.00	100.00	23.73

（二）小班森林健康的空间格局动态变化

从空间格局看2004~2014年变化（图5.5~5.9），八达岭林场小班健康状况有所改善的地段主要集中分布在林场的中心区域，大部分由亚健康状态转变为健康或优质状态，而边缘地带疾病状态未发生改变。究其原因是因为八达岭林场地处边缘地带的小班土壤生产力较低，林分结构简单，森林病虫危害严重，森林健康状况较差，且由于八达岭旅游业发展兴旺，受外界干扰较为严重。但由于地处生态涵养发展区，且受到较好的管护，林场内整体小班健康状况得到改善。百花山林场处于不健康状况的小班几乎消失，亚健康状态的小班大部分已转变为健康小班，健康小班数量得到明显提升，森林健康状况得到改善。这些变化主要是因为百花山地处受中心城市吸引与辐射影响较小的生态涵养区，且受到林场内部较好的管理，使得林场内小班健康得到良好改善。2004年上方山林场不健康小班由东向西呈集中连片分布，这是由于上方山特殊的地形，在山体外围形成天然屏障与外界隔离，所有人员只能从东西两侧的正式通道进入，使得主干道两旁的林木长期受到人为干扰和破坏，其结构完整性和功能稳定性都比较差，相对而言，健康状况不佳。但上方山林场自正式成立以来，一直是国家专门保护的对象使得林场在2014年时，大部分不健康小班转变为亚健康状态，小班健康状况得到一定程度的改善。西山林场小班数量众多，小班健康状况呈现多样化，可以明显看出不健康和疾病的小班主要分布在林场的边缘和交接地带，尽管不健康小班数量的减少，但交接地带的小班状况却未有较大改善。这主要是因为西山林场边缘及交接地带的小班森林群落层次结构简单，土层厚度和腐殖质层厚度较低，土壤侵蚀程度较为严重，且西山林场地处于北京市城市功能拓展区，区位条件优越（其与香山公园、卧佛寺、碧云寺、八大处等名胜古迹相邻，构成著名的西山风景旅游区），容易受到周围景区的辐射与带动作用，使得林场边缘及交接地带受人为干扰较为严重，森林生态系统相对比较脆弱，其小班健康状况并未得到有效改善。云蒙山林场健康状态小班比例始终较高，小班健康较其他林场状况较好，但优质小班有所下降，这源于云蒙山林场林区承受的旅游环境和人为干扰压力的增加。从图中可知各林场森林小班状况呈现变好的趋势。

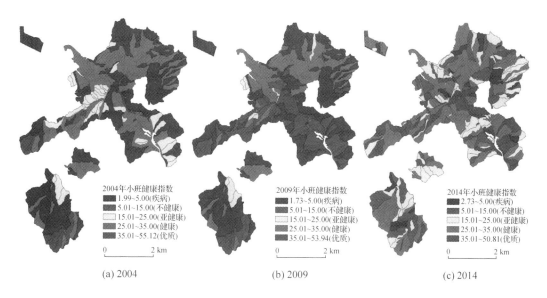

图 **5.5**　**2004～2014** 年八达岭林场小班健康等级分布图

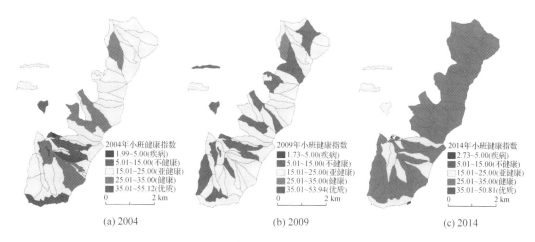

图 **5.6**　**2004～2014** 年百花山林场小班健康等级分布图

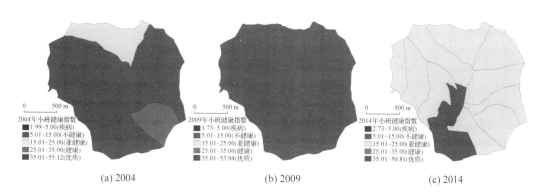

图 **5.7**　**2004～2014** 年上方山林场小班健康等级分布图

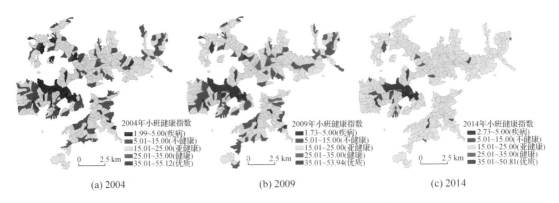

(a) 2004   (b) 2009   (c) 2014

图 5.8   2004~2014 年西山林场小班健康等级分布图

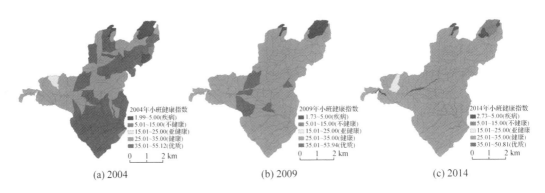

(a) 2004   (b) 2009   (c) 2014

图 5.9   2004~2014 年云蒙山林场小班健康等级分布图

1. 八达岭林场小班健康状况

2004 年，八达岭林场处于疾病状态的小班数量最多，处于不健康状态的小班数量最少。其中，处于疾病状态的小班数量为 151 个，主要是因为林分蓄积量小、近自然度小，结构完整性、功能稳定性和系统活力性都普遍偏低。处于不健康状态的小班数量为 3 个，主要是因为植被总盖度小、郁闭度小、森林火险等级低、土壤侵蚀程度较为严重，林分内的系统稳定性较差，影响森林健康状况。处于亚健康状态的小班数量为 37 个，这些小班虽然植被总盖度较高，但林分结构较为简单、森林火险等级较高、近自然度较高。处于健康状态的小班数量为 99 个，因为其单位面积生物量较大、土层较厚，所以相对于其他小班健康状况较好。处于优质状态的小班数量为 10 个，其中 70% 为天然阔叶混交林，这些小班的林分蓄积量大、群落结构复杂、火险等级高，林分整体的层次结构较完备、合理。

2009 年，八达岭林场处于疾病状态的小班数量最多，处于不健康状态的小班数量最少。其中，处于疾病状态的小班数量仍为 151 个，这些疾病状况的小班大都是纯林，林分蓄积量较小、叶面积指数小。没有处于不健康状态的小班。处于亚健康状态的小班数量为 7 个，这些小班虽然植被总盖度较高、腐殖质层和土壤厚度较厚，但林分结构较为简单、森林火险等级较高、单位森林面积蓄积量不高。处于健康状态的小班数量为 59 个，因其群落结构复杂、腐殖质层厚，森林生态系统的稳定性相对较好。处于优质状态的小班数量为 83 个，这些小班的群落结构复杂、腐殖质层厚、近自然度等级低。

2014 年，八达岭林场处于健康状态的小班数量最多，处于疾病状态的小班数量最少。其中，处于疾病状态的小班数量为 19 个，主要是因为单位面积生物量小、土层较薄、森林病虫害和土壤侵蚀程度严重。处于不健康状态的小班数量为 43 个，主要是因为森林火险处于较高等级、土层较薄、土壤状况较差、林分结构也比较简单。处于亚健康状态的小班数量为 63 个，主要是分布在幼龄林、其他林龄也有分布，近自然度低，森林火险等级普遍较高。处于健康状态的小班数量为 123 个，主要是因为其森林火险等级基本在一、二级左右，单位面积蓄积量、生物量都较高，森林生产力较高。处于优质状态的小班数量为 52 个，这些小班的群落结构基本上属于完整结构，森林病虫害和土壤侵蚀程度程度普遍较低，植被总覆盖度大、土层较厚。

2004 ～ 2009 年，林场处于疾病状态的小班数量比例不变，而优质状态的小班数量比例明显增加，主要是由其他健康等级的小班转化而来；这主要是因为该林场处于不健康、亚健康和健康等级，虽然土层厚度较薄但其植被总覆盖变大、群落结构越来越复杂、生态脆弱程度降低、其结构完整性和功能稳定性逐渐变好。2009 ～ 2014 年，处于疾病状态的小班数量比例明显下降，健康状态的小班数量比例明显增加，其他健康等级的小班数量比例变化幅度不大；大部分疾病状况的小班群落结构越来越复杂、林分蓄积逐渐变大，已向不健康、亚健康和健康状况转化。总体来看，2004 ～ 2014 年，八达岭林场除处于疾病小班数量比例明显下降外，其他健康等级的小班数量比例均有所增加，尤其是处于优质状态的小班，其整体健康状况较为优质（表 5.18）。

2. 百花山林场小班健康状况

2004 年，百花山林场处于亚健康状态的小班数量最多，处于优质状态的小班数量最少。其中，处于疾病状态的小班数量为 2 个，这些小班林分蓄积量小，且因郁闭度小使得更易发生火险。处于不健康状态的小班数量为 14 个，由落叶松林、油松林和山杨林组成，这些小班由于树种组成简单使得其内部不稳定性增大，且受到的人为干扰较大。处于亚健康状态的小班数量为 37 个，主要是因为单位面积生物量小而导致了森林生产力低。处于健康状态的小班数量为 5 个，主要因为其蓄积量较大使得林分较稳定，所以相对于其他小班健康状况较好。处于优质状态的小班数量为 1 个，主要是因为土层较厚，能给林分提供正向演替较为有利的环境，且单位面积生物量较大提高了整个森林系统的生产力。

2009 年，百花山林场处于亚健康状态的小班数量最多，处于疾病状态和优质状态的小班数量最少。其中，处于不健康状态的小班数量为 30 个，这些小班中有近一半为纯林，且群落结构简单使得这些小班呈现出不健康状态。处于亚健康状态的小班数量为 41 个，主要是因为群落结构简单、林分内的生态系统不够稳定。处于健康状态的小班数量为 1 个，因为其林分蓄积大、单位面积生物量多，所以相对于其他小班健康状况较好。没有处于疾病状态和优质状态的小班。

2014 年，百花山林场处于健康状态的小班数量最多，处于优质状态的小班数量最少。其中，处于疾病状态的小班数量为 3 个，这些小班主要生长灌木草木、群落结构简单、内部不稳定。处于不健康状态的小班数量为 1 个，由人工油松林组成，受人为干扰程度、近自然度低。处于亚健康状态的小班数量为 13 个，这些小班绝大多数由混交林组成，其内部相对稳定，但因为叶面积指数小使得其生产潜力受到影响。处于健康状态的小班数量为 46 个，因为蓄积量较大、群落结构相对完整，所以相对于其他小班健康状况较好。没有处于优质状态的小班。

2004 ～ 2009 年，林场小班健康状况总体并不乐观，处于亚健康和不健康状态的小班数量比例有所增加，优质、健康和疾病状态的小班数量比例有所下降，整体变化主要是单位面积生物量下降、土层变薄而引起的；2009～2014年，小班健康状况总体向好，部分亚健康状况小班向健康状况转化，处于健康状态的小班数量比例明显增加，亚健康和不健康状态的小班数量比例呈现不同程度的大幅下降。这一变化主要是因为在此五年间林分内蓄积量增加、群落向更加复杂的结构转变。总体来看，2004～2014年，百花山林场处于优质小班数量比例分别由1.69%降为0，处于疾病状态的小班数量比例几乎不变，其他健康等级的小班数量比例除亚健康状态的小班数量比例明显增加外，均大幅下降，百花山林场整体处于亚健康状态（表5.18）。

3. 上方山林场小班健康状况

2004年，上方山林场处于不健康状态的小班数量最多，无疾病状态和优质状态的小班。其中，处于不健康、亚健康状态的小班数量分别为9个、1个，优势树种主要为侧柏和柞树，这些小班的植被总盖度小，进行光合作用的面积小。处于健康状态的小班数量为1个，其不仅林分总蓄积量大，而且单位面积生物量较大，所以小班健康状况较好。2009年，上方山林场中小班均处于不健康状态，主要是因为群落结构简单而使得小班结构的完整性较差，且这些小班的近自然度较低、受人为干预较大。2014年，上方山林场处于亚健康状态的小班数量最多，没有处于疾病、健康和优质状态的小班。其中，处于不健康状态的小班数量为2个，其林分蓄积量较小且腐殖质层较薄而使得林分质量差。处于亚健康状态的小班数量为10个，主要是因为腐殖质层较薄、近自然度低。

2004～2009年，林场处于健康和亚健康状态的小班比例呈小幅下降、不健康状态的小班比例有所增加，主要是因为林分蓄积量变少、单位面积生物量减少、叶面积指数下降使得其健康状况变差。2009～2014年，处于亚健康状态的小班比例明显增加，不健康状态的小班比例呈大幅度下降趋势，主要是因为这些小班蓄积量增大、森林火险等级升高。总体来看，2004～2014年，上方山林场处于健康等级的小班数量比例由9.09%降为0，不健康等级的小班数量比例由81.82%降为16.67%，亚健康等级的小班比例由9.09%增为83.33%，始终无优质和疾病状态的小班，上方山林场整体处于亚健康状态（表5.18）。

4. 西山林场小班健康状况

2004年，西山林场处于亚健康状态的小班数量最多，其次为不健康小班，处于优质状态的小班数量最少。其中，处于疾病状态的小班数量为39个，主要是因为植被层次少、植被复杂程度低、群落结构简单。处于不健康状态的小班数量为100个，大多分布在林场的边界区域，主要由侧柏林和油松林组成，这些不健康的小班大都是单位生物量小，导致森林生产力低、森林火险等级低。处于亚健康状态的小班数量为228个，主要由混交林组成，亚健康主要是因为单位生物量小、森林火险等级低。处于健康状态的小班数量为1个，因为其林分蓄积量较大而使得森林资源量丰富，所以相对于其他小班健康状况较好。没有处于优质状态的小班。

2009年，西山林场处于亚健康状态的小班数量最多，处于优质状态的小班数量最少。其中，处于疾病状态的小班数量为35个，主要是因为群落结构简单、单位面积生物量少。处于不健康状态的小班数量为66个，大部分不健康状态的小班所处的地域土壤贫瘠，未能给林分提供正向演替较为有利的环境，且林分蓄积量较少。处于亚健康状态的小班数量为249个，主要是因为土层较薄而影响了林分的持续健康发展。处于健康状态的小班数量为18个，这些小班不仅林分蓄积量较大、林分密度适中，而且生态脆弱程度较低、群落结构复杂，所以相对于其他小班健康状况较好。没有处于优质状态的小班。

2014 年，西山林场处于亚健康状态的数量仍然最多且优势比较明显，而处于健康和优质状态的小班数量最少。其中，处于疾病状态的小班数量为 21 个，主要是因为群落结构简单、功能协调性差，林分内的生态系统不稳定，容易出现森林健康问题。处于不健康状态的小班数量为 23 个，其林分蓄积量较小、土壤状况较差而使得林分质量差。处于亚健康状态的小班数量为 324 个，其中有三分之一为纯林，林分结构复杂程度较低。人工纯林在亚健康小班中占三分之一，而其他为人工混交林，人工纯林往往森林结构和物种单一，对环境的抗性较低，并不十分适合林分生长，如经营不当容易出现土壤退化、生产力下降和生态破坏等问题。没有处于健康状态和优质状态的小班。

2004～2009 年，林场小班健康状况总体向好，处于健康和亚健康状态的小班数量比例有所增加，不健康和疾病状态的小班数量比例有所下降；部分疾病和不健康状况小班的植被总覆盖变大、群落结构越来越复杂、森林生产力越来越好，从而其健康状况得到改善，转化为亚健康和健康状况。2009～2014 年，处于亚健康状态的小班数量比例明显增加，健康、不健康和疾病状态的小班数量比例呈现不同程度的下降；部分疾病和大部分不健康等级的小班向亚健康等级转化，主要是因为这些小班的林分蓄积量变大、群落结构越来越复杂、森林火险等级升高、近自然度变大、腐殖质和土层越来越厚，而处于健康等级的小班由于其植被总覆盖度变小、生态脆弱性变差、叶面积指数减小，功能稳定性越来越差，则逐渐转化为亚健康等级。总体来看，2004～2014 年，西山林场处于优质小班数量始终为零，其他健康等级的小班数量比例除亚健康状态的小班数量比例明显增加外，均有所下降，西山林场整体处于亚健康状态(表 5.18)。

5. 云蒙山林场小班健康状况

2004 年，云蒙山林场处于优质状态的小班数量最多，处于亚健康和不健康状态的小班数量最少。其中，处于疾病状态的小班数量为 6 个，主要是因为单位面积生物量少、森林火险等级低、近自然度低。处于不健康状态的小班数量为 1 个，这些小班的土层较薄和近自然度低。处于亚健康状态的小班数量为 1 个，主要是因为蓄积量较小、火险等级低。处于健康状态的小班数量为 49 个，大部分由天然林和混交林组成，这些小班的土壤侵蚀度低、土层较厚、林分群落层次结构较为复杂。处于优质状态的小班数量为 58 个，均为天然阔叶混交林，这些林分的结构较为复杂、近自然度高、林分蓄积量大、森林火险等级较低，抗病虫害能力强。

2009 年，云蒙山林场处于优质状态的小班数量最多，处于亚健康和不健康状态的小班数量最少。其中，处于疾病状态的小班数量为 5 个，主要是因为森林火险等级低、近自然度低。没有处于不健康和亚健康的小班。处于健康状态的小班数量为 110 个，因为其生态脆弱程度低、蓄积量大，所以相对于其他小班健康状况较好。处于优质状态的小班数量为 7 个，主要是因为近自然程度高、土层较厚。

2014 年，云蒙山林场处于健康状态的小班数量最多，处于亚健康状态的小班数量最少。其中，处于疾病状态的小班数量为 7 个，主要是因为林分蓄积量小、生态脆弱程度高。处于不健康状态的小班数量为 2 个，这些小班的单位面积生物量少、近自然度低。处于亚健康状态的小班数量为 1 个，主要是因为植被总盖度低、土层较薄。处于健康状态的小班数量为 109 个，因为其蓄

表5.18　2004～2014年各林场小班健康状况

小班健康等级		优质			健康			亚健康			不健康			疾病		
		2004	2009	2014	2004	2009	2014	2004	2009	2014	2004	2009	2014	2004	2009	2014
西山林场	小班个数(n)	0	0	0	1	18	0	228	249	324	100	66	23	39	35	21
	占各林场小班个数比例(%)	0.00	0.00	0.00	0.27	4.89	0.00	61.96	67.66	88.04	27.17	17.93	6.25	10.60	9.51	5.71
	小班面积(hm²)	0.00	0.00	0.00	18.70	101.40	0.00	4108.20	4262.78	5635.16	1518.60	1349.53	228.00	511.90	444.15	293.39
	占各林场小班面积比例(%)	0.00	0.00	0.00	0.30	1.65	0.00	66.72	69.23	91.53	24.66	21.92	3.70	8.31	7.21	4.77
百花山林场	小班个数(n)	1	0	0	5	1	46	37	41	13	14	30	1	2	0	3
	占各林场小班个数比例(%)	1.69	0.00	0.00	8.47	1.39	73.02	62.71	56.94	20.63	23.73	41.67	1.59	3.39	0.00	4.76
	小班面积(hm²)	23.70	0.00	0.00	311.80	33.23	1234.44	1033.90	1031.36	279.31	134.00	453.44	1.83	2.70	0.00	2.15
	占各林场小班面积比例(%)	1.57	0.00	0.00	20.70	2.19	81.33	68.65	67.94	18.40	8.90	29.87	0.12	0.18	0.00	0.14
上方山林场	小班个数(n)	0	0	0	1	0	0	1	0	10	9	11	2	0	0	0
	占各林场小班个数比例(%)	0.00	0.00	0.00	9.09	0.00	0.00	9.09	0.00	83.33	81.82	100.00	16.67	0.00	0.00	0.00
	小班面积(hm²)	0.00	0.00	0.00	27.20	0.00	0.00	40.40	0.00	277.39	254.80	322.47	45.01	0.00	0.00	0.00
	占各林场小班面积比例(%)	0.00	0.00	0.00	8.44	0.00	0.00	12.53	0.00	86.04	79.03	100.00	13.96	0.00	0.00	0.00
云蒙山林场	小班个数(n)	58	7	2	49	110	109	1	0	1	1	0	2	6	5	7
	占各林场小班个数比例(%)	50.43	5.74	1.65	42.61	90.16	90.08	0.87	0.00	0.83	0.87	0.00	1.65	5.22	4.10	5.79
	小班面积(hm²)	1337.40	209.44	4.71	1067.30	2276.74	2433.65	32.70	0.00	40.67	17.40	0.00	59.19	113.50	95.90	44.04
	占各林场小班面积比例(%)	52.07	8.11	0.18	41.56	88.17	94.24	1.27	0.00	1.57	0.68	0.00	2.29	4.42	3.71	1.71
八达岭林场	小班个数(n)	10	83	52	99	59	123	37	7	63	3	0	43	151	151	19
	占各林场小班个数比例(%)	3.33	27.67	17.33	33.00	19.67	41.00	12.33	2.33	21.00	1.00	0.00	14.33	50.33	50.33	6.33
	小班面积(hm²)	150.10	760.12	512.95	1078.00	718.59	1209.22	340.50	98.13	616.90	18.10	0.00	441.75	1355.10	1364.49	160.10
	占各林场小班面积比例(%)	5.10	25.84	17.44	36.64	24.43	41.12	11.57	3.34	20.98	0.62	0.00	15.02	46.06	46.39	5.44

积量大、腐殖质层和土层较厚，所以相对于其他小班健康状况较好。处于优质状态的小班数量为2 个，这些小班近自然度高、蓄积量大。

2004～2009 年，林场处于健康状态的小班数量比例明显增加，主要由优质状态的小班转化而来，其他健康等级的小班数量比例均呈现不同程度的下降；这主要是因为云蒙山林场大部分小班的土层厚度较薄，而且处于优质状况的小班森林火险等级和叶面积指数有所下降、生态脆弱程度降低。2009～2014 年，各健康等级小班数量比例均有所变化，但变化不大，系统功能性基本保持稳定。总体来看，2004～2014 年，云蒙山林场处于优质小班数量比例有所下降，处于健康等级的小班数量比例大幅增加，其他健康等级的小班数量比例几乎不变，云蒙山林场整体处于较为健康状态(表 5.18)。

(三)小班森林健康评价结论

本文构建了北京市森林小班森林健康评价指标体系，分别计算出 2004、2009 和 2014 年森林小班健康综合指数，并在时空格局与地域特征进行了分析。主要结论：

(1)2004～2014 年，处于健康等级的小班面积和数量明显增加，绝大部分的小班由不健康、疾病等级的向亚健康等级转化，小班森林健康状况得到改善。

(2)无论是天然林还是人工林，混交林的健康状况要好于单一纯林，且大多数处于中龄林和成熟林。因此，当培植人工林时，要格外注意林分组织结构的多样性，林分组成越复杂，其抵抗干扰的能力就越强，因而也更加容易维持健康的状态。另外，相对于天然林，人工林处于优质和健康状态较多，但人工林为经济林的小班，森林生态系统相对比较脆弱。反映出在森林经营过程中人类的森林经营起到了关键性的作用。因此，人类也不能忽视对天然林的保护管理。

(3)处于健康等级以上的小班基本分布在中龄林、近熟林、成熟林和过熟林，其群落结构基本上属于完整结构，林分密度适中；而不健康等级以下的小班主要分布在幼龄林，大部分是因为森林群落结构较为简单，森林处于较初级状态，林分处于发育初期。还有一部分小班由于处在林场的边界和交接地带，受外界的干扰较大，比如八达岭林场的边界区域、西山实验林场的交接地带。

(4)空间分布格局按照林场来分，小班健康状况较好地区多集中在北京的生态涵养区，包括东北部的云蒙山林场、西北部的百花山林场和八达岭林场；而地处于北京市城市功能拓展区的西山林场由于受外界干扰较为严重，其边缘地带的小班森林健康状况有所下降。

第三节
从景观尺度揭示森林生态安全演变的格局

一、研究方法和数据来源

1. 研究方法

景观格局指数是景观生态学广泛使用的定量研究方法，高度浓缩景观格局和景观动态信息，能够很好地了解景观格局的组成成分、空间配置和动态变化过程(胡海胜等，2007)。本研究在进行景观格局分析时，选取生态学意义明确且公式计算简单的指数，从不同角度对森林景观进行定量分析。这些指标的公式和计算方法都采用 FRAGSTATS 景观格局计算分析软件的表达方式（表5.19）。

2. 数据来源

定量化景观格局分析建立在基础地理信息数据库之上。本研究数据主要有 1∶10000 地形图、森林资源二类调查数据、2004、2009 和 2014 年 Landsat5 的 3 期遥感影像。

运用 ENVI4.5 软件对 3 期 TM 影像进行纠正、增强以及裁剪处理。根据森林资源二类调查数据，结合研究区遥感影像特点，并以森林资源二类调查数据中的树种结构、地类、起源、优势树种、树种组成为依据对森林景观进行类型划分，最终获取八达岭林场、百花山林场、上方山林场、西山林场、云蒙山林场五个林场内 20 种景观类型。

二、森林景观指数建立的理论依据

森林景观是以森林生态系统为主构成的景观类型，也包括森林生态系统在整体格局和功能中发挥重要作用的其他类型的景观。森林生态系统自身的复杂性和多层次性决定了森林景观的结构与功能及生态过程的复杂性。因此，为了揭示森林景观结构与功能特征及其分异的规律性，有必要对森林景观进行区划，从而进行整合和分异，以满足不同尺度的景观评价、规划和管理的需求。

景观是从人类尺度上，具有空间可测量性，由相互作用的拼块或生态系统组成的以相似形式重复出现的一个空间异质性区域，是具有分类意义的自然综合体，也是一个具有时间属性的动态整体系统。其格局及其变化是自然、社会和生物要素之间相互作用的结果。景观结构即景观组成单元的类型、多样性及其空间关系。景观结构的研究，首先是对个体单元空间形态的考察。从空间形态、轮廓和分布等基本特征入手，可以将景观区分出斑（Patch）、廊（Corridor）、基（Matrix）、网（Net）及缘（Edge）五种空间类型，元素类型不同，空间形态不同，基本的功能性质和特征也不同。景观功能即景观结构与生态学过程的相互作用或景观结构单元之间的相互作用。这些作用主要体现在能量、物质和生物有机体在景观镶嵌体中的运动过程中。景观的结构、功能和动态是相互依赖、相互作用的。无论在哪个生态学组织层次上，结构与功能是相辅相成的。结构在一定程度上决定功能，而结构的形成和发展又受到功能的影响。景观单元在大小、形状、数目、类型和结构方面又是反复变化的，决定这些空间分布的是景观结构（余新晓，2006）。景观格局是指大小或形状不同的斑块，在景观空间上的排列。异质性是景观的重要属性，它指的是构成景观的不同的生态系统。它是景观异质性的具体表现，同时又是包括干扰在内的各种生态过程在不同尺度上作用的结果。景观异质性的内容包括空间组成、空间的构型、空间相关。研究景观格局的目的是在似乎是无序的景观斑块镶嵌中，发现其潜在的规律性，确定产生和控制空间格局的因子和机制，比较不同景观的空间格局及其效应。

结构与功能、格局和过程之间的联系与反馈一直是研究景观生态学的基本命题。因此本书从结构与功能、格局与过程两个方面来建立森林景观健康评价的指标体系。由于前面已经进行了小班尺度的健康评价，因此小班尺度的评价结果已将生态过程健康和功能健康包含在内，而对于景观结构与格局健康，可选取描述景观结构景观因子（分形维数，景观多样性指数）等进行评价。

表 5.19　景观格局指数及其生态意义

森林景观格局	指　数	计算公式	参数描述	生态意义
景观格局结构	斑块面积	$CA = \sum\limits_{j=1}^{n} a_{ij}$	CA 为斑块总面积，n 为斑块数目，a_{ij} 为 i 类第 j 个斑块的面积（蒋桂娟，2012）	量度景观的组分，计算其他指标的基础
	斑块密度	$PD_i = \dfrac{N_i}{A_i}$	PD_i 为第 i 类景观要素的斑块密度，N_i 为第 i 类景观要素的斑块数量，A_i 为第 i 类景观要素的斑块面积（廖力勤等，2016）	反映景观整体的分化程度，斑块密度越大，景观的破碎化程度越高，景观整体的稳定性越差
	分形维数	$F_d = 2\ln(p/k)/\ln(A)$	F_d 为分形维数，p 为斑块周长，A 为斑块面积。k 是常数。对于栅格景观而言，$k = 4$（王宪礼，1997）	反映某一景观类型斑块褶皱程度，景观斑块分维数越大，则斑块形状越复杂
景观异质性	分离度指数	$F_i = \dfrac{D_i}{S_i}$，$D_i = \dfrac{1}{2}\sqrt{\dfrac{n_i}{A}}$，$S_i = \dfrac{A}{A_{总}}$	n 为某类景观斑块的个数，A 为某类景观要素的面积，F_i 景观要素 i 的分离度指数，D_i 为要素 i 的距离指数，S_i 为要素 i 的面积指数。$A_{总}$ 为该地区景观的总面积（蒋桂娟，2012）	表示某一景观类型中不同元素个体分布的分离程度
	均匀度指数	$SHEI = -\sum\limits_{i=1}^{m} P_i \ln(P_i)/\ln(m)$	P_i 为景观类型 i 所占面积的比例；m 为景观中斑块类型总数（王宪礼，1997）	度量景观整体中各斑块类型的分配均匀程度
	多样性指数	$H = -\sum\limits_{i=1}^{m} (P_i)\log(P_i)$	H 为景观多样性指数，P_i 为景观类型 i 所占面积的比例，m 为斑块类型数（谢春华，2005）	反映景观要素的多少和各景观要素所占比例的变化

三、森林景观格局时空演变的动态变化

(一)森林景观总体格局的动态变化分析

在 ArcGIS9.3 软件平台上，根据森林景观分类结果，对 2004、2009 和 2014 年三期矢量化林相图分别填充不同颜色，得到研究区三期森林景观类型分布图(图 5.10～5.14)。

五大林场景观整体森林覆盖率相当高，其中有林地面积最大(郁闭度≥0.2)，占景观总面积的 99.8%，为景观范围内的主要景观类型，主导着景观整体的结构、功能和动态过程(表 5.20)，其中天然阔叶混交林面积最大，占总面积的 30% 左右；其次为人工针叶林。2004 年五大林场共有斑块数 40893 个、总面积 13496.13hm²、斑块总密度 3.03 块/hm²，2009 年共有斑块数 39619 个、总面积 13521.78hm²、斑块密度 2.93 块/hm²，2014 年斑块数 32042 个、总面积 13519.86hm²、斑块密度 2.37 块/hm²，森林景观的斑块破碎化程度整体有所改善，稳定性增强。研究区森林景观的均匀度指数和多样性指数呈下降趋势，分离度指数减少、分形维数增加，说明研究区虽然整体受干扰程度增加，但各景观类型组成成分分布呈现不均匀化，优势景观单一类型比较突出，控制整体景观的生态作用增强，空间分布上团聚程度较高。

在 ArcGIS 空间分析模块(spatial analyst)下，将各时期景观类型矢量图层进行叠加操作，确定不同时期各斑块保持不变的面积和转化为其他景观类型的斑块面积，计算各景观类型之间的转换面积占该类型面积的比率作为转移概率。建立研究区 2004～2009，2009～2014 年两个时段的森林景观型变化空间转移矩阵，揭示森林景观变化的空间特征和内在演化规律。从表 5.20 和 5.21 可以看出，研究区景观类型处于动态变迁过程。2004～2009 年间，天然油松林面积全部由天然针阔混交林和其他天然阔叶林转化而来。人工柞树林、天然柞树林、天然山杨林和其他天然阔叶林的转出面积较大，其中天然柞树林和其他天然阔叶林的转化比较明显，有 30%～60% 的面积转化为天然阔叶混交林。人工阔叶混交林、人工针阔混交林、其他人工阔叶林、人工侧柏林、人工落叶松林、人工油松林和天然桦树林面积保持相对较为稳定，基本维持在 55%～80% 之间。其中人工阔叶混交林和人工针阔混交林这两种类型之间的转化较为密切，相互之间转化的面积较大，人工阔叶混交林有 191.05hm^2 转化为人工针阔混交林，人工针阔混交林有 141.57hm^2 转化为人工阔叶混交林。人工针叶混交林、人工刺槐林、人工杨树林、天然阔叶混交林、天然针叶混交林、天然针阔混交林、天然侧柏林和其他土地基本比较稳定，面积保持在 80% 以上未发生变化。其中，其他土地主要转出面积为人工针叶混交林和人工针阔混交林。2009～2014 年，人工杨树林、人工柞树林、天然柞树林、天然山杨林和天然桦树林的面积全部转出。其中，天然桦树林面积全部转化为天然阔叶混交林，且没有转化来源，故 2014 年时林场已无该景观类型；人工杨树林和人工柞树林的面积全部转化为人工阔叶混交林，而转入来源分别为天然阔叶混交林和人工阔叶混交林。人工针阔混交林、天然针阔混交林、天然油松林、其他天然阔叶林和其他土地的转出面积较大，基本在 60%～90% 之间，转移面积在相互之间与其余类型之间都存在着不同程度的相互转移。人工阔叶混交林、人工落叶松林、人工油松林、其他人工阔叶林、天然针叶混交林面积保持相对较为稳定，基本维持在 65%～80% 之间。其中，人工阔叶混交林未转出面积为 838.64hm^2，占比为 79.36%，转出面积较少，而转入来源丰富，面积增幅明显。人工针叶混交林、天然阔叶混交林、人工刺槐林、人工侧柏林和天然侧柏林基本比较稳定，有 90% 以上面积未发生变化。其中，人工针叶混交林、天然阔叶混交林未转出面积分别为 2082.65hm^2、3346.21hm^2，而从其他类型转化为人工针叶混交林、天然阔叶混交林的面积远大于人工针叶混交林、天然阔叶混交林转化为其他类型的面积。这说明研究区各大林场在此期间对整体景观格局有计划地进行了一定程度的调整，使得森林景观类型发生了上述改变。

1. 森林景观格局结构动态变化分析

景观结构特征是由斑块、廊道、基质等景观要素类型、大小(面积)、密度、形状、纹理、结构、数量和组合关系等特征决定的。选取景观斑块的面积、斑块密度、分形维数等指数，分别对研究区 2004～2014 年的 20 类景观类型进行测算(表 5.22)。

1)斑块面积变化

2004～2009 年各森林景观要素斑块面积随时间变化都很大，五大林区内的柞树林近乎消失、油松林在林区出现，阔叶混交林、针阔混交林、针叶混交林、天然桦树林、其他天然阔叶林和其他土地斑块面积均有所增加，尤以人工阔叶混交林、人工针阔混交林为最，而人工刺槐林、人工柞树林、人工落叶松林、人工油松林、其他人工阔叶林、天然山杨林和天然柞树林斑块面积则有

表 5.20　2004~2009 年研究区景观类型转移矩阵（hm²）

	人工阔叶混交林	人工针叶混交林	人工针阔混交林	人工刺槐林	人工杨树林	人工柞树林	人工侧柏林	人工落叶松林	人工油松林	其他人工阔叶林	天然阔叶混交林	天然针叶混交林	天然针阔混交林	天然柞树林	天然桦树林	天然山杨林	天然侧柏林	天然油松林	其他天然阔叶林	其他土地
人工阔叶混交林	600.11	17.19	191.05	0.00	0.00	0.00	0.00	0.00	0.00	4.90	0.00	0.00	0.00	0.00	0.00	0.00	0.00	0.00	0.00	0.00
人工针叶混交林	85.50	1900.00	284.51	0.00	0.00	0.00	0.00	0.00	10.85	0.00	0.19	0.00	13.94	0.00	0.00	0.00	0.00	0.00	0.00	2.33
人工针阔混交林	141.57	130.66	165.52	11.55	0.00	0.00	0.00	0.00	27.43	0.00	0.05	0.00	11.73	0.00	0.00	0.00	0.00	0.00	0.00	0.00
人工刺槐林	19.60	0.00	0.00	350.92	0.00	0.00	0.00	0.00	0.00	22.03	9.18	0.00	16.05	0.00	0.00	0.00	0.00	0.00	0.00	0.00
人工杨树林	0.00	0.00	0.00	0.00	0.76	0.00	0.00	0.00	0.00	0.00	0.00	0.00	0.00	0.00	0.00	0.00	0.00	0.00	0.00	0.00
人工柞树林	35.12	0.00	21.72	0.00	0.00	24.33	0.00	0.00	0.00	74.57	0.00	0.00	0.00	0.00	0.00	0.00	0.00	0.00	0.00	0.00
人工侧柏林	0.52	185.43	75.53	0.00	0.00	0.00	686.24	0.00	0.00	0.00	0.00	0.00	0.00	0.00	0.00	0.00	0.00	0.00	0.00	0.00
人工落叶松林	0.00	2.43	17.08	0.00	0.00	0.00	0.00	60.99	0.00	0.00	2.80	0.12	0.00	0.00	0.00	0.00	0.00	0.00	0.00	0.00
人工油松林	0.00	76.01	0.00	0.00	0.00	0.00	0.00	0.00	517.50	0.00	0.00	0.00	19.67	0.00	0.00	0.00	0.00	0.00	0.00	0.00
其他人工阔叶混交林	112.01	4.17	0.00	15.75	0.00	0.00	0.00	0.00	0.00	354.65	0.00	0.00	0.00	0.00	0.00	3.95	0.00	0.00	0.00	0.00
天然阔叶混交林	0.00	3.37	20.72	0.00	0.00	0.00	0.00	0.00	0.00	8.00	3237.77	7.41	131.82	27.37	59.32	0.00	0.00	0.00	19.47	0.00
天然针叶混交林	0.00	0.00	0.00	0.00	0.00	0.00	0.00	0.00	0.00	0.00	0.00	130.25	0.00	0.00	0.00	0.00	0.00	0.00	0.00	0.00
天然针阔混交林	60.41	10.27	0.00	0.00	0.00	0.00	0.00	0.00	0.00	0.00	44.45	16.46	1684.39	0.00	0.00	0.00	0.00	16.77	0.00	4.88
天然柞树林	0.00	0.00	0.00	0.00	0.00	0.00	0.00	0.00	0.00	0.00	167.60	0.00	0.00	30.20	0.00	0.00	0.00	0.00	75.12	0.00
天然桦树林	0.00	0.00	0.00	0.00	0.00	0.00	0.00	0.00	0.00	0.00	1	0.00	0.00	0.00	77.46	0.00	0.00	0.00	0.00	0.00
天然山杨林	0.00	0.00	0.00	0.00	0.00	0.00	0.00	0.00	0.00	0.00	0.00	0.00	0.00	0.00	0.00	0.00	0.00	0.00	0.00	0.00
天然侧柏林	0.00	0.00	0.00	0.00	0.00	0.00	0.00	0.00	0.00	0.00	13.13	0.00	0.00	0.00	0.00	0.00	30.33	0.00	12.53	0.00
其他天然阔叶林	0.00	0.00	0.00	0.00	0.00	0.00	0.00	0.00	0.00	0.00	66.07	0.00	13.26	0.00	0.00	0.00	0.00	8.57	80.27	0.00
其他土地	1.11	7.18	0.00	0.00	0.00	0.00	0.00	0.00	0.00	0.00	0.00	0.00	0.00	0.00	0.00	0.00	0.00	0.00	0.00	35.97

表5.21　2009~2014年研究区景观类型转移矩阵（hm²）

	人工阔叶混交林	人工针叶混交林	人工针阔混交林	人工刺槐林	人工杨树林	人工柞树林	人工侧柏林	人工落叶松林	人工油松林	其他人工阔叶林	天然阔叶混交林	天然针叶混交林	天然针阔混交林	天然柞树林	天然山杨林	天然侧柏林	天然油松林	其他天然阔叶林	其他土地
人工阔叶混交林	838.64	20.07	9.23	0.00	0.00	18.21	0.00	0.00	4.87	20.11	145.47	0.00	0.00	0.00	0.00	0.00	0.00	0.00	0.11
人工针叶混交林	51.60	2082.85	73.39	0.00	0.00	0.00	19.70	0.00	28.08	0.00	14.97	0.00	38.55	0.00	0.00	0.00	0.00	0.00	8.73
人工针阔混交林	370.35	621.31	634.87	0.00	0.00	0.00	4.16	0.00	14.42	9.85	59.40	15.01	68.53	0.00	0.00	0.00	0.00	0.00	7.17
人工刺槐林	5.68	0.00	4.31	376.76	0.00	0.00	0.00	0.00	0.00	0.00	0.00	0.00	0.00	0.00	0.00	0.00	0.00	0.00	0.00
人工杨树林	0.76	0.00	0.00	0.00	0.00	0.00	0.00	0.00	0.00	0.00	0.00	0.00	0.00	0.00	0.00	0.00	0.00	0.00	0.00
人工柞树林	24.29	0.00	0.00	0.00	0.00	0.00	0.00	0.00	0.00	0.00	0.00	0.00	0.00	0.00	0.00	0.00	0.00	0.00	0.00
人工侧柏林	0.00	54.79	0.00	0.00	0.00	0.00	611.42	0.00	0.09	0.00	12.12	0.00	0.00	0.00	0.00	0.00	0.00	0.00	1.79
人工落叶松林	1.94	4.38	0.00	0.00	0.00	0.00	0.00	45.61	0.00	0.00	7.20	0.00	0.00	0.00	0.00	0.00	0.00	0.00	0.00
人工油松林	30.98	103.73	11.91	0.00	0.00	0.00	0.00	0.00	377.27	0.00	0.00	0.00	28.00	0.00	0.00	0.00	0.00	0.00	0.00
其他人工阔叶林	55.42	1.77	0.00	44.32	0.00	0.00	0.00	0.00	0.00	332.48	0.62	0.00	0.00	28.56	0.00	0.00	0.00	0.02	6.20
天然阔叶混交林	36.44	46.42	22.96	0.00	3.74	0.00	0.00	0.24	0.00	0.00	3346.21	34.44	65.58	45.65	0.83	0.00	0.00	25.50	0.00
天然针叶混交林	16.43	0.00	0.00	0.00	0.00	0.00	0.00	0.00	7.40	0.00	0.41	103.88	0.08	0.00	0.00	0.00	0.00	0.00	0.00
天然针阔混交林	104.28	235.32	120.98	16.03	0.00	0.00	32.73	0.00	58.60	11.63	186.97	6.41	738.46	0.00	0.00	0.16	13.07	49.82	318.34
天然柞树林	0.01	0.00	0.00	0.00	0.00	0.00	0.00	0.00	0.00	0.00	57.20	0.00	0.00	0.00	0.12	0.00	0.00	0.00	0.15
天然山杨林	0.00	0.00	0.00	0.00	0.00	0.00	0.00	0.00	0.00	0.00	136.57	0.00	0.00	0.00	0.00	0.00	0.00	0.00	0.00
天然侧柏林	0.00	0.00	3.94	0.00	0.00	0.00	0.00	0.00	0.00	0.00	0.00	0.00	0.03	0.00	0.00	30.24	0.00	0.00	0.00
天然油松林	0.00	0.00	0.00	0.00	0.00	0.00	0.00	0.00	0.00	0.00	0.00	0.00	0.00	0.00	0.00	0.00	10.23	0.00	0.00
其他天然阔叶林	0.00	15.07	0.00	0.00	0.00	0.00	0.00	0.00	7.89	0.00	145.75	0.08	8.41	0.00	0.00	0.00	0.00	21.43	3.48
其他土地	10.42	2.85	16.31	0.00	0.00	0.00	0.00	0.00	7.82	0.00	0.00	0.00	0.00	0.00	0.00	0.00	0.00	0.00	5.70

所减小。

2009~2014 年各森林景观要素斑块面积随时间呈现不同程度的增减。林区内的天然山杨林近乎消失、天然桦树林已消失，人工阔叶换混交林、人工针叶混交林、人工刺槐林、人工杨树林和天然阔叶混交林的斑块面积均有所增加，尤以人工阔叶混交林、人工针叶混交林和天然阔叶混交林为最，天然针叶混交林、天然侧柏林和天然油松林的斑块面积几乎未发生变化，其他景观类型的斑块面积则呈现不同程度的下降。

总体来看，2004~2014 年各森林景观要素斑块面积随时间变化都很大，林区内人工柞树林、天然山杨林几乎消失、天然桦树林已消失、天然油松林在林区内出现。人工阔叶混交林、人工针叶混交林、天然阔叶混交林针叶林始终为林区的优势景观，研究期内斑块面积持续增加，2014 年其面积比例已占到研究区总面积的 69.07%。除此之外，人工杨树林、天然针叶混交林的斑块面积也有所增加。而其他景观类型的斑块面积均呈现一定程度的下降。柞树林近乎消失是因为林场不断改造低质林，大规模人工营造易存活且较好的林地，如混交林的大面积培育，从而使其斑块的面积增加。天然山杨林、天然桦树林的消失则是由于其自身生长条件差、自然枯死所致。油松林等游憩林的出现与林业政策和满足人类旅游的需要有直接关系。各斑块面积变化与林场经营政策有直接联系。自 1998 年以来，林业建设开始由以工业化林业为主向以生态林业为主转变，伴随着人工纯林存活率低、病虫害严重等不良效果的出现，政府开始向自然化培育及人工混交林培育转移，使得低质人工纯林逐渐被混交林替代。

2) 斑块密度变化

2009 年研究区除了天然山杨林变化较大，其他各景观类型的斑块密度都较 2004 年稳定发展，变化幅度较小。呈上升趋势的除了天然山杨林之外还有针叶混交林、天然阔叶混交林、人工针阔混交林、人工刺槐林、人工侧柏林、人工落叶松林、油松林和天然柞树林，人工阔叶混交林、人工柞树林、天然针阔混交林、天然桦树林、其他阔叶林和其他土地景观类型斑块密度指数稍有增大，而人工杨树林和天然侧柏林的斑块密度指数保持不变。

与 2009 年相比，2014 年人工杨树林的斑块密度大幅下降，天然山杨林的斑块密度大幅增加，其他景观类型除人工柞树林、其他人工阔叶林、天然针叶混交林和其他土地的斑块密度指数稍有增加外，均呈现不同程度的减少。

总体来看，2004 年以来，林区内除人工杨树林、天然山杨林的斑块密度呈现较大幅度的变化外，其他景观类型的斑块密度变化幅度较小。其中，人工杨树林的斑块密度大幅下降，斑块破碎化程度得到明显改善；天然山杨林的斑块密度大幅增加，景观的破碎化程度越来越严重；其他景观类型除人工柞树林、人工侧柏林、其他人工阔叶林和其他土地的斑块密度指数有所增加外，均呈现一定程度的下降。2004~2014 年，研究区整体景观类型的斑块密度由 3.03 减少到 2.37，说明研究区森林景观的斑块破碎化程度得到明显改善。

3) 分形维数变化

景观分形维数度量斑块形状的复杂程度，反映的是景观斑块的稳定性。2004~2009 年，林地类型中分维数降低的景观类型分别是人工针叶混交林、人工柞树林、人工落叶松林、人工油松林、其他人工阔叶林、天然阔叶混交林、天然山杨林和其他天然阔叶林，其中人工柞树林的分形维数下降最大，说明这几种景观类型受人类和自然活动干扰程度增加，斑块形状逐渐由复杂、不规则向简单、规则转变。

2009～2014 年，分维数降低的景观类型分别是人工阔叶混交林、人工针叶混交林、人工针阔混交林、人工侧柏林、人工油松林、其他人工阔叶林、天然阔叶混交林、天然针叶混交林、天然针阔混交林、天然柞树林和天然山杨林。其他景观类型的分形维数未发生变化，这说明其景观斑块比较稳定，处于动态变化，受人为干扰程度并未增加。

总体来看，研究时段内林地类型中分维数未发生变化的景观类型分别是人工刺槐林、人工杨树林、人工柞树林、人工落叶松林、天然侧柏林、其他天然阔叶林和其他土地，这说明其景观斑块比较稳定，处于动态变化，受人为干扰程度并未增加。其他景观类型的分形维数除天然油松林外均呈现降低，其中天然桦树林的分形维数下降最大，说明这几种景观类型受人类和自然活动干扰程度增加，斑块形状逐渐由复杂、不规则向简单、规则转变。研究区景观总体的分形维数略有上升，由 2004 年的 1.09 上升到 2014 年的 1.10，这说明研究区森林景观斑块形状逐渐趋向不规则、复杂化。

1. 森林景观异质性动态变化分析

异质性（Heterogeneity）是景观的重要属性，定量描述景观异质性在景观生态学研究中常常是必需的（李哈滨等，1998）。景观异质性选取景观分离度、均匀度、多样性等指数加以描述和分析。

1）分离度指数变化

景观的分离度不仅反映了人类生产活动对景观结构的影响，也反映了自然环境的阻抗能力。2004 年，各类型的分离度指数值存在较大的差异，至 2009 年时除天然柞树林显著减少外，其他类型的分离度指数均变化幅度较小，呈降低趋势的除了天然柞树林外还有人工刺槐林、人工侧柏林、人工落叶松林、人工油松林、天然针阔混交林和其他人工阔叶林，表明这几种景观类型分布更为集中。针叶混交林、针阔混交林、人工阔叶混交林、天然桦树林、其他天然阔叶林和其他土地景观斑块的分离度指数增加，这说明这几种景观在区域分布上更加分散。人工杨树林、天然山杨林和天然侧柏林的分离度指数则未发生变化。

与 2009 年相比，2014 年天然柞树林的分离度指数依然是下降幅度最大的景观类型，除此之外，呈降低趋势的景观类型还有人工阔叶混交林、人工针叶混交林、人工针阔混交林、人工刺槐林、人工柞树林、人工侧柏林、人工落叶松林、人工油松林、其他人工阔叶林、天然阔叶混交林、天然针阔混交林和天然柞树林。其他景观类型的分离度指数除天然针叶混交林有所上升外，均未发生变化。

总体来看，2004～2014 年，天然柞树林的分离度指数是下降幅度最大的景观类型，除此之外，呈降低趋势的景观类型还有人工阔叶混交林、人工针叶混交林、人工针阔混交林、人工刺槐林、人工柞树林、人工侧柏林、人工落叶松林、人工油松林、其他人工阔叶林、天然针阔混交林、天然桦树林、天然油松林、其他天然阔叶林和其他土地，表明这几种景观类型分布更为集中。其他景观类型除天然针叶混交林的分离度指数增加外，均未发生变化。就景观整体而言，森林景观的分离度指数在研究期内持续下降，由 2004 年的 33.80 减少到 2009 年的 32.84，并持续下降到 2014 年的 25.38，说明研究区森林景观是由许多不同类型的较小斑块交错分散配置而成，而且其森林景观类型表现为更加集中的分布。

2) 均匀度指数变化

2009 年研究区除了人工柞树林变化较大，其他各景观类型的均匀度指数都较 2004 年稳定发展，变化幅度较小。呈降低趋势的除了人工柞树林之外还有阔叶林、针阔混交林、人工刺槐林、人工落叶松林、人工油松林和其他人工阔叶林，针叶混交林、人工侧柏林、天然桦树林、其他天然阔叶林和其他土地景观类型的均匀度指数稍有增加，而人工杨树林、天然山杨林和天然侧柏林的均匀度指数保持不变。

2014 年林区除人工柞树林、人工落叶松林和天然桦树林的均匀度指数较 2009 年下降幅度较大外，呈降低趋势的还有人工阔叶混交林、人工针阔混交林、人工落叶松林、天然阔叶混交林和天然柞树林。景观类型的均匀度指数呈上升趋势的有人工油松林、其他人工阔叶林、天然针叶混交林、天然针阔混交林、其他天然阔叶林，其中天然针叶混交林的均匀度指数上升幅度较大。人工杨树林、天然山杨林、天然侧柏林和天然油松林的均匀度指数未发生变化。

总体来看，2004～2014 年林区人工柞树林、人工落叶松林、天然桦树林、人工阔叶混交林、人工针阔混交林、天然阔叶混交林、天然柞树林和其他土地的均匀度指数呈现下降趋势，其中人工柞树林、人工落叶松林和天然桦树林的均匀度指数下降幅度较大；均匀度指数呈上升趋势的有人工油松林、其他人工阔叶林、天然针叶混交林、天然针阔混交林、其他天然阔叶林，其中天然针叶混交林的均匀度指数上升幅度较大；其他景观类型的均匀度指数未发生变化。当均匀度指数均趋于 1，说明景观中没有明显的优势类型且各斑块类型在景观中均匀分布，而研究区总体森林景观均匀度指数虽接近 1 但其值下降，由 2004 年的 0.83 下降到 2014 年的 0.81，说明景观类型组成成分分布逐渐不均匀，支配能力较强的景观类型影响减弱，而对景观起控制作用的景观类型影响增强。

3) 多样性指数变化

景观多样性是借用生物多样性概念提出的用来描述和评价景观异质性水平的一个概念，景观多样性指数越高，景观异质性程度越高。2004～2009 年，除人工柞树林、天然针叶混交林和天然油松林的多样性指数变化较大外，其他景观类型的多样性指数变化幅度较小。其中，人工阔叶混交林、人工针叶混交林、人工针阔混交林、天然针叶混交林、天然桦树林、天然油松林、其他天然阔叶林和其他土地的景观多样性指数呈上升趋势。2009～2014 年，人工杨树林、天然山杨林和天然侧柏林的多样性指数未发生变化，天然阔叶混交林和天然针叶混交林的多样性指数呈现上升趋势，其他景观类型的多样性指数呈现不同程度的下降。

总体来看，与 2004 年相比，2014 年除人工杨树林、天然山杨林、天然侧柏林和天然油松林的多样性指数未发生变化外，其他景观类型的多样性指数均发生较大变化。其中，除人工阔叶混交林和天然针叶混交林的多样性指数大幅增加，其他景观类型均呈现不同程度的减少。森林景观整体的多样性指数由 2004 年的 4.99 减少到 2014 年的 4.65，这是由于景观种类没有发生较大变化，但各景观类型所占的比例差异增大时，导致多样性指数降低，景观结构在多样性方面维持较差。

表 5.22　研究区 2004～2014 年景观类型指数表

景观类型	斑块密度			斑块面积			分形维数			分离度指数			均匀度指数			多样性指数		
年份	2004	2009	2014	2004	2009	2014	2004	2009	2014	2004	2009	2014	2004	2009	2014	2004	2009	2014
人工阔叶混交林	4.79	4.34	2.98	813.56	1059.81	1613.08	1.09	1.09	1.02	26.83	30.58	25.40	0.94	0.93	0.92	3.44	3.57	3.49
人工针叶混交林	2.92	3.06	2.16	2297.13	2324.03	3235.33	1.09	1.09	1.04	28.56	32.17	27.50	0.89	0.90	0.89	3.72	3.82	3.69
人工针阔混交林	3.83	3.89	3.23	1488.25	1801.78	930.05	1.08	1.09	1.04	32.41	37.09	15.60	0.93	0.92	0.91	3.73	3.90	3.03
人工刺槐林	5.00	5.42	4.55	419.66	387.50	439.93	1.08	1.08	1.08	15.52	14.97	15.15	0.94	0.93	0.94	2.85	2.83	2.82
人工杨树林	138.89	138.89	26.69	0.72	0.72	3.75	1.12	1.12	1.12	1.00	1.00	1.00	0.00	0.00	0.00	0.00	0.00	0.00
人工栎树林	5.14	4.12	5.48	155.75	24.28	18.23	1.09	1.08	1.09	6.79	1.00	1.00	0.96	0.00	0.00	1.99	0.00	0.00
人工侧柏林	4.01	4.08	4.03	947.30	686.05	670.53	1.08	1.08	1.06	21.74	17.31	14.73	0.92	0.92	0.91	3.34	3.08	2.96
人工落叶松林	7.20	8.19	2.18	83.30	61.06	45.92	1.12	1.12	1.12	2.34	1.48	1.00	0.64	0.43	0.00	1.14	0.69	0.00
人工油松林	6.36	6.47	5.93	613.38	556.10	472.49	1.10	1.10	1.03	24.47	22.29	16.51	0.92	0.91	0.93	3.36	3.27	2.92
其他人工阔叶林	4.48	3.66	7.10	490.62	464.04	126.83	1.10	1.09	1.09	9.34	7.41	7.50	0.84	0.82	0.95	2.56	2.33	2.10
天然阔叶混交林	0.48	0.53	0.39	3507.32	3613.81	4106.27	1.11	1.10	1.03	2.61	2.68	2.60	0.51	0.42	0.50	1.41	1.22	1.37
天然针叶混交林	0.77	1.95	2.66	130.15	154.05	150.36	1.11	1.13	1.04	1.00	1.37	3.07	0.00	0.48	0.88	0.00	0.53	1.22
天然针阔混交林	2.64	2.16	1.98	1855.74	1895.11	911.28	1.10	1.11	1.04	13.90	12.25	9.98	0.80	0.79	0.82	3.10	2.94	2.34
天然栎树林	4.79	5.22	3.95	292.13	57.47	75.88	1.08	1.09	1.05	11.20	2.61	1.88	0.95	0.93	0.75	2.51	1.02	0.82
天然桦树林	3.07	2.93		130.24	136.59		1.07	1.08		2.84	3.39		0.80	0.94		1.11	1.31	
天然山杨林	3.90	25.19	104.69	25.61	3.97	0.96	1.13	1.11	1.12	1.00	1.00	1.00	0.00	0.00	0.00	0.00	0.00	0.00
天然侧柏林	3.30	3.30	3.29	30.29	30.29	30.43	1.08	1.08	1.08	1.00	1.00	1.00	0.00	0.00	0.00	0.00	0.00	0.00
天然油松林		11.82	4.28		25.38	23.34		1.11	1.09		2.90	1.00		0.98	0.00		1.08	0.00
其他天然阔叶林	8.93	6.40	3.10	168.01	187.36	96.88	1.11	1.10	1.11	5.24	6.44	2.45	0.76	0.86	0.88	2.06	2.14	0.96
其他土地	24.88	21.84	31.30	45.40	51.56	12.03	1.13	1.14	1.13	7.54	7.95	1.86	0.91	0.92	0.64	2.18	2.20	0.70
整体景观	3.03	2.93	2.37	13496.13	13521.78	13519.86	1.09	1.09	1.10	33.80	32.84	25.38	0.83	0.82	0.81	4.99	4.88	4.65

(二)不同林区的森林景观格局时空演变的动态变化

北京市研究区所涉及的不同林场建场时间、所处的地理位置环境及所处的城区社会经济等都存在着较大的差异,因此,森林景观空间分布格局差异显著(表5.23)。研究期内,西山、八达岭林场森林景观类型所占面积比例较大,而百花山、云蒙山、上方山林场森林景观类型所占面积比例则较小。百花山林场和上方山林场斑块密度呈现一定程度的下降,林场整体破碎化程度得到缓解;而八达岭林场、云蒙山林场的斑块密度呈现上升趋势,说明林场内人为干扰较为严重,林场整体破碎化程度增加。八达岭林场、西山实验林场的斑块密度、斑块面积均高于其他林场,说明林场内景观整体的分化程度、破碎化程度最高,景观整体的稳定性较差。就分形维数而言,五大林场的分形维数差异性较小,林场内景观类型的斑块几何形状规则程度差别不大。从景观多样性指数、均匀度指数和分离度指数分布看,横跨石景山、海淀和门头沟三区(位于中部地区)的西山林场最大(4.9、84.22、0.93),其次为延庆地区(西北地区)的八达岭林场(4.25、26.25、0.89),而位于密云和怀柔交界处的云蒙山林场(京北燕山山脉,北京东北部)其景观多样性指数、均匀度指数和分离度指数最小(0.46、1.2、0.18),故森林景观多样性指数、均匀度指数和分离度指数呈现由以中部为中心从西北向西南再向东北降低趋势。这说明西山林场森林景观类型的斑块之间分布最为分散、景观各组成成分分配最为均匀,各景观类型之间的面积比例关系趋于平衡,比例之间的差异性减小,破碎化程度和景观异质性最高。而云蒙山林场森林景观的类型分布最为集中、景观各组成成分分布最为不均匀,景观整体组分面积比例差别在增大。究其原因,主要是因为相较于其他林场,一方面西山林场地处于北京市城市功能拓展区,区位条件优越(其与香山公园、卧佛寺、碧云寺、八大处等名胜古迹相邻,构成著名的西山风景旅游区),容易受到周围景区的辐射与带动作用,受人为干扰较为严重,但另一方面作为以经营风景游憩林为主的景观生态公益型国有林场,林场内以人工经济林、游憩林、生态林为主,树种也最为多样丰富。而云蒙山林场场内除70年代人工栽植的几千亩落叶松外,其余全部为天然次生林,树龄大都在30年以上,主要树种为栎树、油松、山杨、桦树、椴树、核桃楸等,形成天然混交林,景观类型相对比较单一,空间聚集成度较高。

1. 八达岭林场森林景观变化

八达岭林场位于延庆县境内,为中山地形区,平均海拔780m,坡度多为30°~35°,土壤主要为褐土、棕壤2种类型,是华北地区山地森林的典型代表。与2004年相比,2009年刺槐林、山杨林、油松林、针叶混交林在林区出现,而栎树林通过人为改造则在林区消失。同时,除天然针阔混交林的斑块密度减小外,其他景观类型的斑块密度均有所增加。2009年各个景观类型的分形维数、均匀度指数和多样性指数较2004年变化较小,但分离度指数变化较大,其中天然针阔混交林、人工阔叶林和人工侧柏林分离度指数明显减少,人工针叶混交林和人工针阔混交林的分离度指数明显增加,其他景观类型的分离度指数变化较小。与2009年相比,2014年人工刺槐林、人工杨树林、天然山杨林、天然针叶混交林和其他人工阔叶林由于自然演替和人为改造在林区消失。除其他土地的斑块密度增加外,其他景观类型的斑块密度均显现不同程度的增加。2014年各个景观类型的分形维数、均匀度指数和多样性指数较2009年变化较小,但分离度指数变化依然较大,其中除天然针阔混交林分离度指数增加外,其他景观类型的分离度指数均呈现一定程度的减少。

表 5.23　不同林场森林景观指数变化

林场	斑块密度			斑块面积			分形维数			分离度指数			均匀度指数			多样性指数		
年份	2004	2009	2014	2004	2009	2014	2004	2009	2014	2004	2009	2014	2004	2009	2014	2004	2009	2014
八达岭林场	4.40	4.49	4.50	2941.42	2941.42	2941.49	1.11	1.11	1.08	36.20	32.40	26.25	0.86	0.84	0.87	4.16	4.11	4.25
百花山林场	1.66	1.65	1.25	1505.75	1517.55	1516.68	1.10	1.11	1.09	3.83	3.76	2.74	0.60	0.60	0.50	1.93	1.88	1.46
上方山林场	1.86	1.86	1.85	322.48	322.48	322.42	1.07	1.08	1.09	3.98	3.48	3.34	0.87	0.81	0.85	1.57	1.46	1.55
西山林场	3.65	3.54	3.46	6157.07	6157.07	6150.01	1.09	1.08	1.08	97.50	97.20	84.22	0.93	0.93	0.92	5.01	4.98	4.90
云蒙山林场	0.90	0.58	1.28	2568.18	2582.05	2582.63	1.08	1.09	1.07	1.59	1.31	1.20	0.35	0.25	0.18	1.09	0.68	0.46

表 5.24　八达岭林场森林景观指标变化

景观类型	斑块密度			斑块面积			分形维数			分离度指数			均匀度指数			多样性指数		
年份	2004	2009	2014	2004	2009	2014	2004	2009	2014	2004	2009	2014	2004	2009	2014	2004	2009	2014
人工阔叶混交林	11.45	12.05	2.40	52.39	66.39	332.67	1.09	1.11	1.09	4.12	4.46	2.46	0.88	0.79	0.66	1.57	1.66	1.18
人工针叶混交林	4.24	5.20	1.51	448.12	442.10	727.88	1.10	1.09	1.11	7.62	13.00	6.54	0.82	0.89	0.86	2.42	2.80	2.05
人工针阔混交林	3.68	4.09	2.01	380.27	489.00	398.63	1.09	1.11	1.08	8.73	9.99	5.04	0.90	0.87	0.86	2.31	2.56	1.78
天然阔叶混交林	4.73	5.46	2.41	169.13	219.70	414.31	1.12	1.10	1.08	2.84	3.30	3.66	0.68	0.68	0.71	1.41	1.69	1.63
天然针叶混交林		8.38			23.86			1.15			1.75			0.89			0.62	
天然针阔混交林	2.23	1.91	1.86	1212.80	1256.00	699.04	1.11	1.12	1.08	8.70	7.77	4.55	0.78	0.77	0.73	2.56	2.44	1.87
人工刺槐林		23.36			4.28			1.08			1.00			0.00			0.00	
其他人工阔叶林	20.90	83.33		28.70	2.40		1.16	1.19		3.31	1.65		0.81	0.84		1.44	0.58	
人工杨树林	125.00	125.00		0.80	0.80		1.11	1.11		1.00	1.00		0.00	0.00		0.00	0.00	
人工侧柏林	5.89	5.93		135.71	81.05		1.07	1.07		5.83	2.91		0.92	0.88		1.92	1.22	0.41
人工油松林	6.59	6.68	4.64	258.13	209.50	172.39	1.09	1.10	1.09	10.50	8.90	4.34	0.91	0.90	0.88	2.53	2.38	1.59
人工柞树林	7.87			12.71			1.06			1.00			0.00			0.00		
其他天然阔叶林	7.93	9.02	3.86	163.80	77.52	51.86	1.11	1.10	1.13	4.99	4.67	1.50	0.77	0.85	0.74	1.98	1.66	0.52
天然山杨林		25.38			3.94			1.12			1.00			0.00			0.00	
天然油松林		11.80	4.28		25.41	23.34		1.11	1.09		2.90	1.00		0.99	0.00		1.08	0.00
天然柞树林	6.51			46.05			1.09			2.79			0.97			1.06		
其他土地	24.88	22.86	31.30		39.37	12.78	1.16	1.16	1.13	5.35	6.09	1.86	0.89	0.89	0.64	1.85	1.96	0.70
总　计	4.40	4.49	4.50	2941.42	2941.42	2941.49	1.11	1.11	1.08	36.20	32.40	26.25	0.86	0.84	0.87	4.16	4.11	4.25

总体而言，2004～2014年林场的斑块总面积不变、斑块总密度增加，均匀度指数和多样性指数分别由0.89、4.16增加到0.92、4.25，分形维数指数和分离度指数则由1.11、36.20下降到1.08、26.25，说明整个区域森林景观类型虽斑块空间分布更为集中，但受干扰程度增加，斑块形状更为简单、规则，破碎化程度越来越严重，整体景观的异质性增强，原处于优势地位的景观类型对整个景观的控制力下降，各景观类型对整个景观的影响力力趋于均衡化（图5.10、表5.24）。造成林场整体景观格局形成这些变化的原因是：一是气候等自然环境对森林的影响以及森林群落自身的演替。研究区内的年平均降水量只有454mm，而且多集中在夏季，造成林木的春旱严重，使部分林木干梢和死亡。根据调查，截止2007年林场由于干旱等原因干枯的树木蓄积量达到492m^3（鲁绍伟，2007）。同时，2008年的雪灾对林场内的林地也造成了一定的危害。此外，在10年间森林群落自身也发生较为强烈的演替，例如：林内2009年出现了天然更新的山杨、针叶混交林和刺槐等树种，但2014年在林区内又消失。二是森林结构不尽合理。林场内的森林景观中有近2/3是纯林，大量纯林的存在造林森林生态系统的不稳定，对病虫害和自然灾害的抵抗能力降低。三是人类活动的加强。八达岭林场虽然地处生态涵养发展区，但由于地处万里长城主要关口，旅游产业蓬勃发展，受外界干扰较为严重，且林场又采取粗放式管理，导致林场内的森林处于较脆弱状态，林场整体状况较差，破碎化程度较高。

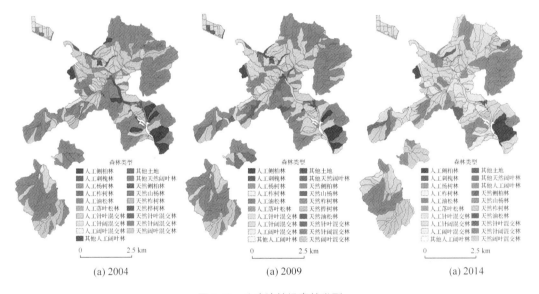

图 **5.10** 八达岭林场森林类型

2. 百花山林场森林景观变化

百花山自然保护区位于北京西郊，属太行山脉，是北京地形最高的地区，海拔2303m，是以人工林和天然次生林为主的植被分布格局。2004～2009年，天然山杨林、天然柞树林等低质林逐渐被天然阔叶林所替代。研究期内，在各种斑块类型中，人工针叶混交林和人工落叶松林的斑块密度增大，而其他景观的斑块密度均有所下降，尤以天然阔叶混交林下降幅度最大，减幅达93.6%。除天然阔叶混交林和人工落叶松林较2004年减少外，其他类型的分离度均呈现不同程度的增加，且各类型的分离度增减幅度存在较大的差异。从分形维数上看，人工落叶松林、人工油松林和天然针阔混交林的分形维数减少，其他景观类型的分形维数均有所增加。从均匀度指数上看，人工针阔混交林、人工油松林和天然桦树林的均匀度指数增加，其他景观类型的均匀度指数均有所下降。从多样性指数上看，除人工落叶松林和天然阔叶混交林的多样性指数下降外，其他景观类型的多样性指数均有所增加。2009～2014年，天然针阔混交林、天然桦树林、其他天然阔叶林在林区消失，人工阔叶混交林、人工落叶松林、天然针叶混交林等景观类型出现在林区内。除人工油松林的斑块密度大幅增加外，其他景观类型的斑块密度均呈现不同程度的下降。2014年各个景观类型的分形维数较2009年变化较小，但分离度指数、均匀度指数和多样性指数变化较大。就分离度指数和多样性指数而言，除人工针叶混交林外，各景观类型的分离度指数和多样性均有所下降。就均匀度指数而言，除人工落叶松和人工油松林外，其他景观类型的均匀度指数均呈现不同程度的增加。

　　总体而言，林场内景观的斑块总面积从2004年的1506hm²增加到2014年的1517hm²，斑块总密度由1.66块/hm²减少到1.25块/hm²，分离度指数由3.38下降到2.74；同时，分形维数、均匀度指数和多样性指数均呈现下降趋势，说明林场因人类活动而导致构成景观的要素种类消失，景观结构的多样性降低，但斑块的破碎化程度降低，有利于抵御外界的胁迫，更好地维持其健康状况（图5.11、表5.25）。从总体上看林场森林景观整体有所改善，主要有两方面原因：一是自然地理条件优越。该区由于地处生态涵养区，受中心城市的吸引与辐射影响较小，使得林场虽然受外界干扰但程度较小，这在一定程度上对林场内景观整体的布局形态、面积、密度和扩展态势产生了较大影响，且林场以人工林和天然次生林为主，林分结构趋于合理稳定。二是政策的扶持。"十一五"时期门头沟政府将发展旅游业提上日程，加大对旅游业的投入，并给予很多的优惠政策。2008年1月百花山自然保护区正式被国务院审定为全国19处新建国家级自然保护区之一，政府进一步加大对百花山林场的投入，促进保护区生态的大力发展。这些政策的实施使得百花山林场景观破碎化程度整体得到改善、景观状况得到提升。

3. 上方山林场森林景观变化

　　上方山林场位于北京房山区，平均海拔400m，地形坡陡谷，土壤为山地棕壤和淋溶褐土，拥有华北地区唯一保存完好的原始次生林。林场中天然阔叶混交林斑块面积由2004年的113.81hm²减少到2009年的21.65hm²，下降幅度达80.9%，斑块密度由2004年的1.76块/hm²增加到2009年的4.62块/hm²，增幅达162.5%；与此相反，天然针阔混交林斑块面积由2004年的48.08hm²增加到2009年的120.8hm²，增幅达151.2%，斑块密度由2004年的4.16块/hm²减少到2009年的1.66块/hm²，减幅达60.1%，但两种景观的分形维数均增加、分离度指数和多样性指数均下降，这表明林场内天然阔叶混交林和天然针阔混交林虽然在各景观中斑块所占比例差异增大，但在区域分布上较集中，斑块边界的形状趋于复杂化，人为干扰因素减小。而均匀度指数均下降则反映出这两种景观的斑块内部组成成分分布逐渐不均匀。其他景观类型的斑块密度、斑块面积、分形维数、分离度和均匀度均未发生变化。与2009年相比，2014年除天然针叶混交林、其他天然阔叶林斑块密度有较大变化外，其他景观类型的斑块密度变化不大。除天然针叶混交林的分离度指数和均匀度指数变化较大外，其他景观类型变化较小。除天然针叶混交林和天然针叶混交林的多样性指数增加外，其他景观类型的多样性指数均未发生变化。就分形维数而言，各景观类型的分形维数变化较小。

　　总体而言，2004～2014年，林场的斑块总面积不变、斑块总密度减少，分形维数增加，分离

表 5.25 百花山林场森林景观指标变化

景观类型	斑块密度			斑块面积			分形维数			分离度指数			均匀度指数			多样性指数		
年份	2004	2009	2014	2004	2009	2014	2004	2009	2014	2004	2009	2014	2004	2009	2014	2004	2009	2014
人工针阔混交林	4.15	4.10	4.03	48.21	73.15	49.60	1.07	1.08	1.09	1.37	2.47	1.98	0.64	0.91	0.99	0.44	1.00	0.69
人工针叶混交林	3.97	5.80	4.65	75.57	86.21	150.64	1.08	1.09	1.10	2.46	3.17	4.20	0.91	0.83	0.84	0.99	1.34	1.64
人工落叶松林	7.21	8.18	2.18	83.20	61.15	45.92	1.12	1.11	1.12	2.33	1.48	1.00	0.64	0.43	0.00	1.14	0.69	0.00
人工油松林	19.97	19.54	54.64	15.02	15.35	1.83	1.15	1.13	1.07	1.48	1.53	1.00	0.54	0.57	0.00	0.60	0.62	0.00
天然阔叶混交林	0.27	0.27	0.16	1098.00	1107.00	1223.03	1.09	1.12	1.11	2.09	2.05	1.80	0.80	0.71	0.92	0.88	0.78	0.64
天然针阔混交林	60.24	3.85		1.66	25.99		1.20	1.13		1.00	1.00		0.00	0.00		0.00	0.00	
天然山杨林	3.90			25.63			1.13			1.00			0.00			0.00		
天然柞树林	3.74			26.75			1.07			1.00			0.00			0.00		
天然桦树林	3.07	2.92		130.50	136.80		1.07	1.08		2.84	3.38		0.80	0.94		1.12	1.30	
其他天然阔叶林		7.96			12.57			1.16			1.00			0.00			0.00	
人工阔叶混交林			8.44			11.85			1.16			1.00			0.00			0.00
天然针叶混交林			3.02			33.16			1.08			1.00			0.00			0.00
其他土地	90.09		137.76	1.11		2.18	1.08		1.14	1.00		2.45	0.00		0.89	0.00		0.98
总计	1.66	1.65	1.25	1505.75	1517.55	1516.68	1.10	1.11	1.09	3.83	3.76	2.74	0.60	0.60	0.50	1.93	1.88	1.46

表 5.26 上方山林场森林景观指标变化

景观类型	斑块密度			斑块面积			分形维数			分离度指数			均匀度指数			多样性指数		
年份	2004	2009	2014	2004	2009	2014	2004	2009	2014	2004	2009	2014	2004	2009	2014	2004	2009	2014
天然侧柏林	3.29	3.29	3.29	30.35	30.35	30.43	1.07	1.07	1.08	1.00	1.00	1.00	0.00	0.00	0.00	0.00	0.00	0.00
天然阔叶混交林	1.76	4.62	4.54	113.81	21.65	22.02	1.07	1.09	1.09	1.86	1.00	1.00	0.94	0.00	0.00	0.65	0.00	0.00
天然针阔混交林	4.16	1.66	1.75	48.08	120.80	114.44	1.06	1.07	1.07	1.82	1.31	1.33	0.93	0.58	0.60	0.64	0.40	0.41
天然针叶混交林	0.77	0.77	1.81	130.20	130.20	110.42	1.11	1.11	1.08	1.00	1.00	1.98	0.00	0.00	0.99	0.00	0.00	0.69
其他天然阔叶林		5.14	2.22		19.45	45.03		1.04	1.10		1.00	1.00		0.00	0.00		0.00	0.00
总计	1.86	1.86	1.85	322.48	322.48	322.42	1.07	1.08	1.09	3.98	3.48	3.34	0.87	0.81	0.85	1.57	1.46	1.55

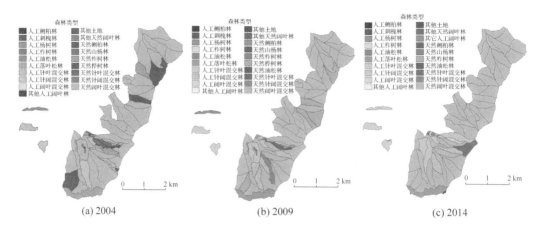

图 5.11　百花山林场森林类型

度指数、均匀度指数和多样性指数下降，说明林场整体受人为和自然的干扰程度减小、各景观类型空间分布团聚程度高，各地类间的面积比例和优势度差距增大，各景观类型组成成分分布呈现不均匀化，斑块的破碎化程度整体有所改善(图 5.12、表 5.26)。从总体上看林场森林景观整体有所改善，这主要原因是：一是其独特的地理环境、特有的山间小气候和适于林木生长的良好的生态环境。天然林集中连片分布在上方山林场，上方山全部山体为石灰岩，易生溶洞，雨水易下渗，潜水比较丰富，这对于植物生长都是非常有利的条件(鲜冬娅，2008)。二是人为保护也有密切关系。上方山林场自 1992 年正式成立以来，一直是国家专门保护的对象。另外，由于上方山特殊的地形，在山体外围形成天然屏障与外界隔离，所有人员只能从东西两侧的正式通道进入，从而避免了盗伐、放牧对山内植被的影响。

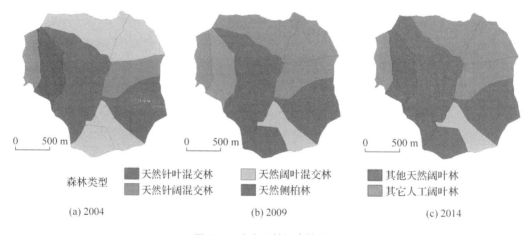

图 5.12　上方山林场森林类型

4. 西山林场森林景观变化

西山林场所处小西山属太行山系的低海拔石质山，地跨海淀、门头沟、石景山三个行政区，平均海拔 200~400m，土壤为山地褐土，属于典型的华北石质山区生态游憩林，林场内主要树种为 20 世纪五六十年代营造的人工林。与 2004 年相比，2009 年人工侧柏林、人工刺槐林和人工油松林的斑块密度增加，斑块面积减小，表明这几种景观类型的分割较为严重，破碎化程度增大。

人工针叶混交林、人工阔叶混交林和人工针阔混交林的分离度指数和多样性指数较 2004 年均有所增加，反映出这三种景观类型在地域分布上更加分散、各景观所包含的斑块类型增多；而斑块密度减少，斑块面积、香农均匀度的增加，则说明这三种景观的破碎化程度下降，且组成成分分布相对均匀。与 2009 年相比，2014 年天然针叶混交林、天然阔叶混交林和天然柞树林在林区内出现。除人工侧柏林、人工油松林的斑块密度增加外，其他景观类型的斑块密度均呈现不同程度的下降。从多样性指数上看，人工针阔混交林和天然针阔混交林的多样性指数下降，其他景观类型的多样性指数均有所增加。各景观类型的分形维数、分离度指数和均匀度指数变化较小，其中，就分离度指数而言，仅人工刺槐林的分离度指数有所上升。

总体而言，2004～2014 年林区总面积基本不变，除分离度指数大幅下降外，斑块总密度、均匀度指数、多样性指数及分形维数指数均缓慢下降，表明整个区域在研究时期内，人为干扰程度的增加虽然使得斑块的形状逐渐由复杂、不规则向简单、规则转变，各景观类型组成成分分布呈现不均匀化，但景观斑块在区域分布上也更为集中，整体破碎化程度有所改善（图 5.13、表 5.27）。这些变化的主要原因是一方面西山林场受自然地形条件的影响，西山土层较薄，土壤中石砾含量多，立地条件较差，不利于造林和树木；同时该区地处于北京市城市功能拓展区，区位条件优越容易受到周围景区的辐射与带动作用，使得林场受外界干扰较为严重。但另一方面，自 2002 年林场开展中幼林抚育工程以来，林场大规模营造易存活且较好的林地（如混交林的大面积培育），经过林场多年的精心培育，林木生长趋于良好，林相整齐，林场内人工营造的林分结构趋于更加合理稳定的方向发展（以人工经济林、游憩林、生态林为主，树种多样、针阔混交；天然种群侵入混杂、生态稳定）。

5. 云蒙山林场森林景观变化

云蒙山林场位于密云县西北部，大部分山地以中、低山为主，海拔 600～1414m，山地坡度大，阳坡陡且裸岩多，是北京地区特有的中山地貌国家级森林公园。2004～2009 年，天然针阔混交林和天然柞树林的斑块密度和斑块面积变化较大，其中天然柞树林的斑块面积大幅减少、斑块密度增加，这表明该景观分割较为严重，破碎化程度增大。2009 年分离度指数除天然阔叶混交林较 2004 年增加外，其他景观类型的分离度指数均下降。而均匀度指数均呈现不同程度的下降，反映出林区所有景观类型的不均匀程度加大，其内部组成成分分布逐渐不均匀。除其他天然阔叶林的多样性指数有所增加外，其他景观类型的多样性指数均呈现不同程度的下降。从分形维数上看，2009 年研究区除了天然阔叶林变化较大，其他各景观类型的分形维数都较 2004 年稳定发展，变化幅度较小。呈降低趋势的除了天然阔叶林之外还有天然阔叶混交林，人工阔叶和天然柞树林景观类型的分形维数稍有增大，而人工针阔混交林和天然针阔混交林的分形维数则保持不变。2009～2014 年，人工针阔混交林和其他天然阔叶林在林区消失，天然针叶混交林、人工杨树林和天然山杨林出现在林区。各景观类型的斑块面积和斑块密度均发生较大，分形维数、分离度指数和均匀度指数变化较小。从斑块密度来看，除人工阔叶混交林和天然阔叶混交林的斑块密度增加外，其他景观类型的斑块密度均呈现不同程度的下降。从分形维数来看，阔叶混交林的分形维数有所增加，天然针阔混交林和天然柞树林的分形维数未发生变化。各景观类型的分离度指数、多样性指数和均匀度指数均呈现一定程度的下降。

总体而言，斑块总面积从 2004 年的 2568hm² 增加到 2014 年的 2582hm²，斑块总密度由 2004 年

表 5.27　西山林场森林景观指标变化

景观类型	斑块密度			斑块面积			分形维数			分离度指数			均匀度指数			多样性指数		
年份	2004	2009	2014	2004	2009	2014	2004	2009	2014	2004	2009	2014	2004	2009	2014	2004	2009	2014
人工侧柏林	3.70	3.97	4.26	811.88	604.90	563.88	1.08	1.09	1.08	17.29	14.70	14.50	0.91	0.92	0.92	3.10	2.91	2.92
人工刺槐林	5.00	5.22	4.55	419.88	383.00	439.93	1.08	1.08	1.08	15.50	14.70	15.15	0.94	0.94	0.94	2.85	2.80	2.82
人工阔叶混交林	4.48	3.90	3.39	692.64	923.70	1180.81	1.09	1.08	1.08	22.13	25.60	23.53	0.94	0.95	0.93	3.24	3.39	3.39
人工油松林	5.59	5.74	6.26	339.94	331.00	335.38	1.10	1.10	1.09	13.03	12.50	12.88	0.92	0.90	0.90	2.70	2.65	2.69
人工柞树林	4.90	4.10	5.48	142.91	24.41	18.23	1.10	1.08	1.09	5.99	1.00	1.00	0.96	0.00	0.00	1.86	0.00	0.00
人工针阔混交林	3.89	3.73	4.24	1053.80	1233.00	448.04	1.08	1.08	1.07	22.19	24.80	12.91	0.92	0.92	0.92	3.39	3.51	2.71
人工针叶混交林	2.54	2.51	2.10	1773.30	1796.00	2329.68	1.09	1.09	1.08	20.15	21.40	18.77	0.88	0.90	0.87	3.35	3.37	3.38
天然针阔混交林	2.89	2.57	2.13	450.12	388.90	94.01	1.09	1.09	1.10	2.74	2.11	1.48	0.64	0.56	0.73	1.64	1.29	0.50
其他人工阔叶混交林	3.25	3.25	3.25	461.81	461.70	461.09	1.08	1.08	1.08	8.36	7.33	6.33	0.88	0.85	0.84	2.39	2.31	2.31
天然针叶混交林			11.89			8.41			1.08			1.00			0.00			0.00
天然阔叶混交林			5.70			105.24			1.08			3.47			0.83			1.48
天然柞树林			6.99			28.62			1.10			1.98			0.99			0.69
其他土地	18.12	18.12	18.10	11.04	11.04	11.04	1.05	1.05	1.06	1.83	1.83	1.82	0.93	0.93	0.93	0.65	0.65	1.53
总计	3.65	3.54	3.46	6157.07	6157.07	6150.01	1.09	1.08	1.08	97.50	97.20	84.22	0.93	0.93	0.92	5.01	4.98	4.90

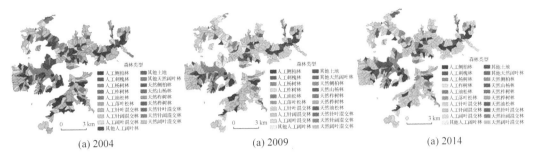

图 **5.13**　西山林场森林类型

的 0.90 块/hm² 增加到 2014 年的 1.28 块/hm²，分形维数、均匀度指数、多样性指数、分离度指数
均呈现下降趋势，这说明森林景观形状从规则变得越来越不规则，斑块活动强烈，破碎化程度趋
于明显，林场景观类型组成成分分布逐渐不均匀、异质性程度降低，但景观类型斑块空间分布依
然趋于集中化(图 5.14、表 5.28)。究其原因，主要是因为一方面自 1972 年建立国营林场后，经
过近几十年的封山育林，人工林面积不断扩大，森林覆盖率迅速提高，达到 90% 以上，植被逐渐
形成了以人工林和天然次生林为主的分布格局，生态环境得到改善。但另一方面由于云蒙山林场
大部分山地以中、低山为主，坡度低的地方有较多的人为干扰因素，对森林的生长空间及生长条
件造成不利的干扰，原来较大的自然斑块(如天然针阔混交林)不断被改造成为许多较小的斑块，
林区部分景观状况未得到有效改善。

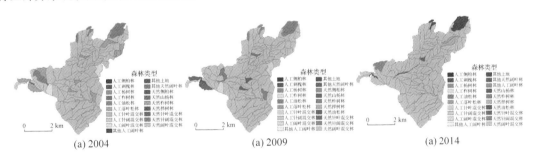

图 **5.14**　云蒙山林场森林类型

(三)森林景观结论

借助景观格局指数分析方法，定量化分析研究区 10 年来景观格局时空演变的基本特征及作
用机制，结果表明：

(1)研究区森林景观的均匀度指数、多样性指数和分离度指数呈下降趋势，斑块面积呈增加
趋势、斑块密度呈下降趋势，分形维数呈上升趋势，说明虽然研究区整体受干扰程度增加，但各
景观类型组成成分分布呈现不均匀化，优势景观单一类型比较突出，控制整体景观的生态作用增
强，空间分布上团聚程度较高，森林景观破碎化程度得到改善。

(2)研究区的不同景观类型空间分布分异特征明显。百花山林场和上方山林场斑块密度呈现
一定程度的下降，而八达岭林场、云蒙山林场的斑块密度呈现上升趋势；八达岭林场、西山实验
林场的斑块密度、斑块面积均高于其他林场；西山林场景观的分离度指数、均匀度指数和多样性
指数最高，云蒙山林场景观的分形维数、分离度指数、均匀度指数和多样性指数最低，空间上呈

表 5.28　云蒙山林场森林景观指标变化

景观类型	斑块密度			斑块面积			分形维数			分离度指数			均匀度指数			多样性指数		
年份	2004	2009	2014	2004	2009	2014	2004	2009	2014	2004	2009	2014	2004	2009	2014	2004	2009	2014
人工阔叶混交林	2.95	2.88	3.94	67.76	69.51	25.39	1.05	1.06	1.33	1.99	1.98	1.96	1.00	0.99	0.99	0.69	0.69	0.00
人工针阔混交林	16.58	16.58		6.03	6.03		1.07	1.07		1.00	0.99		0.00	0.00		0.00	0.00	
天然阔叶混交林	0.14	0.15	0.04	2126.10	2266.00	2354.11	1.12	1.10	1.16	1.10	1.21	1.23	0.19	0.06	0.05	0.21	0.04	0.00
天然针阔混交林	3.46	3.81	2.51	144.60	105.10	39.77	1.07	1.07	1.07	2.53	1.56	1.52	0.71	0.53	0.51	1.14	0.73	0.00
天然柞树林	4.55	5.21	2.19	219.59	57.61	45.71	1.08	1.09	1.07	7.83	2.62	2.31	0.94	0.93	0.90	2.16	1.02	0.00
其他天然阔叶林	47.17	3.85		4.24	77.95		1.16	1.09		1.83	1.67	1.41	0.93	0.66	0.62	0.65	0.73	
天然针叶混交林			12.48			8.01			1.07			1.32			0.78			0.00
人工杨树林			26.69			3.75			1.12			1.41			0.65			0.00
天然山杨林			104.69			0.96			1.12			2.50			0.42			0.00
总　计	0.90	0.58	1.28	2568.18	2582.05	2582.63	1.08	1.09	1.07	1.59	1.31	1.20	0.35	0.25	0.18	1.09	0.68	0.46

现由以中部为中心从西北向西南再向东北降低趋势。

（3）典型林场研究发现：天然林集中连片分布在上方山林场，景观类型结构单一；西山林场则以人工经济林、游憩林、生态林为主，树种多样、针阔混交，生态稳定；云蒙山林场和百花山林场是以人工林和天然次生林为主，林分结构趋于合理稳定；而八达岭林场主要以纯林居多，森林结构不尽合理。

（4）五大林场森林景观格局变化是地形、地貌、气候变化等自然条件、森林群落自身的演替、人类活动等因素综合作用的结果，各因素的作用方式、作用程度和作用效应不同。八达岭林场受干旱、雪灾等自然灾害及人为干扰较为严重，导致林场整体景观破碎化程度增加，斑块形状更为规则、简单；百花山林场由于自然地理条件优越、受中心城市的吸引与辐射影响较小及林业政策的大力扶持，使得林场整体景观破碎化程度得到改善、景观状况得到提升；上方山林场地理位置、地形、地质条件特殊、人为干扰因素较少及政府的专门保护，各森林景观类型空间分布更为集中且整体破碎化程度得到改善；西山林场区位条件优越，容易受到周围景区的辐射与带动作用，导致林场受人为干扰较为严重，但林场大规模营造易存活且较好的林木，使得林场内人工营造的林分结构趋于更加合理稳定的方向发展；云蒙山林场林区承受的旅游环境和人为干扰压力增加，林场内部分景观破碎化程度增加。

第四节
小　结

（1）北京市市域研究发现：2000～2015年森林生态安全评估值的变化趋势大体分为三个阶段，缓慢上升、起伏变化和迅速上升阶段。其中，状态评估值仍以改善为主；而压力评估值逐年上升严重影响森林生态安全；响应评估值呈大幅波动，但上涨幅度大于下降幅度。

（2）典型林场研究发现：天然林集中连片分布在上方山林场，景观类型结构单一；西山林场则以人工经济林、游憩林、生态林为主，树种多样、针阔混交，生态稳定；云蒙山林场和百花山林场是以人工林和天然次生林为主，林分结构趋于合理稳定；而八达岭林场主要以纯林居多，森林结构不尽合理。

（2）景观研究发现：说明虽然研究区整体受干扰程度增加，但各景观类型组成成分分布呈现不均匀化，优势景观单一类型比较突出，控制整体景观的生态作用增强，空间分布上团聚程度较高，森林景观破碎化程度得到改善。其中八达岭林场、西山林场和云蒙山林场人为干扰较为严重，林场整体破碎化程度增加；百花山林场和上方山林场的景观状况得到一定程度的改善。五大林场森林景观格局变化是地形、地貌、气候变化等自然条件、森林群落自身的演替、人类活动等因素综合作用的结果，各因素的作用方式、作用程度和作用效应不同。

（3）小班研究发现：在研究期北京市小班森林健康状况整体得到改善。混交林的健康状况要好于单一纯林，经济林的小班森林生态系统相对比较脆弱，幼龄林健康状况较差。小班健康状况较好地区多集中在北京的生态涵养区，包括东北部的云蒙山林场、西北部的百花山林场和八达岭林场。地处林场边界和交接地带的小班由于受外界干扰严重，其健康状况一般较差。

参考文献

[1] Gower S T, Vogt KA, Grier C C. Carbon dynamics of Rocky Mountain Douglas-Fir: Influence of water and nutrient availability[J]. Ecological Monographs, 1992, 62(1): 43 – 65.

[2] 甘敬. 北京山区森林健康评价研究[D]. 北京: 北京林业大学, 2008.

[3] 胡海胜, 魏美才, 唐继刚, 等. 庐山风景名胜区景观格局动态及其模拟[J]. 生态学报, 2007(11): 4696 – 4706.

[4] 胡阳. 基于 WebGIS 的森林健康评价研究[D]. 北京: 北京林业大学, 2012.

[5] 黄宝荣, 欧阳志云, 郑华, 等. 生态系统完整性内涵及评价方法研究综述[J]. 应用生态学报, 2006, 17(11): 2196 – 2202.

[6] 蒋桂娟. 金沟岭林场云冷杉林健康评价研究[D]. 北京: 北京林业大学, 2012.

[7] 李哈滨, 王政权, 王庆成. 空间异质性定量研究理论与方法[J]. 应用生态学报, 1998(6): 93 – 99.

[8] 李文华, 等. 生态系统服务功能价值评估的理论、方法与应用[M]. 北京: 中国人民大学出版社, 2008

[9] 廖力勤, 袁胜, 罗仕特. 广西里骆林场森林景观格局分析[J]. 中南林业调查规划, 2016, 35 (3): 33 – 38.

[10] 鲁绍伟, 陈吉虎, 余新晓, 等. 北京市八达岭林场森林健康经营研究[J]. 水土保持通报, 2007(3): 127 – 131.

[11] 蒙艳. 维都林场森林健康评价研究[D]. 长沙: 中南林业科技大学, 2015.

[12] 王宪礼, 肖笃宁, 布仁仓, 等. 辽河三角洲湿地的景观格局分析[J]. 生态学报, 1997(3): 317 – 323.

[13] 文定元, 周国林. 森林防火[M]. 长沙: 湖南科学技术出版社, 1987.

[14] 吴延熊. 区域森林资源预警系统的研究[D]. 北京: 北京林业大学, 1998.

[15] 鲜冬娅. 北京上方山植物多样性及保护研究[D]. 北京: 北京林业大学, 2008.

[16] 肖笃宁, 陈文波, 郭福良. 论生态安全的基本概念和研究内容[J]. 应用生态学报, 2002, 13(3): 354 – 358.

[17] 肖风劲, 欧阳华, 孙江华, 等. 森林生态系统健康评价指标与方法[J]. 林业资源管理, 2004(1): 27 – 30.

[18] 谢春华. 北京密云水库集水区森林景观生态健康研究[D]. 北京: 北京林业大学, 2005

[19] 余新晓, 牛健植. 景观生态学[M]. 北京: 高等教育出版社, 2006.

[20] 朱海涌, 李新琪, 仲嘉亮. 基于 CA – Markov 模型的艾比湖流域平原区景观格局动态模拟预测[J]. 干旱环境监测, 2008(3): 134 – 139.

第六章
北京市森林生态安全格局演变的驱动机制

森林生态系统的空间结构是一种复杂的人类政治、经济、社会活动在历史发展过程中交织作用的物化表现，是在特定空间环境条件下，人类活动和自然因素相互作用的综合反映。森林生态系统作为一个开放的复杂系统，其安全格局的演变必然受到自然、社会经济、资源以及政策等诸多要素的共同作用。本章侧重应用地理学、经济学及生态学等理论，结合北京地区的现状与特点，揭示森林生态安全格局演变的驱动机制，分析典型林场发展演进的时空规律和动力机制。研究借鉴了国内外有关森林生态安全研究先进的思想理念和有效的方法途径，对森林生态安全影响因素进行了全面深入的研究，开辟了森林生态安全研究的新领域，是一项新的突破。

第一节
森林生态安全格局演变的理论框架

研究北京市森林生态安全格局的演变机制对建立健康安全的森林生态体系，维护首都生态安全，打造适宜人类生活居住的美好环境有着重大意义。本章从理论层面，研究森林生态安全格局演变的驱动机制，在运用统计数据的基础上，对北京市森林生态安全格局的发展现状进行分析评价。从内部驱动和外部影响两个方面归纳分析森林生态安全格局演变的影响因素，并将其划分为四大类：森林资源禀赋、自然本底条件(气候、地形地貌)、社会经济发展(城市化和工业化等)和政府宏观调控。正是在这些相互关联和耦合的因素共同作用下，土地利用、景观格局和生态环境不断发生变化、动植物生长受到影响，导致森林生态系统的结构、功能、平衡等发生改变，最终使得森林生态安全格局不断演变(图6.1)。在实证层面，以北京市八达岭、十三陵、西山和松山林场为典型区域，开展实地调查研究，剖析林场森林生态安全演化发展规律、影响因素与动力机制，深入分析当前四大国有林场森林生态安全现状，以及发展历史和发展过程中存在的问题。对比分析北京市不同林场森林生态安全格局演化的驱动力组合、作用方式、作用路径和阶段性特征。并在此基础上，明确了未来林场建设的目标与原则，提出了林场森林生态建设的主导模式、发展战略，为政府进一步优化北京市森林生态安全格局、维护森林生态安全、提高森林资源可持续利用提供了科学理论指导和政策决策依据。同时也可为其他地区的森林生态建设提供参考，为我国森林生态安全的持续深入研究奠定了坚实的实证基础。

　　本章节不但进行了大量深入的理论研究，而且进行了一系列与本书密切联系的实践活动，形成了理论研究与实践探索并行的显著特点，从而使得本书的研究具有较高的可信性和应用推广价值。

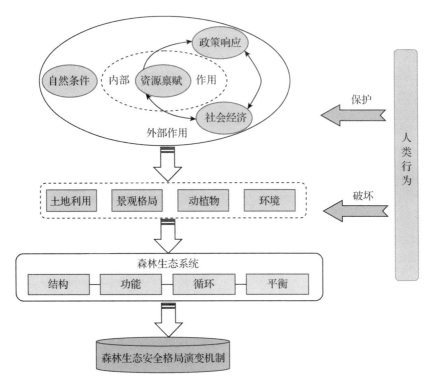

图6.1　森林生态安全格局演变的理论框架

第二节
自然本体条件对森林生态安全格局演变的作用

一、自然本体条件与森林生态安全演变的作用机理

　　全球气候变化已经对自然环境及人类的社会生活造成了重大的影响，其中森林生态系统受气候和地形的影响较为明显。国际林业研究机构联合会在2009年得出了一个基本结论：气候变化将显著地改变森林生态服务的供应水平和质量。地形作为重要的环境因子，其存在的差异也影响着森林植被格局的变化。森林作为重要的陆地生态系统，具有高度的复杂性、脆弱性和敏感性，在维持生态系统的稳定，保护生态环境方面发挥着重要作用。因此，无论从科学发展还是国民生态环境建设的角度，都应当重视自然本体条件对森林生态安全演变起到的作用。

　　自然本体条件对森林生态安全的影响体现在两个方面：一是气候因子中，降水、气温、光照等因素的变化直接或间接对森林生态系统的植被分布、火灾状况、虫害爆发、木材产量和生物多样性等诸方面产生重要影响，进而导致森林生态安全发生变化。二是地形通过自身的形态特征、海拔高度、起伏程度、地面坡度、物质组成和坡向分布等差异，制约着光、热、水的再分配及地面物质的迁移过程，影响着生态系统的演替与自然资源的分布(图6.2)。

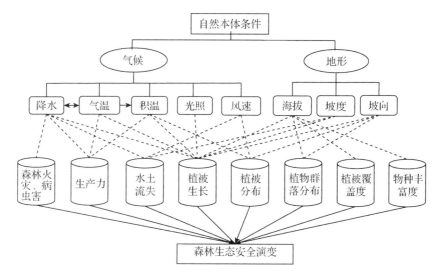

图 **6.2** 自然本体条件与森林生态安全演变的作用机理

二、气候对森林生态安全的影响

森林生态安全与气候因子的相互作用过程是科学领域的研究重点和热点之一。已有研究表明，气候对森林生态系统的影响包括：植被类型的地理分布、树木生理过程、生长发育、生态系统的结构、功能以及退化的森林生态系统的恢复和重建等(吴卓，2014；朱建华等，2007)。在众多影响因子中，气候因子特别是降雨和气温在很大程度上决定了植被的类型、产量和植物残体的分解过程(张勇等，2008)。因此，本章从降水、气温、积温等五个要素分析气候对森林生态安全格局演变的驱动机制。

1. 年降水量

降水量是指从天空降落到地面上的液态和固态(经融化后)降水，没有经过蒸发、渗透和流失而在水平面上积聚的深度。降水量是衡量一个地区降水多少的数据，通常用年降水量来描述气候，并用等降水量线来划分各个干湿区域。已有研究表明，降水是植物生长和森林物种分布的重要限制性因子(肖风劲，2003；李俊清，2008)。《中国植被》认为年降水 500mm 以上(干燥度<1)为森林区。年均降水量 400mm 以上地区主要为乔木林；400~200mm 地区主要是灌木适生区。降水对森林生态安全的影响主要体现在：①降水影响着森林生产力，森林的生产力随年平均降水的增加而呈非线性增加。②降水量影响着森林火灾的发生率。春季和秋季时期降水少，土壤含水量低，枯枝落叶干燥，易导致森林火灾发生(翟中齐，2003)；夏季降水量较大，该季节内，森林火灾发生率较春、秋季节明显减少。③降水影响着森林病虫害的发生。降水量少的地区易发生干旱，干旱地区的树木树汁稠密，有效影响成分高，虫体发育快，繁殖率高，使得森林病虫害发生率高，进而导致森林生态安全受到威胁。④降水强度对森林生态安全的影响。降水强度过大会引

起水土流失，不利于林木生长和成活，导致森林质量下降，从而降低森林生态安全稳定性。

随着城市规模不断扩大，受全球及区域尺度气候变化的影响，北京市降雨结构发生了较大的变化。在空间上，北京地区的降水受地形的影响呈现出空间分布不均的特点：大致以军都山脊和笔架——东灵山脊为一连线，其南侧和东侧，雨水丰沛，年降雨量大于600mm，降雨量最大的地方位于密云、平谷一带，降雨量均达到650mm。山脊线以北，干旱突出，年降雨量大部分地区不足550mm，延庆盆地的康庄，多年平均雨量仅417mm，东南地区的暖湿空气受燕山、太行山的抬升，在山前迎风坡形成多雨区，背风坡则形成少雨区(申元村，1985；徐宗学等，2006)(图6.3)。

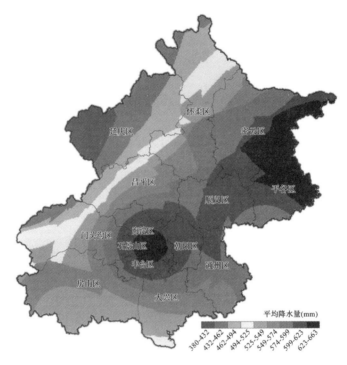

	平均降水量(mm)
380-432	432-462	462-494	494-525	525-549	549-574	574-599	599-623	623-663

图6.3 北京地区降水分布

在时间上，①北京地区的年均降雨量降水量呈现下降趋势，且明显地呈现出年际变化大的特点。降雨量由1978年的665mm下降至2015年的458mm，平均每年减少5.6mm，在1999年出现最小值267mm，1994年出现最大值813mm，最大降雨量与最小降雨量相差546mm(图6.4)；②该地区的降雨存在季节分配不均的特点，夏季高温多雨，冬季寒冷干燥，降水量集中在夏半年(4～9月)，占年雨量的90%以上。冬半年(10～3月)雨量不足10%，降水形式常以暴雨出现(霍亚贞等，1987)；③降雨日变化特征，夏季降雨多集中于傍晚至午夜之间，中午前后为降雨最小时段；极端降水呈现下降趋势；④降雨级别特征。从区域平均而言，小雨级别的降水事件发生率表现为持续下降趋势，并且经历了1993～2003长期的显著下降趋势，而其他等级降水事件发生率则有所上升。从降水贡献率角度分析，小雨、中雨和大雨则经历先降后升的趋势，暴雨及大暴雨则表现为先升后降(宋晓猛等，2015，徐宗学等，2006)。

2. 气 温

气温，是指在野外空气流通、不受太阳直射下测得的空气温度(一般在百叶箱内测定)。气温

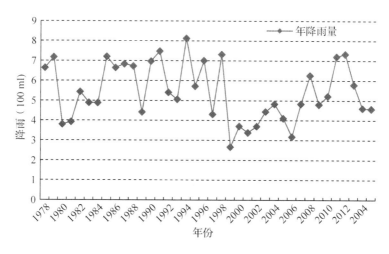

图 6.4　北京市 **1978~2015** 年年降雨量

是导致森林生长季开始时间、生长季长度变化和森林蓄积量增长的重要因素之一(徐凯健等，2015；翟建文等，2001)。气温对森林的影响是与平均降水共同作用产生的：在气温较低热量不足的条件下，当区域内降水较多时，到达地表的太阳辐射能相对减少，植被的产量随湿润度的增加不断下降，森林生产力随年平均降水和平均气温的增加而呈非线性增加。由于降水对植被生长季的影响具有一定程度的滞后性，气温对植被生长变化的作用较降水而言更为显著。此外，气温对森林生态安全的影响具有两面性。一方面，气温的升高可延长树木生长季，提高森林生产力，但另一方面可能会引发倒春寒甚至春季冻害，从而降低森林生态安全。极端天气气候是指天气(气候)的状态严重偏离其平均态。极端天气气候造成的季节性升温及干旱等气候事件，对地表植被生长、生产力及碳循环的变动有较大的影响，主要体现为，树木会因经受不住极端最高温度或极端最低温度的影响而死亡。随着全球气候变暖，极端气候事件的发生强度和频率增加，导致森林灾害发生的频率和强度增加，危及森林的安全(朱建华等，2007)

在空间上，北京市气温等值线分布与山脉等高线走向趋势一致，平原和山区交界地带等温线密集(图6.5)。以长城为界，长城以南年均温在10℃以上，平原和浅山区的年均温在10~11.5℃，山前暖区年均温最高为12℃，位于昌平区。长城以北的山区年均温在10℃以下，延庆年均温为8.4℃，地处长城以内的昌平区和长城以外的延庆区两地相距不到30km，高差相差400m，年均温相差3.4℃(霍亚贞，1987)。北京地区的气温还受地形因素的影响，随着海拔的上升而下降。军都山南麓和东麓山前地带，气温最高，年均温11.5~12.3℃，随着地势的升高，气温不断下降，丘陵低山气温9.0~11.0℃，中山气温低于8.0℃，海陀山、东灵山等中山顶部年均气温仅约2.0℃(表6.1)。

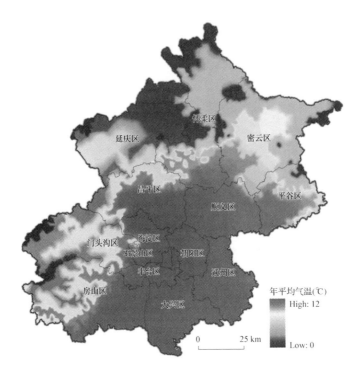

图 6.5   北京地区气温状况

表 6.1   北京市不同海拔温度情况

海拔 （m）	地形区域	年均温度 （℃）	1 月最低温度 （℃）	7 月最高温度 （℃）
20～60	平原	＞12	−5	25～26
100～500	丘陵、缓坡、低山区	8～11	−9～−6	23～26
500 左右	延庆盆地	8～10	−9	22
1000～1500	山地	＜7	−10	22
2000 以上	东灵山、海陀山	2	−14	19

　　在时间上，谢庄等（1994）通过对北京地区 120 年气温资料的分析发现：①年和季的平均气温变化有着明显的一致性，1920 年是个转折点，前期偏低，后期偏高。近 40 年年平均气温基本为持续上升趋势，由图 6.6 可知，1978～2015 年，北京市的年均气温从 1978 年的 11.6℃上升至 2015 年的 13.7℃，平均每 10 年增温 0.2℃，年均增长率为 0.43%；②年、季极端气温差值距平在 1972 年以前以正距平为主，1972 年以后以负距平为主。极端最高气温 40 年代呈偏高趋势；50～70 年代偏高偏低交替出现；80 年代以偏低为主要趋势。极端最低气温在 1940～1953 年期间主要呈偏低趋势；1973～1989 年期间全部为正距平，为持续偏高趋势，与季平均气温 70 年代后出现的持续增暖趋势一致。50 年来差值持续变小；③气温的年变化表现为，1 月份是一年内气温最低的月份，月平均气温为 −4.6℃。以后气温逐渐上升，3 月份上升到 0℃以上，7 月达到高峰为 26℃。以后气温又逐渐下降，12 月降到 0℃以下。气温年均差在 30℃以上，最大达 32.3℃（汤河口）。冬、夏

季月际之间温差较小约 ±2℃，而春秋季月际之间的温差达 ±9℃，说明北京地区的春秋季天气变化剧烈。

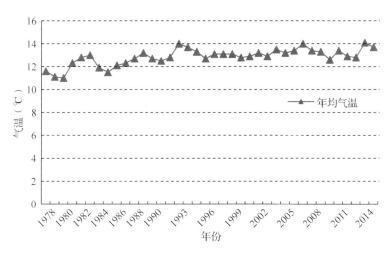

图 **6.6**　北京市 **1978～2015** 年年均气温

3. 积　温

积温指某一时段内逐日平均温度累加之和，是研究温度与生物有机体发育速度之间关系的一种指标，从强度和作用时间两个方面表示温度对生物有机体生长发育的影响。简言之，积温是衡量植被生长发育过程热量条件的一种标尺。积温主要是通过影响植被的生长，从而间接对森林生态安全产生影响。有学者利用我国 334 个气象台站和 1982～1994 年 NOAA－AVHRR 卫星数据，通过相关分析研究了我国 4～7 月份各气候区域活动积温对地表植被的影响。结果显示，不同的气候区域和月份积温对地表植被的作用程度明显不同。4 月份，在我国北温带、中温带和高原气候区，气温正处于回升时期，地表植被也刚刚开始萌生，植被生长对活动积温的要求较高，前期活动积温的累计天数都在 15～25d 之间；5、6、7 月，随着我国广大地区植被的生长，我国南北地区对积温的敏感性也出现了显著的差异，在北部地区，前期活动积温的累计天数较长，这一方面是因为降水量适合于植被的生长，积温成为影响植被生长的主要因素，另一方面由于我国北方地区气温本身就较低，前期积温直接影响植被的生长；在我国南部地区，这一时期基本进入雨季，日照时数减少，从而反映出植被覆盖指数（NDVI）对积温变得非常敏感，最大相关系数基本出现在前期 5～25d 之间，这说明 5～7 月份积温是影响我国南方植被生长的主要因素。已有研究表明，活动积温在时间尺度分布上基本呈现无规律分布，因此通过积温来预测地表植被的生长状况效果不一定最好，需要根据本地的数据分析结果建立关系，进而研究该地区积温对森林生态安全的影响（徐兴奎等，2003）。

积温有两种，即活动积温和有效积温。活动积温：每种植被都有一个生长发育的下限温度（或称生物学起点温度）。低于下限温度时，植被便停止生长发育，但不一定死亡；高于下限温度时，植被才能生长发育。我们把高于生物学下限温度的日平均气温值叫做活动温度，把植被某个生育期或全部生育期内活动温度的总和，称为该植被某一生育期或全生育期的活动积温。就绝大多数植被而言，活动积温和活动气温天数是影响植被物候和植被物种分布的两项重要的能量要素，活动积温高、活动气温天数长意味着植被生长期相对较长，因此植被的适应性调整实际上是活动积温和天数的综合作用结果。(徐兴奎等，2009)。将活动温度与生物学下限温度之差逐日累加之和叫做某阶段的有效积温。与活动积温相比，有效积温更能反映植物生育期间对热量的要求，不同科属的植物需要的有效积温不等，一般起源于或适于高纬度地区种植的植物所需有效积温较少，反之较多(赵斌斌等，2014)。

由于北京地貌复杂，热量资源分布有显著的差异(图6.7)，沿西山军都山的山前广大平原区(海拔小于100m)为暖区。活动积温均大于4000℃，其中以海淀、朝阳、丰台、大兴、通州等区为最暖，几个暖区中大兴区、通州区暖区面积最大，活动积温均在4000℃以上，是北京热量资源最丰富的区域。平原与山区的过渡地带，热量梯度较大，随海拔高度的增加，每升高100米，积温减少159℃。低于500m以下的浅山、丘陵区，全年总热量在3900℃~4400℃之间；高于500m以上山区，积温小于3800℃；百花山、东灵山，海坨山等深山区热量随高度迅速减少，积温低于3000℃，是北京地区积温最少的区域(霍亚贞等，1987)。有关积温变化的研究结果表明，华北地区积温的大小、持续期的长短与平均气温关系密切，若年平均气温升高1℃，则T≥0℃的积温将增加117~252℃·d，持续期将大约延长5~13.5d(毛恒青等，2000)。北京地处华北地区，因此，该地区的积温也将受到平均气温变化的影响，随平均气温的增加而线性增加。

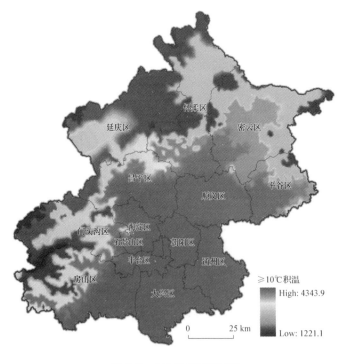

图6.7　北京地区积温状况

4. 光　照

光照是植物进行光合作用积累物质的首要条件，是森林生态系统形成的基础能量来源。森林树木通过光合作用将光照的部分能量转化为生物化能储存在森林生态系统中，用来维持森林生态中全部动植物的生物量及生命过程。日照时数是指太阳每天在垂直于其光线的平面上的辐射强度超过或等于120W/m²的时间长度，其长短是影响植被生长的外界条件（袁珍霞，2010；李耀辉，2004）。日照时数和光照强度的增加，将有利于阳性植物的生长和繁育，日照时数越长，越有利于植被的生长发育，森林生态安全程度越高。但对于耐阴性植物来说，其生长将受到严重的抑制，尤其是其后代的繁育和更新将受到强烈的影响。另一方面，日照与高温的叠加效应将导致植物蒸腾加快，水分丧失过多，从生理上限制树木的生长量，进而影响森林生态安全。

　　北京位于北纬40°附近，夏至太阳高度角最大，白昼最长，冬至太阳高度角最小，白昼最短。受地形等因素影响，日照时数在地区上有明显差异，最大值在密云区古北口，年均2822h；其次是延庆，年均2813h；最小值在房山区霞云岭，年均2063h。整个地区年均日照时长为2000~2800h。

　　根据图6.8可看出，1978~2015年，北京市的年日照时数变化呈波动性下降趋势。从1978年的2865.4h减少至2015年的2420.2h，平均每年减少12.0h，期间，2003年和2006年的年日照时长均未超过2300h，分别为2260.2h和2192.7h。

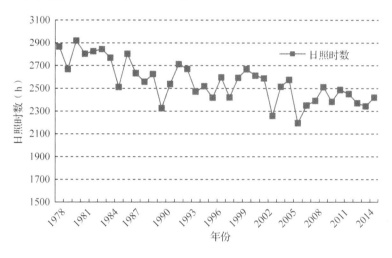

图6.8　北京市1978~2015年年日照时数

5. 风　速

　　风速是指空气相对于地球某一固定地点的运动速率，风的级别是根据风对地面物体的影响程度而确定的。风力一直以来被认为是影响森林生态安全的一个重要的因素，因为风传递着水蒸气、热能、花粉、孢子和植物的种子，此外风还能产生静电，影响蒸发和蒸腾。风与森林之间存在着相互作用和相互影响的关系。一方面，森林以其枝叶和聚积枯落物庇护表层沙粒，避免风的直接作用；植被作为障碍物使地面粗糙度增大，大大降低近地层风速，同时，植被还能促进地表形成"结皮"，增强抗风蚀能力，起到防风固沙的作用。植被覆盖度越大，风速降低值越大（江泽慧等，2008）。另一方面，强风则会侵蚀土壤、破坏树木和森林（拔根、折断、植冠损伤），树木的受损度随着风速的增加而线性增加。树木在低于17.5m/s的风速下损伤较小，当风速在33m/s以上时，经常发生茎折和拔根（奚为民，2009；房用，2012）。某一地区的长期风力作用对树木的生长、形态、生理过程会产生强烈的影响，它不仅会造成植被生长地区的水土流失，降低林木的质量和数量导致木材的损失，而且会扰乱森林生态系统的生态状况，进而影响森林的生态功能和森林生态安全的稳定性。

　　北京地区的风向有明显的季节性变化。冬季盛行偏北风，夏季盛行偏南风。山区因地形复杂，风向与山脉、河谷的走向关系极为密切，有明显的地域性。古北口地处潮河谷地，该河呈东北—西南走向，因此，冬季盛行东北风，夏季盛行西南风；延庆有官厅水库，以西南—东北走向伸入盆地内，又有隘口与昌平相通，因此，冬季以西南风为主，夏季以东南风为主；房山区霞云岭为向南开阔的谷地，终年盛行南风。总之，风向随地形而变化，最多风向常与河谷走向一致，南部平原区，地势开阔风向的季节性变化显著(图6.9)。年平均风速在1.8~3m/s之间。风速受地理环境的影响较大。城区、谷地、盆地年平均风速较小，如霞云岭为1.8m/s，城区为2.5m/s；山区和风口处风速较大，延庆、古北口都为3m/s；海拔1000m以上佛爷顶年平均风速最大为5.7m/s。全年以春季风速最大，冬季次之，夏季风速最小。以北京气象台为例：4月份平均风速3.4m/s，8月份平均风速1.5m/s，相差一倍以上，唯有延庆、昌平冬季风速大于春季风速。该地区风速的日变化表现为，在一日内风向风速有周期性的变化称风的日变化。当大范围内水平气压场较稳定时，北京平原区受山谷风的影响，夜间为偏北风，白天为偏南风。北风转变为南风的时间一般在10点左右，春夏季有所提前。日落后南风转北风。冬季由于冷空气较强，北风持续时间较长，一般仅在午后到傍晚出现5~6个小时的南风，其他时间均为偏北风。风速的日变化规律，是随着温度升高而增大，随温度降低而减小。因此，白天风速大于夜间。一般从8点以后风速逐渐加大，到15点前后达顶峰，以冬春季最为明显(霍亚贞等，1987)。

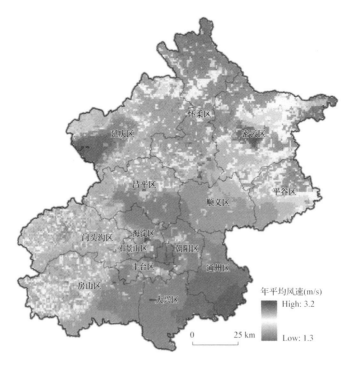

图6.9　北京地区年平均风速状况

三、地形对森林生态安全的影响

地形是影响山地植物生长和植被分布的间接生态因子，其通过决定光照、水、热、土壤营养元素等植物生长必须要素的再分配过程，间接地决定了森林植被的分布，进而对森林生态安全产生影响。其中，对森林生态安全起主要作用的地形因子为海拔、坡度和坡向。

1. 海　拔

海拔高度是地形气候要素的一种表现，是山地地形变化最明显的因子。其对森林生态安全产生的影响主要体现在以下 4 个方面：①海拔是决定植物群落类型分布的主要因子。在山地条件下，由于气候和土壤随海拔高度的变化而变化，使得一个树种只能分布在一定的海拔范围内，不同的海拔高度因分布着不同的植被使得森林群落形成明显的垂直地带（郭聃，2014）；②海拔升高，太阳辐射强度增大，抑制植物生长的短波光比例增加（薛建辉，2006）；③海拔高度对植被覆盖度和植被退化度的影响。在高海拔的区域，外界干扰因素较少，森林覆盖率高，蓄积量大，植被相对退化度也随海拔的升高而逐渐下降（杜群，2013）；④随着海拔的升高，植物群落物种丰富度减小（刘海丰，2012）。一般来说，在排除人为干扰因素的情况下，海拔越低，森林环境条件相对更好，森林生态安全程度也就越高（罗磊，2012；李俊清，2008）。

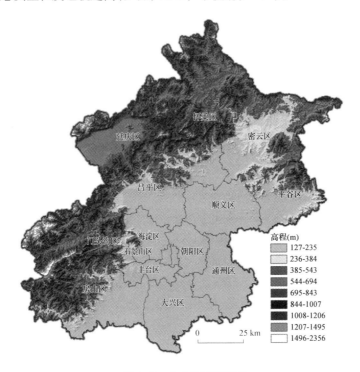

图 6.10　北京地区高程图

北京地貌是由西北山地和东南平原两大地貌单元组成。在古地质构造、新构造运动和外营力长期影响和作用下，决定了北京地貌的基本轮廓，其特征为：总的地势是西北高，东南低。地势由西北向东南倾斜，垂直的地带性变化十分明显，地势呈阶梯式下降，依次形成了中山（海拔大于 1000m）、低山（海拔在 500～1000m 之间）、丘陵（200～500m 之间）、岗台地（100～200m 之间）、山前洪积扇和冲积平原(海拔在100m以下)为主体的地貌类型(图6.10)。而这种层状结构的地貌类型,也在一定程度上决定了水、土、生物等自然要素的许多特征,影响他们的水平和垂直迁移(邓文平,2015)。

2. 坡 度

坡度是地表单元陡缓的程度,坡度这一指标直接反映了土地平缓程度,依据国际地理学联合会地貌调查与地貌制图委员会关于地貌详图应用的坡地分类来划分坡度等级,规定:0°~0.5°为平原,0.5°~2°为微斜坡,2°~5°为缓斜坡,5°~15°为斜坡,15°~35°为陡坡,35°~55°为峭坡,55°~90°为垂直壁。坡度作为地形的一个基本因子,通过影响光照条件、水热条件、土壤的基本属性等自然要素间接影响林木生长发育情况。不同的坡度由于入射角度不同,所获得的太阳辐射也有所区别,气温、土温及其他生态因子也随之发生变化。坡度越大,水分流失越严重,土壤受侵蚀的可能性愈大,有机物质越少,越不利于林木生长。平坡土层深厚、养分肥沃,适合喜湿好肥的树种生长。缓坡土壤养分较肥沃,排水良好,是树木生长的理想地段。陡坡土层浅薄,水分供应不稳定,植物生长不良。急坡和险坡水土流失严重,常发生塌方和滑坡,基岩裸露,植物稀疏而低矮(郭聃,2014)。如果排除人为因素,在同一坡向上,坡度越小,光照增强,热量增加,且持水力大,土壤趋于肥沃,森林生态安全程度越高(罗磊,2012;李俊清,2008)。

3. 坡 向

坡向描述以北为0°,顺时针递增,范围在0°~359°59′59″之间。有8方向法和4方向法。8方向法为北(337.5~22.5)、东北(22.6~67.5)、东(67.5~112.5)、东南(112.5~157.5)、南(157.5~202.5)、西南(202.5~247.5)、西(247.5~292.5)、西北(292.5~337.5);4方向法分为阳坡、阴坡、半阳坡、半阴坡。坡向效应是指同一山体不同坡向的水热条件具有一定差异,形成不同气候条件,发育不同的植物群落,使垂直带谱结构复杂化(姚永慧等,2010;张百平等,2009)。一般来说阳坡比阴坡温度高、湿度小、蒸发量大、土壤的物理风化和化学风化作用强,物候也早于阴坡。因此,阴阳坡常分布着对光、温、水有不同需求的树种,且同一树种和森林类型的垂直分布在阳坡常高于阴坡。此外,迎风坡长期受来自同一方向的持续强风作用,空气温度、土壤温度通常比背风坡低,导致迎风坡树木的生长发育受抑制,且较背风坡更易受冬季生理干旱的伤害。阳坡和背风坡的林木生长环境较阴坡和迎风坡更好,进而使得该区域的森林生态安全程度越高(罗磊,2012;李俊清,2008;郭聃,2014)。

北京山地和平原不同坡度结构严格的受构造的控制和制约。北京西山区,在平面上坡度呈岭谷相间组成结构,同一坡度常具备动向带状分布,连续性较好。在剖面上,地面坡度由山麓到山脊呈缓—陡—缓变化,反映了地壳间歇性抬升和中段断裂作用的构造特征。受北东及北北东向断裂、褶皱制约,地面坡度延伸方向与构造走向相一致。北山在平面上,地面坡度呈同心圆式组合结构,每一同心圆中,同一坡度的环带,中、下部较上部连续性好,呈封闭和半封闭状伸展。在剖面上有山麓到山顶呈凸形的或阶梯式结构,盆地有多层高度,尤其在延庆、平谷和汤河等盆地表现明显。受东西向构造体系控制,叠加了北东及北北东的褶皱以及局部的断裂作用,形成山地与构造盆地镶嵌的地貌格局及地面坡度与构造相吻合。正是因为西山和北山在构造上有明显差异,造成西山和北山坡度的明显区别(图6.10)。北京的平原地区,与山地在地貌上截然不同,它在下陷过程中不断接受西北部山地剥蚀下的碎屑物的堆积,地面坡度特征是地面平坦,略有起伏，其上点缀有丘陵、岛山等(霍亚贞等，1987)。

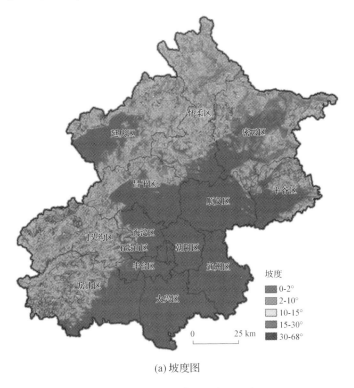

(a) 坡度图

图 **6.11**　北京地区坡度和坡向示意图

　　作为生境条件的一种综合指示，地形特征是一个多维变量，其影响存在不同的尺度特征，需要一种等级性的观点来认识，在某一特征尺度上不同的特征对森林格局的影响强度可能会发生不同的梯度变化。然而，水平地理位置对森林景观要素空间分布的影响是极为有限的，其格局和生态过程变化更多的是受地形特征的综合控制(郭泺，2006；郭聃，2014)。

　　总体上，自然条件对北京地区植被的发育是有利的，但北京开发历史悠久，人类的生产活动对该地区植被的结构和分布有着深刻的影响。中华人民共和国成立前，由于垦荒、伐木、薪炭、火灾等人为因素干扰，北京市的森林植被遭到毁灭性破坏，原生植被几乎破坏殆尽，遂至成为少林地区，1949 年森林覆盖率仅 1.3%。近几年，随着社会对森林生态环境建设愈加重视，政府号召植树造林，退耕还林，使得北京地区的人工林面积大幅度增加，林木覆盖率呈快速增长趋势，森林生态安全也有了较明显的提高。

第三节
社会经济发展对森林生态安全格局演变的驱动机制

一、社会经济发展对森林生态安全格局演变的作用

生物学种群理论表明，某一种群不能无节制地发展，否则，就会引起种群之间的平衡遭到破坏。人类社会经济的发展与森林之间也是一种内在的有机的平衡，打破了这种平衡，就会造成严重甚至灾难性的后果（李晏，2013）。长期以来，人类为提高自身的生活质量，与大自然进行了不懈的斗争以推动社会和经济的发展。随着科技进步和社会生产力的极大提高，人类创造了前所未有的物质财富，加速了文明前进的进程。但人类在发展经济过程中，只从眼前利益出发，盲目开发和无偿使用自然资源，不顾后果地随意排放污染物，导致资源过度消耗与短缺，环境污染加剧，生态平衡受到严重破坏（李秀娟，2008；裴佳音，2009）。

社会经济发展对森林生态安全的影响主要体现在以下几个方面：第一，林业政策及林业投资的增加可以带来森林质量和生态环境的改善；第二，生态旅游的发展在促进可持续发展的同时也对森林生态环境造成了一定破坏。例如，旅游人数过多导致森林公园被过量开发，游客折枝、践踏破坏和乱扔垃圾等行为破坏了区域内的森林生态环境；第三，快速的工业化和城市化使得城市土地利用和森林景观格局发生变化，进而导致森林生态系统质量降低。与此同时，工业化和城市化发展造成的大气污染也会导致植物生长发育受阻、森林生态系统养分及水循环受到破坏、森林的净化能力减弱，进而对森林生态安全格局的演变产生影响（图6.12）。

二、生态环境保护建设对森林生态安全的影响

20世纪90年代以来，中国政府对生态建设和环境保护更加重视，1992年在巴西里约热内卢世界首脑会议上签署了环境与发展宣言，随后又制定了《中国21世纪议程》，提出了适合我国生态环境建设的行动纲领，并在《中华人民共和国国民经济和社会发展第十个五年计划纲要》中把生态环境保护和建设作为一项重要内容。伴随着经济体制的不断变革，森林在生态环境中的地位不断提升，林业的社会属性也因主导需求的变化而成为生态环境建设的主体。在我国，林业生态工程建设主要包括"三北"及长江中上游等地区防护林体系建设工程、天然林保护工程、退耕还林工程、野生动植物保护及自然保护区建设工程、京津风沙源治理工程和重点地区速生丰产用材林基地建设工程等六大林业重点工程（程默，2007）。这些建设工程对森林生态安全的影响可分为以下四个方面：第一，采用人工造林、飞播造林、调减和停止天然林采伐等方法提高森林覆盖率、加强植被恢复、减少土壤侵蚀、河川输沙量和泥沙淤积，有效地控制了水土流失，使森林生态系统得到恢复；第二，采取多种生物措施和工程措施，增加森林覆盖率，改善林地景观，建立新型营林模式，治理沙化土地，减少风沙和沙尘天气危害，从总体上遏制土地沙化的扩展趋势，使生态问题得到改善；第三，建立防护林体系，形成了区域农业生产和水利设施的生态屏障，扩大了生物生存空间，使珍稀动植物种群数量不断增加；第四，建设南北方速生丰产用材林绿色产业带，通过加速人工林的培育进程，逐步实现由采伐天然林为主向采伐人工林为主的转变，解决我国木

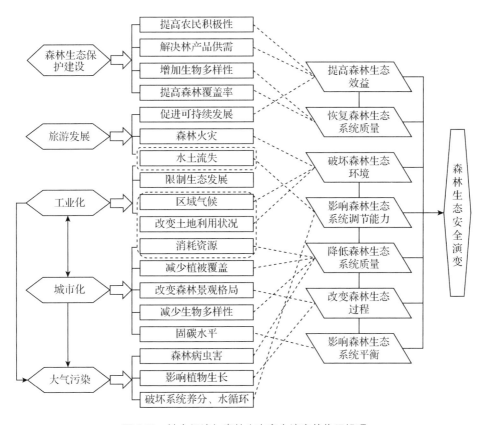

图 6.12 社会经济与森林生态安全演变的作用机理

材和林产品供需矛盾,推进天然林资源保护工程的顺利实施。此外,我国近几年又大力推行林权制度改革,通过明晰产权、放活经营、强化管理、保障收益等措施,提高农民植树造林和林区管理的积极性,减少农民对林地的能源性消耗,使生产要素向林业聚集,提高林地经济收益并发挥最大生态效益,有效地推动了林业的发展。

改革开放以来,北京市的不断发展,城市区域不断地向外扩张,占据了原有的森林、农耕用地和其他有价值的开放空间,取而代之的是各类工业生产和商业活动数量和强度都不断增加。迅速扩张的城市区域让城市森林资源压力很大,这种城市发展速度与环境承载能力的不匹配导致了城市生态安全受到严重威胁(冯雪,2015)。因此,北京市政府采取一系列措施,以保证城市的生态环境整体状况得到改善,例如,自"十一五"开始逐渐加大对环境保护建设和林业建设的投资,主要通过改建和开放森林公园、加强污染排放治理、完善中心区集中绿地综合功能、推进生态林补偿机制实施工作、加大林木采伐限额以及控制木材和竹材产品产量等方式,提高森林覆盖率、改善生态环境和增强生态效益。2000~2015年,采伐限额从 18.90 万 m^3 增加至 40.00 万 m^3,年均增长率为 5.13%,每年的采伐量不会超过限额标准,包括生产性采伐都严格按照标准执行。例如,木材、竹材产品产量虽从 2000 的 6.72 万 m^3 增加到 2014 年的 13.03 万 m^3,但其总产量仍远低于采伐限额。此外,由于历史原因,北京部分地区林木比较密集,易引发火灾。因此,北京市近几年采取生态性疏伐等措施进行合理的采伐,降低林木密度以保证树木正常生长所需的空间。

如图 6.13 显示,北京市林业完成投资额和环境保护投资额从 2000 年的 2.68 亿元和 34.75 亿元增加到 2015 年的 235.37 亿元和 767.39 亿元，平均年增长率分别为 34.75% 和 22.92%。为了进一步刻画林业投资建设和环境保护建设与森林生态安全的关联特征，采用相关分析法探究其相关性。结果表明，环境保护投资额与单位面积森林蓄积量和森林覆盖度具有显著的正相关性，相关系数分别为 0.7639 和 0.8464($P<0.05$)；林业完成投资额与单位面积森林蓄积量和森林覆盖度的相关系数为 0.7509 和 0.8363($P<0.05$)。这表明了环境保护投资建设和林业投资建设对北京市的森林覆盖率及蓄积量变化具有很强的驱动作用，其对首都生态环境和森林生态安全的提升有着明显的正效应。

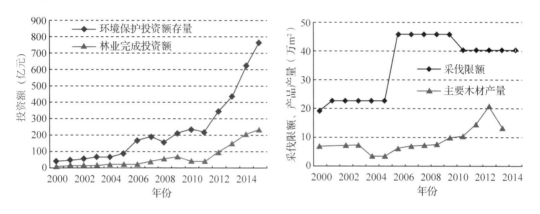

图 6.13　北京市 2000~2015 年环境保护建设

三、城市化发展对森林生态安全的影响

城镇化水平是衡量一个国家或地区社会经济发展水平的重要标志，通常以城镇常住人口占该地区常住总人口的比重来衡量，反映了人口向城镇聚集的过程和聚集程度。城市化过程对生态环境的影响已成为当前城市生态学研究的热点和重点，其对森林生态安全的影响主要体现在以下五个方面：第一，城市化过程中，城市森林破碎化和孤岛化现象日益严重，使得适合动植物生存的自然生境逐渐被建筑物、水泥路面以及其他一些城市基础设施所替代，景观连通性降低，严重破坏了生物栖息地的原有格局，影响生物体迁移扩散等生态学过程。相关研究证实，随着人为干扰强度由中心城区、城市周边郊区向远郊乡村逐渐降低，植物的生物多样性在空间分布上呈现逐渐增加的趋势(张丹，2015；冯伟等，2008)；第二，随着人口密度和交通密度的增大，汽车尾气排放以及城市垃圾逐渐增多，使得森林土壤中 Cu、Ni、Pb、Mn、Cr 等重金属含量逐渐增加，土壤污染日益严重。城镇化过程中大量使用混凝土造成土壤酸碱度升高，导致本土植物物种也发生改变。Van der Veken(2004)等对比利时城市沿着城区—郊区—远郊农区 1880~1999 年期间植物物种的研究变化发现，植物物种的增加多发生在营养丰富地区，而种类降低则发生在营养缺乏地区。Zhao(2007)等人调查了南京市城市化对土壤特性的影响，发现土壤沙砾含量、沙土含量、pH 值、磷含量和土壤紧实度变化较大，而以本土植被的土壤受城市化影响最大；第三，伴随着快速城市化进程，不透水面取代了具有生态功能的自然和半自然景观，阻碍了地下水回补过程，可利用的水分不断减少，影响了植被的长势，造成植被固碳水平的降低，从而影响了城市生态系统的平衡与稳定(李广宇等，2014；付梦娣等，2016)；第四，伴随着大量人口向城市聚集，建成区面积快

速扩张,直接挤占了周边的生态系统用地,导致森林面积和植被减少,森林覆盖率下降,森林生态安全受到严重威胁(王坤等,2016;张涛等,2002)。第五,人类建造城市等日常活动导致人为热释放(如空调等)的增加,引起湿岛、热岛、干岛效应,改变了对流层大气的水分和热量状况,影响如降水、湿度、风等气象要素,进而对该地区的森林生态安全产生影响(郑思轶等,2008;丛波等,2014);

总的来说,"北京地区城市化发展是一个曲折推进的过程",第一阶段城市发展速度缓慢,城市化水平还很低,城市发展处于初级阶段;第二阶段城市以较快的速度发展,人们生活水平不断提高,平均达到全面温饱水平;第三阶段北京城市发展相当成熟,居民物质条件更加充实,达到了富裕水平,城市进入全面发展阶段;第四阶段城市发展缓慢上升态势,农村第一产业从业人员规模基本稳定,大规模农村富余劳动力转移任务基本完成(贾英艳,2015;表6.2)。

表6.2　城市化阶段的相关数据指标

年　份	城市化水平	非农业人口所占比例 (%)	平均 GDP (亿元)	人均 GDP (亿元)
1949～1985	低速城镇化	54.20	69.65	849
1986～1993	较快城市化	73.50	518.78	5078
1994～2005	成熟城市化	83.60	3501.19	30773
2005～2013	新型城镇化	86.30	10678.8	66222

资料来源:《北京城市化发展初探》。

在城市化背景下,北京市的生态系统的结构、功能及其演化过程受到较大影响,具体表现为:

(1)自然/半自然景观的生态风险水平上升。生态风险是指一个种群、生态系统或整个景观的生态功能受到外界胁迫,从而在目前和将来对该系统健康、生产力、遗传结构、经济价值和美学价值产生不良影响的一种状况。北京市在中心城市建成区"摊大饼"式外延发展过程中,由于一直没有采取相对严厉、有效的限制措施,从而使得生态景观各要素之间的发展非常不平衡,整个生态系统功能发生了很大改变。有关研究表明,伴随着快速城市化过程,1991～2004年该地区的人工建筑景观持续增加以及耕地景观大量减少;同时,区域林地景观,尤其是山区林地景观增加也比较明显。景观格局的构成被打破导致自然生态过程的改变和生物多样性的损失,区域空间生态安全受到影响,进而使得区域内的自然/半自然景观的生态风险水平总体表现出上升的趋势(李景刚等,2008)。

(2)生态环境压力日益增大。生态足迹是建立在生命周期评估、全球资源动态模型、净初级生产力计算等基础之上,用一种生态学方法将人类活动影响表示为各种生态空间面积,可测度供给人类消费商品和服务所消耗的生态成本(李建泉等,2013)。"承载力"是物理力学中的一个物理量,指物体在不发生任何破坏时的极限负荷后被生态学借用,来衡量特定区域在某一环境条件下主要指生存空间、营养物质、阳光等生态因子的组合可维持某一物种个体的最大数量(谷振宾,2007)。人口的快速增长与经济的高速发展使得城市扩张速度加快,大量农田被侵占、地下水资源开发过度。城市发展对生态环境的需求压力不断增大,2000～2012年,北京的人均生态足迹为

$3.08 \sim 3.61 \mathrm{Ghm}^2$；人均生态承载力呈逐年下降趋势，从 2000 年 $0.22 \mathrm{Ghm}^2$ 降至 2012 年 $0.14 \mathrm{Ghm}^2$；人均生态足迹是生态承载力 $13.3 \sim 20.8$ 倍，亦呈增长态势，导致人均生态赤字维持在 $2.89 \sim 3.44 \mathrm{Ghm}^2$ 的高水平(李建泉等，2013)。

(3)生态系统退化。由于不合理的耕作方式和河道的干涸，造成部分平原地区的植被退化严重，沙化土地面积达到 24.5 万 hm^2，其中永定河、潮白河、大沙河、康庄及南口等五大重点风沙危害区总面积为 16.5 万 hm^2，占到全市国土总面积的 10.1%，成为北京地区主要的沙尘源(王光美，2006)。据上文分析，城市化过程会对森林生态安全产生一定的负面影响。但也有研究显示，北京市城市化发展带来的人口数量增加和土地利用变化不仅没有导致该地区的整体生态系统质量下降，反而通过城市功能调整、农民进城务工人口转移以及"见缝插针"的绿化工程等方式，使得市区、远郊区及城市整体的生态系统质量得到提高(王坤等，2016)。

四、工业化与经济增长对森林生态安全的影响

工业化是社会经济发展中由农业经济为主过渡到以工业经济为主的一个特定历史阶段和发展过程。其既标志着生产力的发展水平，又标志着生产方式的变革，既是经济发展的过程，也是社会发展过程，体现了一个国家或地区的现代化进程与水平(秦杰，2008)。工业化在创造丰富物质文明、推动经济增长的同时，也对生态可持续发展造成一定负面效应。其对森林生态安全的影响主要体现在以下几个方面：首先，工业化进程的迅速发展所排放的温室气体，如 CO_2、CH_4、N_2O、O_3 和 CFC 等造成温室效应加剧，导致林区火险期延长，高火险日数增加，有害生物发生几率增大，使森林生态系统受干扰强度增加(牟树春等，2009)。以燃煤为主的能源结构导致 SO_2、NO_2 等有害气体排放量增加，导致城市酸雨等气象问题，对森林生态环境造成一定压力。工业征地、房产开发、基础设施的扩张等因素使得林业用地大幅减少。与此同时，建筑房屋的增加使得木材需求量增大，木材作为可再生森林资源，其大量的消耗将导致森林生态安全受到威胁。第三，工业化过程中对能源、钢材、有色金属、化工及水泥等产品的依赖，产生了大量诸如工业废水、固体废弃物等污染物，造成水污染及土壤污染，使生态环境遭到破坏(单晓娅等，2017)。最后，在工业化水平或程度相对较低的地区(例如，我国西部各省、区)，脆弱的生态环境阻碍了工业化进程，而低水平的工业化、经济上的相对滞后又无力建立系统的生态补偿机制，使得该地区的生态危机更加严重(秦博，2015；赵跃龙等，1996)。

工业是城市经济重要的物质生产部门和经济社会发展的主导产业。然而，工业的特征决定了它对生态环境有巨大影响(沈萍，2010)。建国初期，北京工业底子薄弱，现代工业很少，工业总产值仅 1.7 万元。到 1979 年，第二产业占 GDP 比重达 70.9%，其中工业占 GDP 比重为 64.4%，重工业占 GDP 的比重为约 42%。$2000 \sim 2015$ 年，GDP 总值由 3161.7 亿元增长到 23014.6 亿元，年均增长 14.1%；人均 GDP 增长了 4.41 倍，年均增长 10.4%，2015 年人均 GDP 已达 10.65 万元；第一产业总产值由 2000 年的 79.3 亿元增长到 2015 年的 140.2 亿元，年均增长 3.9%；第二产业总产值由 1033 亿元增长到 4543 亿元，年平均增长率为 10.4%；第三产业值由 2049 亿元急剧增加到 18331.7 亿元，增长了 8.95 倍；区域内工业化与城市化进程的快速推进，导致城市用地迅速增加，从 2000 年的 6.34 万 hm^2 增加到 2015 年 14.79 万 hm^2。

北京市工业化进程及经济发展对该地区森林生态安全的影响主要表现为：①能源开采形成了

大量的裸露山体和废弃矿场，导致水土流失、生态系统服务功能降低，生态环境逐步恶化；②城郊污水日排放量和工业废水日排放量逐步下降，但河流和湖泊水质污染状况仍较为严重，森林生态安全受到威胁；③伴随经济增长，企业数量的持续增加、就业人口的日益集聚使得建设用地面积持续扩大，土地资源不足、大气污染、水体污染和垃圾等问题日渐突出，这些因素导致对提供资源以及消纳废弃物的生物生产性土地（指具有生物生产力的地表空间。据生产力大小的差异，地球表面生产性土地可分为化石能源地、可耕地、牧草地、淡水域、森林地、建成地、海洋等。）的需求增大，生态赤字（一个地区的生态承载力小于生态足迹时，出现生态赤字）大幅度扩大（齐喆，2016）；④工业企业外迁过程中侵占林地，导致城市周边绿地林地不断减少，郊区生态系统内部秩序被打乱，加剧了生态系统脆弱性，降低了郊区生态系统对整个城市生态系统的支持与调控能力（朱良等，2004）。当前，随着北京城市发展转型，大量工业企业陆续搬迁或是进行升级改造，工业发展对资源环境的压力有减小的趋势，而由居民消费水平提高导致的资源环境压力却日渐突出，即经济发展水平提高促进居民生活水平的提高，从而增加居民的消费需求导致生态足迹的上却日渐突出。此外，北京这些年经济增长和能源消耗的技术进步水平稳中有进，但前者对环境带来的负向效应明显超过了技术进步带来的正向效应，粗放型增长的特性仍然十分显著。综上所述，北京地区的经济增长仍存在以消耗资源和破坏环境为代价的问题，该地区的生态系统正承受着持续增大的压力（齐喆，2016；何强等，2008）。

五、大气污染对森林生态安全的影响

大气环境主要是指与人类生活密切相关的大气圈。人口的不断增加及社会经济活动的发展必然会导致大气环境的变化，严重时会引起污染。所谓大气污染是指大气中污染物质的浓度达到有害的程度，以至破坏生态系统和人类正常生存和发展的条件，对人和物造成危害的现象（杨小波，2000）。大气污染物的来源主要包括：由含碳燃料的不完全燃烧、排放的尾气废气、内燃机厂和电厂的污染物排放而产生的 O_3、氮氧化物、SO_2 和颗粒状污染物等。

目前大气污染对森林的危害在全球范围内相当严重，许多研究表明，森林对大气污染的净化是有一定限度的，当超过其限度—阈值后，大气污染就会对森林产生危害，这种危害使得森林的净化能力减弱并有可能导致森林物种的丧失或灭绝（胡迪琴等，2000；张永生等，2003）。其具体表现为：首先，影响植物生长。当 SO_2 浓度在阈值之上时，植物生长发育受阻，叶片将枯焦脱落，直到枯萎死亡；O_3 对植物的伤害主要作用在植物细胞的膜上，从而改变质膜功能，导致植株出现伤害和减产（胡迪琴等，2000；肖辉林等，1996）；颗粒状污染物则能擦伤叶面，阻碍阳光，妨碍光合作用，影响植物正常生长（毛健雄等，1998）；干沉降通常是经过叶表面的气孔进入植物体，然后逐渐扩散到海绵组织、栅栏组织，破坏叶绿素，使组织脱水坏死，阻碍各种代谢功能，抑制植物生长。其次，导致植物受毒害。酸性湿沉降，即因酸雨造成的污染。酸性气体通过与降雨的结合形成酸雨，它会使土壤的 pH 值降低，通过与土壤胶体表面吸附的盐基离子交换，使土壤中的铝转化为交换性 Al^{3+}，致使植物受铝毒害（骆土寿等，2001）。第三，引发病虫害和火灾。大气污染可影响寄主植物游离氨基酸或糖含量而促进某些植食性昆虫的繁殖，使森林生态恶化，林木生长衰落，更易受病虫害的侵袭。据上文分析，大气污染会影响植物生长，使植物生长发育受阻，直到死亡枯萎。由于植物逐层死亡，大量高度易燃的死树留在原地，从而增加了自然和人为火灾发生的可能性(张永生等，2003)。最后，影响生态系统调节能力。污染物中有毒物质浓度的加大限制许多树种的生存，使生态系统调节能力及生物地球化学循环的能力大大减弱。综上所述，大气污染对森林的危害是各种污染物共同作用的结果，其给森林植被造成的损害是低剂量长期的慢性效应，再加上不利的气候条件，导致叶片碳水化合物产量的减少，根、叶活性的降低，从而易受真菌、细菌、昆虫和气候胁迫的攻击，最终导致森林的衰退，森林生态安全受到威胁(胡迪琴等，2000；张永生等，2003)。

数据显示，2000~2015年，北京市NO_2、SO_2以及可吸入颗粒物年日均值总体呈下降趋势，NO_2和SO_2的年日均值由2000年的$0.071mg/m^3$分别减少到2015年的$0.05mg/m^3$和$0.14mg/m^3$；可吸入颗粒物日均值从2000年的$0.16mg/m^3$下降至2015年的$0.10mg/m^3$。但大气O_3问题日益严重，近3年北京大气O_3浓度水平高、增长速度快。2015年，北京大气O_3日最大8小时平均浓度第90百分位数为$203\mu g/m^3$，O_3超标天数为69天，较2014年的59天上升17%。与此同时，大气中$VOCs$、NH_3和EC(元素碳)浓度仍偏高，变化趋势不稳定，其中挥发性有机物($VOCs$)总浓度($TVOCs$)最近10年平均为31.4ppbv。北京在空气质量优良的天气条件下，大气中NH_3主要来自于周边农牧业的排放，而在重霾污染积累加强过程中，NH_3的主要来源则为机动车尾气和工业燃煤脱硝过程中的氨逃逸(王跃思等，2016)。

对北京地区大气污染空间分布的统计分析表明，北京地区西部、北部和东北部的污染物浓度明显低于西南部、南部和东南部；从西北部山区到东南部平原，大气污染程度一般呈递增的趋势(董芬等，2013)。究其原因可能是：北京地区植被主要分布在西北部地区，包括怀柔的北部、延庆和昌平的部分地区，这些区域多为山区，地形地貌等自然条件限制了该区域的人为开发，因而植被状况良好，形成天然保护屏障，植被对于大气污染的有效抑制作用已被广泛认可。而东南地区主要为平原，加上城镇化的影响，植被覆盖度相对较低且有减少的趋势(王嫣然等，2016)。

六、旅游发展对森林生态安全的影响

在强调绿色产业、生态旅游的今天，森林旅游业"异军突起"。近年来，我国的森林生态旅游业发展迅猛，在大林业中已成为最具活力的产业。但森林生态旅游产业的发展不可避免地影响到自然生态环境的稳定(曹文等，2014)。研究表明，旅游资源开发与生态环境之间的关系是一种相互影响、彼此制约的关系，即耦合关系。这种耦合关系的外在表现有两种：

一是胁迫关系。在没有对当地资源进行合理规划的前提下，盲目开发势必带来社会人口流动速度和规模的扩大，严重地破坏该地区的森林生态环境，具体表现为：①伴随着旅游设施如建筑物(大型宾馆、饭店)、道路的修建，将会在原始的自然景观中引入人工成分，造成景观破碎化；②森林旅游者对动植物的践踏会使游道两旁的土壤板结，增加地表径流，造成水土流失，导致植物树木更新困难；游客有意无意地采集花朵、枝叶、真菌或带入的外来物种，会改变物种的组成或结构；用火及垃圾堆放不当等行为易引起火灾、造成白色污染；旅游者乱丢吃剩的食物会影响动物的正常取食和繁殖，改变某些动物的食物结构，使种群数量及种类组成发生变化。

二是制约关系，即生态环境又通过环境承载力、发展资金的争夺、资本排斥和政策的干预对旅游资源开发产生的约束。从协同论观点分析，如果一个区域内旅游开发速度过快，对当地生态环境的破坏超过了当地的环境承载力，必然会导致旅游效益的低下。但如果单纯的出于保护生态环境而致使旅游效益低下，则生态环境的保护也会成为"无源之水，无本之木"，失去经济支撑。

作为旅游重地，北京地区的旅游生态环境一直是学者们关心的热门问题。就旅游现状调研的结果看，北京开展生态旅游受到很大的制约：第一，旅游区开发前未进行环境容量分析、旅游项目运营后缺乏必要的检测和管理措施，使得景区内游客全面超载，导致生境的逆化。第二，在开发旅游前未制定详细的旅游规划，虽制定了旅游规划但实施过程中并未很好执行，盲目发展，导致旅游开发失控，人造景观和设施泛滥，自然景观破坏和环境污染现象严重。第三，旅游业的经营者和旅游者，均缺乏发展生态旅游的意识，即使在京郊发展生态旅游条件较好的地方，也由于对自身资源尚无认识，缺乏人才，科技水平低下，使真正的生态旅游难以开展（崔海鸥等，2007）。因此，为实现生态旅游的可持续发展，政府在大力发展旅游业的同时，不仅要对生态旅游政策、开发规划等的制订和环境影响评价与审计，还要对生态旅游管理者和经营者及旅游者进行生态教育与生态管理等，全面保护旅游资源和旅游环境。确保景区的生态系统在被利用之后，还可以得到休养生息以至恢复平衡（范瑛等，2014）。

第四节
资源禀赋对森林生态安全的影响

一、资源禀赋对森林生态安全格局演变的作用机理

自然资源禀赋是指自然资源的条件和状况，是对一个特定地区或国家所拥有的自然资源进行综合评价的结果，是人类生存、繁衍和发展的基本条件。包括森林资源在内的自然资源既是区域经济协调发展所需投入物资的来源，又形成了维护人类生产和生活的环境。自然资源禀赋中，植被、土壤、生物多样性和水资源的变化对森林生态安全格局演变产生的影响主要体现在以下4个方面：首先，森林植被作为所有植被类型中生态价值最高的植被类型是森林生态系统结构的重要组成，其变化将直接影响该区域气候、水文和土壤等状况，对区域能量循环及物质的生物化学循环具有重要的作用，影响着森林生态功能的发挥；第二，土壤作为生态环境的物质基础，其质量直接影响着植物的生长以及生态效益、景观功能的发挥。土壤的物理性质作为反映土壤肥力的重要指标之一，也是影响植物生长发育的重要因素。与此同时，植被和土壤二者存在相互作用的关系，森林类型对土壤侵蚀的控制能力也有着一定影响（邹明珠等，2012；张彪等，2009）；其三，生物多样性在维持森林生态平衡中占有举足轻重的地位，是导致森林生态系统具有复杂结构的主要原因；最后，水作为森林生态系统物质循环中不可或缺的因素之一，是影响着植物形态结构、生长发育的重要生态因子，也同时影响着森林水循环的整个动态变化过程（图6.14）。

二、森林资源对森林生态安全的影响

（一）森林资源状况

根据第八次森林资源清查数据，北京森林面积7.34530万 hm^2，森林覆盖率41%，林业用地面积10.81443万 hm^2，林木面积96.7495万 hm^2，林木绿化率58.4%，活立木总蓄积量为2109.14

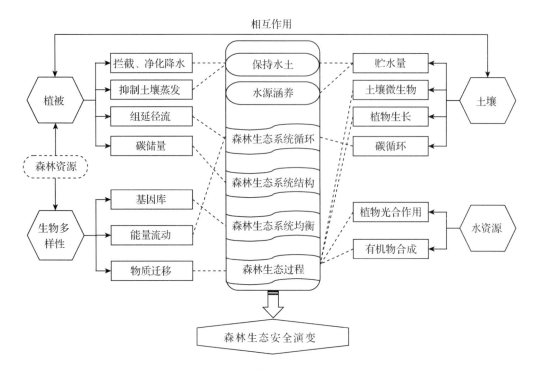

图 6.14 资源禀赋与森林生态安全的演变机理图

万 m²。北京市土地总面积为 1.641 万 km²，其中林业用地面积 82.9149 万 hm²，占土地总面积的 49.7%；非林业用地面积 83.7518 万 hm²，占土地总面积的 50.3%。林业用地按地类分：有林地面积 46.4594 万 hm²，占林业用地面积的 56.0%；疏林地面积 1.6798 万 hm²，占林业用地面积的 2.0%；灌木林地面积 17.3797 万 hm²，占林业用地面积 21.0%，其中国家规定的灌木林地 17.3797 万 hm²；未成林造林地面积 2.8303 万 hm²，占林业用地面积 3.4%；无林地面积 14.2294 万 hm²，占林业用地面积的 17.2%；苗圃地面积 0.3363 万 hm²，占林业用地面积的 0.4%。2012 年末生态公益林地中，重点公益林地 33.08 万 hm²，占林地总面积的 32.4%。商品林地均为一般商品林地，经济林地是其主要组成部分。

近几年，北京市的森林资源也呈现上升的趋势(图 6.13)。2000~2015 年，单位面积森林蓄积量从 57.24 万 hm² 增加到 74.50 万 hm²，年均增长率为 0.82%；森林覆盖率从 19.37% 上升至 41.60%，平均每年增长 1.48 个百分点；林木绿化率由 42% 上升到 59%，平均每年增加 1.13 个百分点。2005~2015 年，单位面积活立木总蓄积量从 24.57 万 m³/hm² 增加到 2149.34 万 m³，年增长率为 1.62%。同期，北京市的平原百万亩造林工程在 2015 年圆满完成，年底累计完成平原造林 105 万亩(700km²)，植树 5400 多万株；平原地区森林覆盖率由 14.85% 提高到 25.6%，增加了 10.75 个百分点，显著提升了城市生态承载能力，完善了首都生态空间布局；林地绿地资源保护管理不断强化，"十二五"期间累计减少占用林地 420 万 hm²、绿地 35 万 m²，减少移伐林木 35.8 万株，有效保护了林地资源(首都园林绿化政务网，2016)。

北京市森林资源在稳步增长，但仍存在分布不均、树种结构不合理、森林资源质量不高和生态服务功能不强等问题。

（1）分布不合理。全市森林主要分布在密云、怀柔、延庆、平谷等区县，森林面积及森林蓄积量最大的是密云，森林面积为 142.48 万 hm²，占全市森林面积的 19.12%，森林蓄积量为233.64 万 m³，占全市森林蓄积量的 13.73%；森林覆盖率最高的是平谷区，为 66.38%；除中心两城区（原四城区）外，石景山森林面积和森林蓄积量最小，分别为 2382.2hm² 和 9.69m³，仅占全市森林面积和森林蓄积量的 0.32% 和 0.57%，森林覆盖率最低的是朝阳区，仅为 20.97%（图 6.15）。

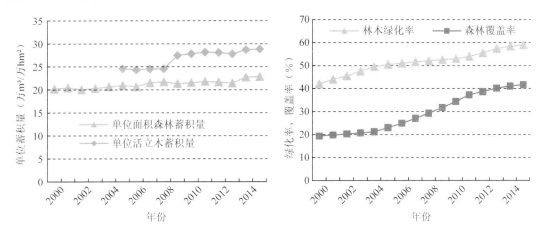

图 6.15　北京市 2000～2015 年森林资源情况

（2）森林质量不高。其主要体现在：一是资源结构不合理，人工纯林多。全市的森林纯林面积达到了 80%，生物多样性较差，给森林病虫害防治和森林防火等带来了不利影响。二是林龄结构不合理，中幼林比重大，各龄组林分面积中，幼龄林占 61.08%；中龄林占 23.1%；近熟林占9.2%；成熟林占 4.7%；过熟林占 1.2%。可用于发展林业第一产业的森林资源不足，可充分利用的资源较为匮乏（周雪，2014）。三是森林的生产率低，森林质量不高。特别是山区的森林 70%的林分处于功能亚健康或不健康状态。全市的灌木林 439 万亩、中幼林 480 多万亩、低效林 350多万亩，三者加起来占森林总面积的 78%，森林的蓄积量和碳储量远远低于全国和世界的平均水平（首都园林绿化政务网，2017）。

同时，受人为因素的直接作用和自然因素的影响，林分结构和稳定性失调，林木生长发育衰竭，系统功能衰退，导致森林生态功能、林产品产量、生物量、碳汇功能等低于全国平均水平。据统计，全市低质低效林有 20 多万 hm²，严重影响了森林生态服务功能的发挥（狄文彬等，2012）。总之，由于自然、社会和历史原因，北京地区森林资源的人工性、人为干扰性十分突出，森林资源遭受各种自然灾害侵袭和人为破坏，这些都给森林资源带来重大损失（熊考明，2015）。森林一旦遭到破坏很难得到完全恢复，因此要加大保护现有森林资源的力度，充分认识生态环境保护在经济建设和社会发展全局中的重要战略地位，真正做到在可持续发展中赋予林业以重要地位，在生态建设中赋予林业以首要地位（陈浩，2014）。

（二）植被对森林生态安全的影响

植被作为生态系统的重要组成部分，其变化将直接影响该区域气候、水文和土壤等状况，对区域能量循环及物质的生物化学循环具有重要的影响，是区域生态系统质量变化的重要指示器。植被对森林生态安全的影响主要体现在以下两个方面。第一，森林植被对土壤侵蚀及生态系统的水分循环有着重要的调节作用,森林林冠和枯枝落叶层能够拦截部分降水,阻延径流速度,减弱雨滴对土壤表层的直接冲击和侵蚀,防止土壤溅蚀。此外,森林本身对天然降水中某些化学成分的吸收和溶滤作用,使天然降水中化学成分的组成和含量发生变化,对大气降水起到一定净化作用,进而影响森林的生态水文功能(张彪等,2009;闫俊华等,2000;卜红梅等,2010)。第二,植被碳储量是森林生态系统碳储量的重要组成部分,植被可通过光合作用直接吸收固定大气中的CO_2,从而使森林生态系统的碳储量增加(张玮辛等,2012;王光华,2012)。

北京山区是环绕北京市的天然屏障,也是北京市重要的生态屏障,其生态环境质量的好坏直接影响到该地区生态系统的稳定。受气候条件控制,山区的地带性植被为暖温带落叶阔叶林和针阔混交林,且植被组成丰富、类型多样,并具有规律性的垂直分异(表6.3)。然而,在长期受到人为因素强烈干扰的情况下,油松、栓皮栎、槲栎等占优势的原生植被大部分受到严重破坏。目前森林植被基本以次生林和营造的人工林为主,广大山区占优势的植被是次生落叶阔叶灌丛和少量落叶阔叶林及温性针叶林:落叶阔叶林主要由栎属、杨属、椴属、白蜡属等落叶阔叶乔木树种组成;温性针叶林中的优势树种主要为油松和侧柏;灌丛在阳坡以荆条酸枣灌丛占优势,阴坡以三桠绣线菊、蚂蚱腿子和大花溲疏等中生落叶灌木组成的杂灌丛为优势(王光华,2012)。

表6.3　北京山地植被垂直分布表

海拔(m)	植被地带	植被组成
600～800(阴坡) 800～1000(阳坡)	低山落叶针叶灌丛和灌草丛带	以荆条灌丛、山杏灌丛、杂灌丛和灌草丛等次生落叶阔叶灌丛占优势。以栓皮栎、槲树、油松等占优势的原生植被大部分已遭破坏,仅在局部地区有零星残留
1000～1600(阳坡) 和1800(阴坡)	中山下部松栎林带	以辽东栎林、油松林为主,破坏后有次生山杨林,桦树林及二色胡枝子灌丛、榛灌丛和绣线菊灌丛。此带是森林分布的主要部分,多数分布在阴坡
1600(阳坡)和 1800～2000(阴坡)	中山上部桦树林带	以桦属的几种组成的次生林占优势,还可见到山柳灌丛、丁香灌丛。其原生植被应是山地寒温性针叶林。以华北落叶松、云杉为优势种。目前仅在局部地区有个别植株存在
1900以上	山顶草甸带	只见于东灵山、海坨山、百花山和百草畔海拔1900m以上的山顶,可能是由于山地针叶林受破坏,山顶寒冷风大森林不易恢复而形成的。只有草甸一个类型

注:源自《北京自然地理》。

(三)生物多样性对森林生态安全的影响

生物多样性是生态环境的重要组成部分,是人类赖以生存和发展的各种生命资源的总汇。首先,它为人类提供了生存所必需的药物、食物、药材以及各种各样的工业原料等,并为人类改良生物品种提供了物质基础。其次,生物多样性在环境保护、维护生态安全,特别是降低温室效应、净化空气、减少碳排放、保持土壤肥力、保证水质、水土保持等生态效益方面发挥着重要作用,从而促进人与自然的和谐发展。丰富的生物多样性是国家重要的战略资源,对加强科技创新和促进发展都十分重要,具有宝贵的开发、利用及科研价值(吴丽莉,2011)。

森林生物多样性是导致森林生态系统具有复杂的结构及生态过程的主要原因。①森林生态系统中生物所携带的遗传基因构成了一个丰富、完整的基因库，这些多样化的遗传基因是自然选择的结果，不但为物种的多样性奠定了基础，同样也是维持整个生态系统均衡、稳定发展的重要因素；②森林物种组成越多样，其物质的循环、能量的流动和信息的传递越复杂，生态系统多样性越高，自我恢复的能力越强，反过来为森林中的物种提供了更优越的生境，为生物进化和新物种的产生奠定了基础；③森林景观的多样性又促进了森林生态系统内的物质迁移、能量流动，并影响着物种的分布、扩散与觅食等(李俊生等，2012)。

　　截至2015年年底，北京市已建成的自然保护区(包括林业、农业渔政和国土地质主管的自然保护区)20个，总面积13.79万 hm²。其中林业部门主管的自然保护区面积有12.73万公顷，占北京市国土面积的7.6%。到目前为止，北京市已经建立国家级和市级森林公园22处，总面积7.37万 hm²。这些自然保护区、森林公园形成了北京良好的生态屏障，在开展科研和文化教育活动、丰富首都人民的业余生活的同时，也对保护森林生物多样性具有重要的作用。虽然自然保护区、森林公园的建立对北京森林生物多样性的保护发挥了重要作用，但北京森林生物多样性保护仍面临着许多威胁。人口增长、森林旅游快速开展、城市建设、人工林产业发展、天然林的减少以及人们缺乏森林生物多样性保护意识，使得该地区的森林生物多样性遭到严重破坏，生物多样性的可持续发展受到威胁。根据 Simpson 指数(辛普森多样性指数)和 Shannon-Wiener 指数(香农－威纳指数)计算公式，计算全国和北京第一次至第六次森林资源清查森林生物多样性的 Simpson 指数和 Shannon-Wiener 指数。结果表明：从1956到2003年，全国的 Simpson 指数和 Shannon-Wiener 指数从0.871和3.1增加至0.926和4.105；从1973年到2003年 Simpson 指数和 Shannon-Wiener 指数从0.688和1.929增加至0.833和2.744。北京森林生物多样性的总体趋势是逐渐增加的(第三次森林清查时的生物多样性略有下降，Simpson 指数为0.747，Shannon－Wiener 指数为2.342)，但整体水平低于全国同期森林生物多样性的平均水平(图6.16)。因此，北京地区应合理开发和利用森林资源，合理规划发展人工林，加强对天然林的保护，完善相关法律体系，通过各种手段加强公众的保护意识等措施，保护森林生物多样性，促进森林生物多样性的可持续发展(吴丽莉，2011)。

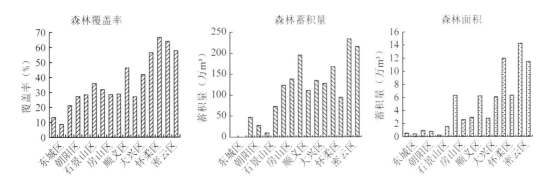

图 **6.16**　北京和全国森林生物多样性指数

三、水资源对森林生态安全的影响

水是地球上一切生命的源泉,其在森林生态系统中的运转起着环境、成分的双重作用,它既是物质循环的载体,也是物质的一分子。水分作为植物生长发育不可缺少的生态因子,不仅是植物光合作用及有机物合成过程的作用物,也是矿质元素在植物体内运行的溶剂和载体,是影响着植物形态结构、生长发育、繁殖及种子传播等的重要生态因子(曹洪霞等,2005;刘春晖等,2006)。

随着人口和经济的急剧增长,各种自然资源,尤其是水资源供需矛盾越来越严峻。如图6.17所示,近15年,北京市人均水资源量一直处于110~200m³/人之间,远低于全国人均水资源量。2015年,北京市人均水资源约123.8m³,约占全国人均水资源量的1/17,水资源严重亏缺。北京山区作为典型的干旱半干旱石质山地,土壤瘠薄,全市河道多为季节性河流,汛期下雨时有水,汛后大部分河道断流或接纳污水处理厂退水,这已成为该地区造林成活率及林木生长最为主要的限制因子(贾忠奎等,2005)。鉴于此,北京市应加快建设多元调水保障体系,综合调度和优化配置水资源,为生态环境改善创造有利条件。

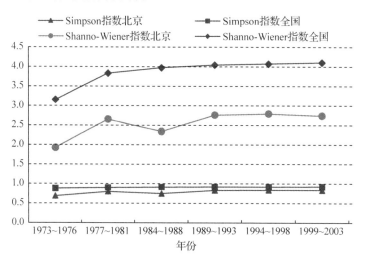

图 **6.17** 北京市和全国人均水资源量

四、土壤对森林生态安全的影响

土壤是人类赖以生存的自然资源,是森林的载体,其质量直接影响着植物的健康生长以及生态效益、景观功能的发挥,从而在一定程度上影响着森林生态安全的演变(邹明珠等,2012)。土壤对森林生态安全的影响主要体现在以下几个方面:①土壤的厚度、非毛管孔隙度和渗透性能的好坏通过影响径流循环系统,决定了土壤的贮水能力以及受侵蚀影响的大小,进而影响林地涵养水源和保持水土的功能(田育新等,2006)。林木也需要从土壤中吸收水分和养分,以维持其生长,土壤中的水分及养分对于植物生长、存活、净生产力等具有极其重要的意义。②土壤微生物作为森林生态系统的重要组分,会直接或间接地对植被产生影响,它在养分持续供给、肥料管理措施、有害生物综合防治、促进植物生长、土壤保持中起着重要作用。同时,土壤微生物导致的营养物质循环对于土壤生态系统的稳定和服务功能的提高也具有一定作用(李延茂等,2014)。③土壤物理性质是影响植物生长发育的重要因素,是反映土壤肥力的重要指标之一。不同的土壤物理性质会造成土壤水、气、热的差异，影响土壤中矿质养分的供应状况，从而影响植物的生长发育(李朝海等，2002)。④土壤呼吸是森林生态系统能量流动和物质循环的重要生态过程，在区域乃至全球碳循环与碳平衡中具有重要作用(魏书精等，2014)。它是指通过根呼吸、微生物对凋落物和土壤有机质分解以及动物呼吸，从土壤中释放 CO_2 的生态过程(侯琳等，2006；姜丽芬等，2004)。土壤呼吸是土壤有机碳输出的主要形式，是土壤碳素同化异化平衡作用的结果(侯琳等，2006；齐志勇等，2003)。土壤碳贮量和土壤呼吸的微小变化会显著地影响大气中的 CO_2 浓度，从而加剧或减缓全球气候变化，进而影响陆地生态系统的分布、组成、结构和功能。

北京山区由于成土因素复杂，形成了多种多样的土壤类型。全市土壤随海拔由高到低呈现出明显的垂直分布规律(表6.4)。随着植被条件的变化，土壤也发生明显的变化。植被破坏严重地区，土层薄，生态环境明显恶化。植被保存较好且覆盖度较大的地区，土层厚、土质细、生态环境良好(中华人民共和国林业部，1992)。北京城市发展所带来的土壤压实、退化、污染以及土壤中的大量建筑垃圾等问题，使城市范围内的土壤性质很大程度上不同于农业土壤或自然土壤，而不利于植物生长。北京作为首都，森林的质量对整个城市生态环境、景观效果起着至关重要的作用。因此，加强土壤质量管理，也将更有利于北京市森林资源的效益及合理进行森林资源建设与管理(邹明珠等，2012；张彪等，2009)。

表6.4　北京地区土壤分类

海拔(m)	地　区	土壤类型	植被类型
350~500	丘陵及山麓平原中的残丘	山地普通褐土；粗骨性褐土；碳酸盐褐土；少部分为山地淋溶褐土	灌草丛以白羊草、黄草占优势；群落中散生一些灌木，以荆条、酸枣为主，还有达呼里胡枝子、多花胡枝子、小叶鼠李、野瑞香等。此外还有农田、果园等
800以下	广大低山地区	山地淋溶褐土(北部山区为主)；山地碳酸盐褐土(碳酸盐岩风化物母质上发育而来，以西部地区为主)；普通褐土(河谷阶地)；水土流失严重地区退化为山地粗骨性褐土	以荆条灌丛、山杏灌丛、杂灌丛和灌草丛等次生落叶阔叶灌丛占优势，局部地区有栓皮栎、槲树、油松等原生植被残留
800~1900	中山山地	山地棕壤；植被破坏严重地区退化为山地粗骨性棕壤；北部、东部山地受降雨影响酸性岩类较多；西部、西北部山地属半干旱区，钙质岩类较多	以辽东栎林、油松林为主，破坏后有次生山杨林、桦树林及二色胡枝子灌丛、榛灌丛和绣线菊灌丛
1800~1900以上	中山顶部	山地草甸土	山地杂草草甸
	山麓阶地	普通褐土；潮褐土；潮土；砂姜潮土；草甸沼泽土	多数开辟为果园或果粮间作地；土壤侵蚀严重的阳坡以荆条、酸枣、白羊草灌草丛占优势
	冲积平原	潮土；风沙土；砂质潮土；壤质潮土；盐潮土；重壤质、黏质潮土；草甸沼泽土	

注：源自《北京自然地理》。

第五节
基于北京市森林生态安全的政策动态演变分析

　　林业政策是国家经济政策的组成部分，是政府在林业方面的施政目标。林业政策的有效实施对发展社会主义和谐社会，建设社会主义生态型社会具有重要的借鉴作用，因此森林生态安全的建设与林业政策的实施密不可分。自1978年至今，北京市的林业进入了可持续发展时期，由一个重视木材生产和林业经济效益的阶段转变为林业生态建设优先的阶段（戴凡，2010）。国家林业局、市园林绿化局对森林生态安全建设的重视程度大大提高，首都森林生态系统的维护成为了当今林业发展的重中之重。三北防护林工程建设、北京市平原治沙工程、集体林权制度改革等政策相继实施，随着一系列加强森林生态安全建设的政策措施相继出台，首都森林生态安全逐渐成为了林业发展的核心。主要政策内容大致可以分为"十五"期间、"十一五"期间、"十二五"期间三个时期。

　　本章根据2000~2015年，北京市林业规划政策（表6.5）、北京市林业法规政策（表6.6）、北京市其他林业相关政策（表6.7）三类政策分析政府宏观政策调控对北京市森林生态安全的影响。

表6.5　北京市林业规划政策

年份	主要内容
2001	（1）国家林业局制定了《全国林业发展第十个五年计划》 （2）北京市林业局编制了《北京市2001~2010年防沙治沙生态体系建设规划》，要求进一步加快北京市市防沙治沙建设步伐，尽快构筑山区、平原和绿化隔离地区三道绿色生态屏障，改善首都生态环境 （3）实施《"三北"防护林体系四期工程建设规划》，涉及大兴、通州、顺义、朝阳4个区，工程内容包括人工造林，封山育林等
2002	国务院批准《京津风沙源治理工程规划》，计划用10年时间，通过采取多种生物措施和工程措施，增加森林覆盖率，治理沙化土地，减少风沙和沙尘天气危害，最终使京津及周边地区生态有明显的改观，从总体上遏制土地沙化的扩展趋势
2006	（1）国家林业局制定了《林业发展"十一五"和中长期规划》 （2）《北京市"十一五"功能区域发展规划》将北京市18个（现为16个）区县划分成了四大功能区，即首都功能核心区、城市功能拓展区、城市发展新区和生态涵养发展区。房山区被确定为城市发展新区
2007	北京市园林绿化局制定了《北京市"十一五"时期园林绿化发展规划》，按照"办绿色奥运、建生态城市"的要求，全面提高园林绿化水平，改善首都生态环境，高质量、高标准完成奥林匹克森林公园、奥运会场馆、场馆周边以及奥运联络线等园林绿化建设，确保优良的生态环境，优美的园林景观，良好的园林绿化行业服务能力
2009	北京市园林绿化局制定了《北京市园林绿化科技发展规划》
2010	（1）国务院审议通过了我国第一个中长期林地保护利用规划《全国林地保护利用规划纲要（2010~2020）》，从严格保护林地、合理利用林地、节约集约用地的角度，提出了适应新形势要求的林地分级、分等保护利用管理新思路 （2）北京市规划委员会发布了《北京市绿地系统规划》，通过科学规划来确定全市绿地系统结构，从空间上对全市域范围的绿色空间进行统筹安排，为建设"人文北京、科技北京、绿色北京"提供支撑

（续）

年份	主要内容
2011	(1)国家林业局制定了《林业发展"十二五"规划》 (2)编制了《北京市"十二五"时期园林绿化发展规划》 (3)实施《北京市"三北"防护林体系五期工程建设规划(2010~2020年)》，在"三北"五期规划的10年时间内，通过工程的实施，在工程建设区建成点线面、带网片相结合的平原防护林绿化体系和绿色生态屏障。到2020年，力争全市林木覆盖率达到57%，森林覆盖率达到40%以上
2012	市政府批准了《北京市林地保护利用规划(2010~2020年)》以保护首都园林绿化建设成果，引导全市严格保护林地，合理利用林地，优化林地资源配置，实现国家下达北京市的目标和任务，充分发挥森林的生态、经济和社会效益，促进首都经济社会可持续发展
2016	(1)国家林业局制定了《林业发展"十三五"规划》 (2)编制了《北京市"十三五"时期园林绿化发展规划》

表6.6 北京市林业法规政策

年份	法规主要内容
1999	制定了《北京市森林资源保护管理条例》，主要针对北京市行政区域内森林、林木、林地等森林资源的保护管理
2000	(1)国务院发布《中华人民共和国森林法实施条例》 (2)国家林业局制定了《林木和林地权属登记管理办法》，规范森林、林木和林地的所有权或者使用权登记工作
2001	国家林业局发布了《占用征用林地审核审批管理办法》，规范占用、征用林地的审核和审批
2002	国务院发布了《退耕还林条例》，规范退耕还林活动，保护退耕还林者的合法权益，巩固退耕还林成果，优化农村产业结构，改善生态环境，严格执行"退耕还林、封山绿化、以粮代赈、个体承包"的政策措施
2003	(1)国家林业局制定了《国家林业局营造林质量考核办法(试行)》，进一步强化营造林生产管理，提高造林成效，确保营造林质量 (2)国家林业局制定了《林业标准化管理办法》，加强林业标准化工作，包括制定和修订林业标准，组织实施林业标准，对林业标准的实施进行监督 (3)《北京市森林资源保护管理条例》实施办法
2004	国家林业局制定了《营利性治沙管理办法》，规范营利性治沙管理活动，保障从事营利性治沙活动的单位和个人的合法权益
2005	(1)国家林业局制定了《国家级森林公园设立、撤销、合并、改变经营范围或者变更隶属关系审批管理办法》，规范国家级森林公园设立、撤销、合并、改变经营范围或者变更隶属关系审批行为 (2)制定了《北京市占用征用林地管理程序》以限制征占用林的限额
2006	国家林业局制定了《林业工作站管理办法》，加强林业工作站的建设与管理，发挥林业工作站在保护森林和野生动植物资源以及发展林业中的作用

（续）

年份	法规主要内容
2007	北京市园林绿化局制定了《北京市彩色树种造林工程项目建设管理办法(试行)》,规范本市彩色树种造林工程项目建设管理,提高工程建设水平,确保成效。(彩色树种造林工程是根据彩色树种的生物学特性、生态习性,利用植物色彩及季相变化、观赏特性,提升森林资源旅游休憩、休闲观光的生态景观效果和功能,构筑层林尽染的优美景观,推进北京市农村生态旅游业、风景旅游业、民俗旅游业的发展而实施的市级造林绿化重点工程)
2008	(1)国家林业局公布并施行《森林资源监督工作管理办法》,加强森林资源保护管理,规范森林资源监督行为 (2)北京市园林绿化局编制了《北京市平原治沙工程管理办法(试行)》及《北京市平原治沙工程检查验收办法(试行)》,规范工程管理,提高工程建设质量。(北京市平原治沙工程目的是减少本地沙地起尘产生的自然天气灾害,改善林地景观,建立新型营林模式,为构建宜居城市环境提供保障。平原治沙工程建设内容包括:灌草覆盖、残次林改造、沙坑治理和治沙示范区建设等工程措施。是《北京市"十一"五防沙治沙规划》的重点工程之一。)
2010	北京市园林绿化局制定了《北京市树木移植砍伐许可管理办法》(试行),规范北京市树木移植、砍伐许可管理
2011	(1)根据《森林防火条例》等法律法规发布《北京市森林防火办法》,有效预防和扑救森林火灾,保障人民生命财产安全,保护森林资源,维护生态安全 (2)国家林业局公布并施行《国家级森林公园管理办法》,规范国家级森林公园管理,保护和合理利用森林风景资源,发展森林生态旅游,促进生态文明建设
2013	北京市园林绿化局通过了《北京市占用征收林地定额使用管理办法(试行)》,规范本市占用征收林地定额管理工作,加强占用征收林地管理,落实林地用途管制制度
2014	北京市园林绿化局制定了《北京市平原地区造林工程林木资源养护管理办法(试行)》,加强和规范本市平原地区新增林木资源养护管理工作,巩固平原造林工程建设成果
2015	中共中央、国务院印发《国有林场改革方案》和《国有林区改革指导意见》。在北京市,国家级、市级、区县级的国有林场共34个,占地6万余公顷。围绕改革事宜,市政府将成立国有林场改革领导小组,下设办公室;同时,各相关区县也将成立专门机构,推动改革措施,预计全部改革工作将在2017年完成
2016	(1)市委、市政府通过了《北京市国有林场改革实施方案》 (2)根据《国务院关于修改部分行政法规的决定》(中华人民共和国国务院令第666号)修改了《中华人民共和国森林法实施条例》 (3)北京市园林绿化局制定了《北京市平原生态林保护管理办法(试行)》加强本市平原地区生态林保护和管理 (4)市园林绿化局组织编制印发了《北京市山区森林抚育技术规定(试行)》,加强北京市山区森林经营工作,规范森林抚育技术措施,提高森林抚育项目实施成效

表6.7　北京市其他林业相关政策

年份	主要内容
2000	北京市三北防护林工程第一阶段结束。(北京市从1982年开始列入国家"三北"防护林体系建设工程范围，涉及大兴、通州、顺义、朝阳、密云、怀柔、昌平、延庆、平谷9个区县。)
2002	市政府发布《关于加快本市中幼林抚育工作实施意见的通知》，计划到2008年全市中幼林基本抚育一遍
2003	中共中央、国务院发布了《中共中央 国务院关于加快林业发展的决定》，加强生态建设，维护生态安全
2004	(1)中共北京市委、市政府制定《关于加快北京市林业发展的决定》，贯彻落实《中共中央国务院关于加快林业发展的决定》，进一步加快北京市林业发展 (2)市政府印发了《关于建立山区生态林补偿机制的通知》，通过建立生态林补偿机制，实现山区农民由"靠山吃山"向"养山就业"转变，推进山区林业建设，促进山区经济发展和社会进步
2006	国家林业局制定了《抓好京津风沙源治理工程，促进区域新农村建设的实施方案》。使工程区可治理的沙化土地得到治理，生态环境得到全面改善，促进农村产业结构得到优化，农村经济得到快速发展，基本实现荒山荒沙绿化、城镇村庄美化、林草资源综合利用产业化("三化")目标
2007	北京市开展"2008"工程园林绿化工程质量监督工作，加强"2008"工程园林绿化工程质量监督管理。("2008"工程园林绿化工程：所有北京奥运会竞赛场馆、奥运会非竞赛场馆、场馆周边改扩建道路及公共用地的园林绿化景观建设。包括体现园林地貌创作的土方工程、园林筑山工程、园林理水工程、园路工程、园林铺地工程、其他造景工程、植物种植和养护作业等。)
2008	《中共北京市委、北京市人民政府关于推进集体林权制度改革的意见》正式颁布，要求在"十一五"期间基本完成明晰产权、确立主体、放活经营、强化管理、保障收益等主体改革任务，不断深化配套措施建设
2009	(1)北京市园林绿化局制定了《北京山区困难地造林技术规定(试行)》以加快北京市生态涵养发展区的生态建设，确保山区困难地造林质量 (2)市园林绿化局成立了北京市林业碳汇工作办公室，推动"碳汇"在北京向深度和广度发展；开展国际合作，引进先进的"碳汇"理念和资金，助推北京"低碳城市"建设
2010	《北京市人民政府关于建立山区生态公益林生态效益促进发展机制的通知》要求促进山区生态公益林健康发展，进一步发挥其生态效益，在坚持山区生态公益林补偿机制的基础上，市政府决定建立山区生态公益林生态效益促进发展机制
2015	市发展改革委印发了《北京市发展和改革委员会关于下达2015年北京市三北太行山防护林建设项目任务计划的通知》，太行山绿化工程任务全部安排在房山区。(太行山绿化工程是在太行山石质山区营造水源涵养林，水土保持林，发展果木经济林，通过恢复和扩大森林植被，以提高山区的水土保持能力，并兼有较好的经济效益。)
2016	市园林绿化局、市农、市财政局调整北京市山区生态公益林生态效益促进发展机制有关政策，促进北京市山区生态公益林健康发展，加大山区生态保护补偿力度，提升生态公益林质量和功能效益，扩大农民就业增收，推进山区经济社会全面、协调、可持续发展

一、"十五"期间林业政策分析

"十五"期间,全市累计造林 197 万亩、封山育林 184.9 万亩、飞播造林 59.3 万亩,截止至 2005 年全市林地总面积达 1580 万亩。与"九五"末(2000 年)相比,森林覆盖率由 30.65% 提高到 35.47%,增加了 4.82 个百分点;林木绿化率由 41.9% 提高到 50.5%,增加了 8.6 个百分点;活立木总蓄积量由 1428 万 m^3 增加到 1521.3m^3,净增 93.3 万 m^3;城市绿化覆盖率由 36% 提高到 42%,城市人均绿地由 35 平方米提高到 46 平方米。据测算,截止 2005 年全市森林资源的生态服务价值达 3107 亿元。自此,森林生态安全建设进入新阶段。

(一)绿色生态体系建设成效显著,山区绿色生态屏障基本形成

山区绿色生态屏障建设步伐明显加快。以营造水源保护林和水土保持林为重点,飞、封、造并举,到 2005 年完成绿化造林 120 多万亩。90% 以上的宜林荒山实现了绿化,山区林木绿化率由 2000 年的 57.23% 提高到 2005 年的 67.85%,五年净增 10.62 个百分点。形成了环绕京城的山区绿色生态屏障,对于防尘治沙、涵养水源、保持水土,从根本上改善首都生态环境发挥了重要作用。山区森林生态安全随着绿色生态屏障的逐步完成整体上有了极大的改观。

防沙治沙取得明显成效,退耕还林工程全面完成。2002 年,国务院批准《京津风沙源治理工程规划》和《退耕还林条例》。在"十五"期间共营造防风固沙林 110 多万亩,五大风沙危害区得到有效治理,环境面貌有了明显的改善。退耕还林计划任务全面完成,共计工程造林 105 万亩,涉及平谷、密云、怀柔、延庆、昌平、门头沟 6 个区县。通过因地制宜发展经济林、速生丰产林等绿色产业,切实增加了农民收入,有效地改善了山区环境质量。

中幼林抚育工程全面完成。从 2002 年市政府发布了《关于加快本市中幼林抚育工作实施意见的通知》开始,在全国率先实施中幼林抚育工程,截至 2005 年完成了市政府确定的重点地区 300 万亩中幼林抚育任务。有效地调整了林分结构,促进了林木生长,改善了山区生态景观,森林生态安全社会压力和资源压力小幅度改善,提高了森林整体生态效益和社会效益。研究发现"十五"期间政策实施的效果在 2003 年得到了明显体现,环境压力大幅度缓解,压力指标由 2000 年的 0.1109 下降到了 2005 年的 0.0770,森林生态安全压力整体指标有所提升。

(二)森林资源安全保障体系建设取得新进展,森林资源保护管理工作进一步加强

通过制定《北京市占用征用林地管理程序》(2005 年)等 8 项规范性文件,依法严格征占用林地管理和林木采伐限额管理,减少工程建设征占用林地近 2500 亩,减少林木伐移 69 万株,各年度采伐量均低于"十五"期间林木采伐限额。通过制定《林木和林地权属登记管理办法》(2000 年),登记发放集体林权证 4.51 万本,确权林地面积达 1161 万亩,大大规范了森林、林木和林地的所有权和使用权。通过制定《北京市森林资源保护管理条例》(1999 年),依法规范造林、管林、用林行为,严厉打击破坏森林及野生动植物资源违法活动,有效地保护了森林资源,提高林业行政执法队伍素质;开展专项行动,共查处各类林业违法案件 2652 起,结案率 98.8%,有力地打击了林业违法行为,资源压力得以缓解,进一步保障了首都森林生态安全。

(三)首都林业发展思路、方式、机制和体制实现重大突破

2004 年,中共北京市委、市政府发布《关于加快北京市林业发展的决定》,确立了新时期首都绿化林业工作的指导思想、基本方针和奋斗目标,同时紧紧围绕"办绿色奥运、建生态城市"的目

标、完善首都森林绿化政策，确定了建设高标准的林业生态体系、高效益的林业产业体系、高水平的森林资源安全保障体系的三大体系和城市、平原、山区三道绿色生态屏障的新思路。森林生态安全得到极大重视，在"十五"后期，投入情况指数由 2004 年的 0.0061 上升至 2005 年的 0.0082，治理情况指数由 2004 年的 0.0235 回升至 2005 年的 0.0500，标志着首都森林生态安全建设步入了跨越式发展的新阶段。

北京市坚持大工程带动大发展，在森林建设方面重点实施了京津风沙源治理工程、退耕还林工程、中幼林抚育工程、彩叶工程等一批对首都生态环境全局有重大影响的工程，截至 2005 年累计造林达 185 万亩，为五年人工造林总和的 94%。重点工程带动了绿化林业的大发展，同时也带动了首都森林生态安全的提高，从"十五"计划制定开始森林生态安全系统逐年好转，对首都林业跨越式发展发挥了巨大的推动作用。

二、"十一五"期间林业政策分析

"十一五"时期，是实现"新北京、新奥运"战略构想的关键时期，是实施《北京城市总体规划（2004~2020 年）》的起步阶段，举办奥运会为首都的森林生态安全发展带来重大机遇。2006 年，《北京市"十一五"功能区域发展规划》将北京市 18 个（现为 16 个）区县划分成了四大功能区，即首都功能核心区、城市功能拓展区、城市发展新区和生态涵养发展区，引导自然资源的合理开发与利用，加强生态环境的保护与建设。全市森林覆盖率由"十五"末的 35.47% 提高到 37%，林木绿化率由 50.5% 提高到 53%，活立木蓄积净增 289 万 m^3，达到 1810.3 万 m^3；城市绿化覆盖率由 42% 提高到 45%，人均公共绿地由 12.66m^2 提高到 15m^2。森林生态安全系统的完善再一次到达新高度。

（一）一系列林业工程开展建设，首都的城乡生态体系功能大幅提升

（1）京津风沙源治理、太行山绿化等重点工程自 2006 年起全面推进，山区绿色屏障基本形成，累计完成人工造林 4.9 万 hm^2、封山育林 15.3 万 hm^2，加快了山区绿色屏障的形成。2006 年，在空气质量低下的极差环境状况下，国家林业局通过制定《抓好京津风沙源治理工程，促进区域新农村建设的实施方案》进一步搞好京津及周边地区的林草植被建设与保护，并积极落实《国家林业局关于进一步加强京津风沙源治理工程造林管理工作的通知》以加强生态脆弱地区植被恢复，到 2010 年末共完成爆破造林 5300hm^2，废弃矿山生态修复 3580hm^2。山区绿色屏障的形成有效保证了北京市森林生态安全系统的完善，在整体林业水平提高的前提下，首都森林生态安全才能随之提升。

（2）北京市园林绿化局于 2007 年制定了《北京市彩色树种造林工程项目建设管理办法（试行）》，推进大地景观建设，截至 2010 年，营造彩叶林 6700hm^2，使全市彩叶林面积达到 2.13 万 hm^2。从彩叶工程的推进可以看出北京市森林生态安全建设投入力度明显加强，其目的在于北京奥运会的圆满举行，这一重大事项带动了首都森林生态安全体系的建设，以改善园林景观为契机，森林生态系统的安全状况也得到了极大的重视。

（3）"三北"防护林工程第二阶段四期工程自 2001 年开始，涉及大兴、通州、顺义、朝阳 4 个区，到 2010 年完成营造林 6.43 万 hm^2。通过实施"三北"防护林体系建设工程，加快了风沙危害区治理、城镇绿化、道路绿化和村庄绿化，增加了森林资源，改善生态环境，保证了北京市资源

状态的稳定提升，促进了区域经济发展和农民就业增收。

(4)中幼林抚育示范工程于 2010 年顺利完成 7500 余 hm^2，通过大力开展森林健康经营，圆满完成了 33 万 hm^2 国家重点公益林的管护任务。2010 年，通过加大生态补偿和森林健康经营管理资金投入，北京市鼓励、支持山区农民参与生态公益林保护、建设和经营管理，以有效推动实现"养山增效、兴林富民、科学经营、协调发展"的目标。通过启动实施京冀生态建设合作项目，北京市完成了造林面积 9300 余 hm^2，推动了生态一体化进程。截至 2010 年末，全市森林资产总价值达到 6148 亿元，生态服务总价值达到 5539 亿元，年固定二氧化碳 992 万 t，释放氧气 724 万 t，森林生态安全指数于 2009 年达到 0.5217，相较 2006 年之前有显著提升。

(二)市园林绿化应急能力全面增强，森林生态基础管理实现重大突破

(1)森林资源保护管理能力显著提高。通过制定《森林资源监督工作管理办法》以及《北京市树木移植砍伐许可管理办法》(试行)，北京市依法加强了征占用林地、林木采伐管理。通过严格审核和优化方案，截至 2010 年累计减少征占用林地 $350hm^2$，减少移伐林木 32 万余株，有效保护了林木资源。同时，森林公安、林政稽查等执法机构建设也在不断加强，林业行政执法力度明显加大，截至 2020 年累计受理查处各类案件 2400 余起。自 2006 年起，北京市逐渐放缓城市扩张速度并加强森林基础安全建设，使得全市森林生态安全在管理监督方面得到很大提升，社会经济压力得以缓解。

(2)林业体制机制实现重大创新，森林生态安全建设力度加强。2006 年，为了推进城乡统筹，市委、市政府做出了全市绿化资源集中管理的重大决策，组建了市园林绿化局。以此为标志，北京市全面理顺了 16 个区县的园林绿化管理体制，根据国家林业局制定的《林业工作站管理办法》全面完成了基层林业站改革，使全市形成了市、区县、乡镇(街道)三级绿化管理体制。2009 年，北京市在全国率先成立了林业碳汇工作机构，初步建立起林业碳汇管理体系，逐渐强化森林生态安全建设工作。

(3)集体林权制度改革全面推开。2008 年正式颁布《中共北京市委、北京市人民政府关于推进集体林权制度改革的意见》，截至 2010 年，5 个平原区基本完成主体改革任务，7 个山区县完成主体改革任务的 80%。首都的森林管理体系随着集体林权制度的改革而更加全面、系统，生态安全状态的增长速度迎来小高峰。

(4)科技创新和交流合作成果丰硕。在"创新驱动"上升为国家发展策略、"科技兴林"成为建设城市林业重要举措的大环境中，北京市组织实施重大科技攻关项目 40 多项，制订修订了各类国家标准、行业标准和地方标准 79 项，是"十五"末的 5 倍。2009 年，北京市园林绿化局通过制定《北京市园林绿化科技发展规划》，开展了包括森林健康与可持续经营、生态脆弱区植被恢复、森林碳汇等一系列科技工程。次年，北京市编制了《北京市绿地系统规划》，通过科学规划来统筹安排全市绿地系统结构。截至 2010 年，三级科技推广与服务体系基本建成，全市共实施国家级和市级、局级林业科技推广项目 56 项。"十一五"期间，北京市大力推进信息化建设以促进网格化管理新模式和系统运行机制的形成，并于 2009 年首次开展了全市范围内园林绿化资源普查和森林资源价值核算工作，取得了重要成果。科技兴林为提高森林生态安全创造了新的可能，北京市的森林生态安全建设自此将步入创新发展的新阶段。

"十一五"期间，北京市紧紧围绕"办绿色奥运、迎六十大庆、建生态城市"的目标，大力推

进五大体系建设，圆满完成了奥运盛会、国庆庆典两件大事的景观环境布置和服务保障任务，尽管森林资源的大量采伐导致资源压力增大，但"十一五"建设阶段全面兑现了奥运绿化七项承诺指标(全市林木覆盖率接近50%；山区林木覆盖率达到70%；城市绿化覆盖率达到40%以上；"五河十路"两侧形成2.3万 hm² 的绿化带；全市形成三道绿色生态屏障；市区建成1.2万 hm² 的绿化隔离带；全市自然保护区面积不低于全市国土面积的8%)，全市山区、平原、绿化隔离地区三道生态屏障基本形成。全市园林绿化"十一五"规划目标全面实现，森林生态安全综合指标明显提升，各项计划任务画上圆满句号。

三、"十二五"期间林业政策分析

"十二五"时期大力推进"生态园林、科技园林、人文园林"建设，圆满完成了以平原百万亩造林为代表的一批重大生态工程，完成了一系列重大活动的景观环境布置和服务保障任务，提高了森林生态安全系统的完善程度。截至2015年，全市新增造林绿化面积近140万亩、城市绿地4850hm²，森林覆盖率达到41.6%，增加了4.6个百分点；林木绿化率达到59%，增加了6个百分点；城市绿化覆盖率达到48%，增加了3个百分点；人均公园绿地面积从15 m² 增加到16m²。与"十一五"末相比，森林生态功能显著增强，整体生态安全指标较"十五"、"十一五"阶段有明显提升，并逐渐趋于平稳。

(一)平原百万亩造林工程圆满完成，全市生态空间布局不断完善

2012年，市委、市政府做出了实施平原百万亩造林工程的重大决策。全市掀起了大规模的造林绿化建设，无论在资金投入、建设规模，还是在质量水平、景观效果等方面均再创新高。到2015年底，累计完成平原造林105万亩，植树5400多万株，超额完成了规划任务。平原地区森林覆盖率由14.85%提高到25.6%，增加了10.75个百分点，显著提升了城市生态承载能力，完善了首都生态空间布局，森林生态状态趋于平稳。在工程建设中，北京市通过落实"两环、三带、九楔、多廊"空间规划加大造林力度，为森林生态安全建设打下基础，新增森林83.9万亩，新增万亩以上绿色板块23处、千亩以上大片森林210处，使得"十二五"后期资源状态持续上升。环境容量和生态空间的明显扩大是首都森林生态安全建设成效显著的因素之一。

(二)城乡绿色空间大幅拓展，宜居生态环境全面提升，山区生态功能显著增强

北京市通过持续推进京津风沙源治理、三北防护林建设、太行山绿化等国家级重点生态工程建设，于2015年完成人工造林25.38万亩，封山育林125万亩，成功使得全市71%的宜林荒山实现绿化；截至2015年，全市实施林木抚育300万亩、低效林改造9.4万亩，建成森林经营多功能示范区50处；完成彩色树种造林10.6万亩，形成千亩以上彩叶森林100处。全市森林资产生态服务总价值达到6938亿元，相较2010年末增加了1357亿元；山区森林覆盖率提高5.7个百分点，达到了56.65%，各项林业工程在此期间逐步完善，由表7.6可以看出生态涵养区森林生态安全综合水平由2009年的0.6530明显提升至2014年的0.6950，森林的生态服务功能显著增强。

(三)林地绿地资源保护管理不断强化，森林生态安全管理职能显著提高

市人大和市政府通过《北京市森林防火办法》《全市林地保护利用规划》《北京市占用征收林地定额使用管理办法(试行)》《北京市平原地区造林工程林木资源养护管理办法(试行)》等政策的实施，对全市林地保护执法进行了检查，对非法侵占林地绿地进行了排查清理并制定了林地绿地台

账管理制度，由此全市平原地区林木养护体制机制基本建立。北京市还强化征占用林地绿地的规划审查和审批服务，五年累计减少占用林地 420hm^2、绿地 35 万 m^2，减少移伐林木 35.8 万株，有效保护了林地资源和森林生态安全。同时，北京市开展了第八次园林绿化资源普查、第五次全市沙化土地监测工作，森林生态安全管理能力显著提高，各项指标趋于平稳，综合指标由 2010 年的 0.4591 年提升至 2015 年的 0.5158。

(四)集体林权制度改革不断深化，国有林场改革工作全面启动

按照"均股不分山、均利不分林"的原则，到 2015 年，北京市基本完成了以勘界确权、明晰产权、落实股权、保障收益权为核心的集体林权制度改革主体任务，林地确权面积达到 1300 万亩、确权率达 98%；建立了山区公益林生态效益促进发展机制，使 48 万户、119 万山区农民人均年增收 200 元。围绕深化林改，在房山区启动了全国集体林业综合改革试验示范区建设，并在全市开展了林权抵押贷款、森林保险、家庭林场、林业规模经营、生态林管护机制改革等一批试点示范，加大生态安全投入力度，开展了首都森林生态安全发展的新探索。

按照中央部署，2015 年，市政府根据《国有林场改革方案》和《国有林区改革指导意见》，成立了全市国有林场改革工作领导小组并制定了《北京市国有林场改革实施方案》，并且配合市有关部门启动了八达岭地区建立国家公园体制试点工作，逐步开展国有林场的改革建设，为森林生态安全系统的进一步完善开启了新篇章。截至 2015 年，北京市基本形成"山区绿屏、平原绿海、城市绿景"的大生态格局，森林生态安全不断提升，扩大了环境容量和绿色空间，城市宜居环境显著改善。

四、"十三五"林业发展新时期

2016 年，市园林绿化局和市发展改革委编制根据《北京市国民经济和社会发展第十三个五年规划纲要》的精神和"十三五"时期首都园林绿化发展需要制定了《北京市"十三五"时期园林绿化发展规划》，加快推进功能多样化、经营科学化、管理信息化、装备机械化、服务优质化。"十三五"的森林生态安全发展目标是：①持续扩展环境容量和生态空间，提高森林质量，着力加大山区生态建设；②携手打造京津冀生态修复环境改善示范区，进一步完善区域联防联控机制，协同构建森林资源一体化保护的环首都生态安全圈；③全面提升森林资源安全保障水平，提高森林火灾科学防控能力，大力加强林木绿地资源保护管理；④全面落实国有林场改革、集体林权制度改革等重点改革任务，进一步完善森林生态系统。到 2020 年，全市森林覆盖率达到 44%，林木绿化率达到 60%；城市绿化覆盖率达到 48.5%，人均公园绿地面积达到 16.5m^2，公园绿地 500 米服务半径覆盖率达到 85%，森林生态安全建设得到显著成果。

自 1999 年以来，北京市实行了一系列林业政策，为北京市森林地区生态发展和森林生态安全建设奠定了坚实基础，在首都森林生态安全建设逐渐完善的基础上，各项指标均保持平稳上升状态，森林生态安全得到了前所未有的重视，为 2050 年基本实现林业现代化做好了充分的准备。

第六节
基于案例调查的不同林场的森林生态安全演变驱动机制

　　国有林场是我国林业建设的重要组成部分，是林业发展最主要的基础，林场为社会提供了最优质的生态产品和公共服务，是我国生态修复和建设的重要力量，也是维护国家生态安全最重要的基础设施。经过长期建设和发展，国有林场和国有林区成为我国最重要的生态屏障和森林资源培育战略基地。但国有林场和国有林区在发展过程中仍然面临着资源管理弱化、基础设施落后、债务负担沉重、职工生活困难、发展陷入困境等问题。

　　2015 年，中共中央、国务院印发《国有林场改革方案》和《国有林区改革指导意见》。按照中央部署，北京市政府成立了全市国有林场改革工作领导小组，制定了《北京市国有林场改革实施方案》，配合市有关部门启动了八达岭地区建立国家公园体制试点工作。新形势下，大力推进国有林场林区改革，对保护好、发展好我国珍贵的国有森林资源、实现全面建成小康社会、建设生态文明和美丽中国有着重要意义。对国有林场进行森林生态安全格局演变的驱动机制研究，有利于对林场森林资源状况的了解，便于林区的管理工作，提高森林的经营管理水平，从而对国有林场的改革具有推动作用。

一、北京市森林发展变化

1. 中华人民共和国成立前阶段

　　据有关资料记载，在古代北京地区，曾经是森林密布，林产丰富鸟兽繁盛，景色宜人的优美环境。春秋时期的燕还具有"枣栗之饶"的美称。

　　随着社会的发展，逐步进入人类破坏森林的历史阶段。据史书记载，自辽金时代，大兴土木，开始大规模地砍伐郊区森林。历经明、清，人口剧增，伐木取柴日益增多，森林面积越来越缩小。清康熙年间，郊区已无大面积森林。

　　民国期间，虽然开始兴办林业，也不过是在西山大召山建立了一个林业试验场。经历 30 余年，仅营造人工林 266.7hm^2。

　　抗日战争时期，日本帝国主义侵入北京之后，到处修建炮楼，大量砍伐林木，森林遭受进一步的破坏。森林植被遭受破坏，每遇暴雨，山洪倾泻，碎石泥下流，毁堰冲田。例如门头沟区，田寺村 1950 年遭受一次山洪，给全村群众的生命财产造成很大损失。据资料记载，1650 年到 1911 年永定河共决口 103 次，1939 年洪水泛滥面积达 1.640km^2（北京市森林资源分析报告，1987）

2. 中华人民共和国成立后阶段

　　中华人民共和国成立初期。即 1949 年，据有关资料记载，北京郊区仅在沟谷两侧、梯田、坡脚和低山丘陵地带，保留着农民多年培育的 2.200hm^2 果林，在怀柔、延庆、密云、房山县及门头沟偏僻深山残存的 2.100hm^2 栎、桦、杨、锻及松柏混生天然次生林，其余大部分是荒山秃岭。平原林木分布在永定河沿岸，多位杨、柳杆子林，村庄周围分布着零星树木。全市立木蓄积 39.2 万 m^3，森林覆盖率仅有 1.3%（当时经济林不参加覆盖率计算）。此外，北京森林分布划分为三个区域太行山脉北端的西山区森林、燕山山脉的北山区森林以及东南部平原区森林，其中东南部由于开发垦地历史悠久，天然森林植被早已彻底改变，不复存在，现已成为北京地区粮食、蔬菜、果品等农副产品生产基地。

中华人民共和国成立后，北京市积极开展山区造林和营林，包括城市前山脸地区风景林建设，周边浅山与低山地区的薪炭林和松柏林营造，深山、中山区水源保护林和落叶松基地建设以及平原地区农田防护林体系建设等；自 2000 年实施京津风沙源治理和退耕还林工程以来，山区累计完成退耕还林面积 $3.67 \times 10^4 hm^2$，配套荒山造林 $3.33 \times 10^4 hm^2$，人工造林 $0.79 \times 10^4 hm^2$，封山育林 $11.24 \times 10^4 hm^2$，飞播造林 $6.44 \times 10^4 km^2$，爆破造林 $867 hm^2$；目前，城市绿化隔离带地区、城市平原和周边山区的三道绿色生态屏障已基本构建完成，林业生态体系、绿色产业体系和森林资源安全保障体系也已初步营建形成，首都的生态环境质量得到了明显的提高和改善（常祥祯，2005）。

2014 年，据第八次森林资源清查数据显示，北京森林面积 7.34530 万 hm^2，森林覆盖率 41%，林业用地面积 10.81443 万 hm^2，林木面积 96.7495 万 hm^2，林木绿化率 58.4%，活立木总蓄积量为 2109.14 万 m^2。北京市土地总面积为 1.641 万 km^2，其中林业用地面积 82.9149 万 hm^2，占土地总面积的 49.7%；非林业用地面积 83.7518 万 hm^2，占土地总面积的 50.3%。林业用地按地类分：有林地面积 46.4594 万 hm^2，占林业用地面积的 56.0%；疏林地面积 1.6798 万 hm^2，占林业用地面积的 2.0%；灌木林地面积 17.3797 万 hm^2，占林业用地面积 21.0%，其中国家规定的灌木林地 17.3797 万 hm^2；未成林造林地面积 2.8303 万 hm^2，占林业用地面积 3.4%；无林地面积 14.2294 万 hm^2，占林业用地面积的 17.2%；苗圃地面积 0.3363 万 hm^2，占林业用地面积的 0.4%。2012 年末生态公益林地中，重点公益林地 33.08 万 hm^2，占林地总面积的 32.4%。商品林地均为一般商品林地，经济林地是其主要组成部分。同期，北京市的平原百万亩造林工程在 2015 年圆满完成，年底累计完成平原造林 105 万亩（$700 km^2$），植树 5400 多万株；平原地区森林覆盖率由 14.85% 提高到 25.6%，增加了 10.75 个百分点，显著提升了城市生态承载能力，完善了首都生态空间布局（首都园林绿化政务网，2016）。截至 2015 年年底，北京市已建成的自然保护区（包括林业、农业渔政和国土地质主管的自然保护区）20 个，总面积 13.79 万 hm^2。其中林业部门主管的自然保护区面积有 12.73 万 hm^2，占北京市国土面积的 7.6%。到目前为止，北京市已经建立国家级和市级森林公园 22 处，总面积 7.37 万 hm^2。

二、北京市国有林场发展历史

中华人民共和国初期，为满足国民经济对木材需求和绿化环境的需要，我国在全国国有荒山和次生林区开始兴办国有林场和森林经营所，积极开展了护林、清林和封山育林活动，建立了管理机构、并开始了植树造林活动。这些管理机构被称为国营场，1990 年以后，国营林场逐步改称为国有林场。在国有林场发展大背景下，北京市国有林场的发展已有 60 多年的历史，在经历了试办、大规模兴建、调整、第一次改革、第二次改革等五个发展阶段，北京市国有林场的发展由量的积累逐步转向质的提升。其发展过程大致可分为试办（1950～1957）、大规模兴建（1958～1965）、调整（1966～1977）、第一次改革（1978～2004）、第二次改革（2004 至今）等五个阶段：

（1）试办阶段。北京市国有林场最早开始于 1952 年西山林场的建设，锥峰山林场、丫吉林场等的建设也开始于这一期间。

（2）大规模兴建阶段。北京市大多数国有林场的成立都集中于这一时期。1957 年林业部颁发《国营林场经营管理试行办法》，对国有林场经营管理做出了统一规范；1958 年中共中央、国务院发布了《关于在全国开展大规模造林的指示》，提出积极发展国有林场的方针等。在这样的背景下，全国国有林场数量迅速扩大，至 1965 年已发展到 3564 家，拥有职工 28.1 万人（刘家顺等 1996）。从 1960 至 1963 年，国营林场由"以林为主、林粮并举、综合利用，多种经营"逐步过渡到"以林为主、林副结合，综合经营、永续作业"，并设立了国有林场管理机构、一批国营林场改为实验林场，造林重点由防护林向用材林转移，建设方针发生重大变化。

（3）调整阶段。1966 年以后的 10 年间，全国国有林场发展缓慢、建设速度显著下降，有关国有林场发展问题的专门会议只举行过一次。至 1977 年国有林场总数仅比 1965 年增加 200 多处。这一阶段的中后期，北京市新增的国有林场有马兰山林场、云蒙山林场及京煤集体所辖的矿务局林场。

（4）第一次改革阶段。十一届三中全会后，林业部门进一步明确了国有林场"以林为主，多种经营，综合经营，以短养长"的经营方针，于 1996 年将该方针再次调整为"以林为主，合理开发，综合经营，全面发展"。这一阶段，北京市又陆续成立了六合庄林场、康庄林场、北大沟林场、清水林场、海子水库林场、荆子略林场。除海子水库林场外，新增的几个林场的经营面积都较小。至此，北京市国有林场在量上稳定下来。

（5）第二次改革阶段。2004 年北京市明确全市国有林场为生态公益型林场，经营资源主要来源于政府财政和补贴，开始了北京市国有林场新时期的发展。这一阶段，北京市国有林场的发展开始专注于生态效益的积累。这一点，由图 6.18 可见：在 2004、2005 年出现低谷后，北京市林业每个从业人员平均产值较以往有明显的提高，即使有波动也保持在较过去相对高的水平上（由于数据缺失，本章无法直接对北京市国有林场历年产值进行具体的比较分析，但由于其发展与北京市及林业产业发展紧密相关，这里勉强用北京市林业整体发展状态替代了北京市国有林场的发展）。

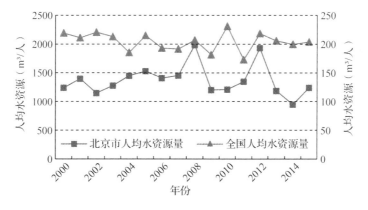

图 **6.18**　平均每个从业人员创造农、林、牧、渔业产值

（1990 ~ 2015 年）

目前，北京市国有林场已成为北京市的后备森林资源基地和主要的生态屏障，通过历年大规模人工造林活动等，森林资源培育成效显著；在国有林场基础上建立的森林公园、自然保护区等

构成了北京市生态体系骨干，对于北京市生态安全、生态文明建设具有重要作用；另外，各林场积极发展林业科研技术和推广工作，成为林业科研的重要研究基地；而各林场围绕林业，展开多种产业，正逐步将资源优势转变为经济优势。

北京市国有林场大的平均森林覆盖率达到70%左右，除矿务局林场和九龙山林场，其他32个林场的平均覆盖率达到了79%左右。在34个国有林场中，已有14个建成森林公园，总面积达83万亩，环绕京城，如蟒山森林公园、上方山森林公园，西山森林公园等；松山林场、百花山等四个林场被划定为国家级或市级自然保护区。另外，八达岭林场、西山林场等均已建成为国家级森林公园，林场已由先前的木材生产向生态防护、营林防护和风景林转变。经过多年建设，北京市国有林场在森林面积恢复上虽然取得了巨大的成绩，但由于历史的原因，北京市生态环境先天脆弱，森林破坏严重，加之中华人民共和国成立以来长期不合理的经营等，导致森林生态结构与功能失调、生物多样性较低、病虫害与森林火灾时有发生。如八达岭林场、西山林场、十三陵林场和松山林场普遍存在以纯林为主、树种单一、生物多样性差，生态系统完整性和稳定性较差等问题(巴成宝等，2011)。因此有必要对北京市国有林场进行评价研究，以期为公共林业主要经营建设单位国有林场的进一步发展提供建设依据(蔡炯，2013)。

三、案例区的选取与概况

(一)典型案例区林场的选择

本章基于以下几方面因素选择西山林场、松山林场、八达岭林场和十三陵林场为典型案例区林场：第一，考虑到北京市地貌骨架主要由山地平原所构成，其中山地约占全市总面积的三分之二，北京市国有林场也大多位于山区(如西山林场、十三陵林场、松山林场)，或山前断陷盆地(如十三陵林场)，从林场总面积上看，山区林场面积远大于平原林场，因此选择山地型国有林场作为研究对象具有一定的代表性；第二，相关林场已展开"北京山区森林健康经营关键技术研究与示范"、"典型区域森林生态系统健康维护与经营技术研究"、"重大林业身体工程生态效益分析评价技术与应用"等项目研究，在此基础上可以更加全面、系统地进行北京市国有林场森林生态安全格局演变研究；第三，上述林场均属于山地林场，且隶属于北京市园林绿化局，资金来源均为差额拨款等，这些构成了比较的基础，针对其自然资源，具体经营方式，外界环境等存在的差异进行比较分析，可以更加合理的判断分析各林场森林生态安全状况的相对优劣及其影响因素，为提高北京市国有林场森林生态安全提供依据。

(二)典型案例区林场概况

1. 八达岭林场概况

八达岭林场建于1958年，位于北京延庆县东南部，八达岭长城和居庸关长城之间，距市区60km，地理坐标位置为东经115°55′，北纬48°17′，总面积2940hm²，海拔高度在400~1250m。八达岭林场地处燕山山脉和太行山山脉汇合处，土壤为典型的山地褐土，属中低山地形，山地基岩以花岗岩为主，在西部石匣沟有石灰岩分布。气候属大陆季风气候，冬春干旱多风，夏秋两季多雨，植被丰富，物种多样，观赏价值高，森林覆盖率达到54.4%。天然植被保存较好的有黑桦林、色木林、胡桃楸林、暴马丁香林等。人工林有油松林、华北落叶松林、侧柏林、刺槐林、杨树林等。山地阳坡有大面积的山杏、山桃、绣线菊、黄栌、胡枝子等灌丛，植物区系属华北区暖温带落叶阔叶林及山地垂直代的代表类型，从山下到山顶，分布有针叶林、落叶林和灌丛，是北京地区森林垂直谱系分布比较完整和典型的地区之一。

该林场现有植物 539 种，动物 300 多种。公园主要景区有红叶岭景区、青龙谷风景区、丁香谷风景区、青少年科普教育基地、拓展训练基地和中国艺术家生态文化园。境内分布有华北地区面积最大的天然次生暴马丁香林，有大量的谷底、谷侧平台休憩林地，有詹天佑修建的中华第一条铁路等。

自建场以来，逐年营造的人工林现已逐步郁闭成林，2006 年 6 月，八达岭林场正式通过 FSC 森林经营认证工作组审核，成为我国首家通过 FSC 国际森林经营认证的生态林区。2008 年 4 月 4 日，八达岭林场碳汇造林项目正式启动，种植了白皮松、栓皮栎、元宝枫等为主的碳汇示范林。该林场森林防火工作实行由场长负总责、主管场长亲自抓、各分场场长对所属辖区负责的分级责任制管理模式。同时，坚持长期以来的地区联防机制，建设防火阻隔系统，形成防火指挥中心与瞭望塔、护林员之间互为补充的三层林火监测网，真正实现人防与技防相结合，确保了林场辖区内林木生态系统的安全稳定。到目前为止，林场已经取得了连续 30 年无森林火灾的佳绩。该林场还通过建起首个企业低碳红叶林，并通过举办新闻发布会、新闻及专题报道、建立公园网站等方式扩大知名度，充分展示健康森林的魅力。同时，该林场启动了全国第一个民间公众捐资开展的碳汇造林项目，规模 3100 亩，每年可吸收固定二氧化碳 2816.86t，此项目对进一步宣传普及碳补偿与林业碳汇相关知识，充分发挥森林在水源涵养、应对气候变化和环境教育等方面的意义重大。通过项目实施，充分利用了北京的地域优势和林业民间融资机制，积极探索了公众对森林生态效益补偿的途径和政策，强化了生态意识和可持续发展意识，转变了林业经营观念。

2. 西山林场概况

西山林场始建于 1952 年，早年名为北京市郊区造林事务所，1962 年更名建制为北京市西山试验林场，简称西山林场，沿用至今。西山林场地处北京西郊，属太行山余脉，为低山石质山区，土地干旱贫瘠，土薄石多，阴坡较陡，阳坡较缓；距京城 20km，距五环路约 1.2km，是京城西北的"绿色长城"；西山林场地理坐标为东经 116°28′，北纬 39°54′，地跨海淀、石景山、门头沟三个行政区；林场有林地面积 5492hm^2，森林覆盖率为 92.32%，林木绿化率为 98.67%。

西山林场平均海拔 300~400m，最高海拔 800m，平均坡度 15°~35°，其植被分区属暖温带落叶阔叶林，全林场内自然生产的乔木种类较少，多为上世纪 50 至 60 年代营造的人工林，人工林现已郁闭成林，针叶林主要树种为侧柏、油松为主；阔叶林主要以刺槐、黄栌、元宝枫、栓皮栎、栾树为主；数量较少的珍贵树种有：白皮松、樟子松、赤松、黄波罗、黄连木、银杏等；林区有古树名木两千多株，主要树种是油松、侧柏、栓皮栎等，其中，古柏群有侧柏 2736 株；此外，还有一定数量的野生动物资源，包括鸟类、兽类、爬行类、昆虫类和真菌类资源等。

西山林场隶属于北京市园林绿化局，为城市景观生态公益型国有林场，同时也是集林业试验、示范、推广于一体的综合性林场。西山林场现设六个领导岗位，六个管理机构，有十五个下属单位，一个园林绿化公司，属差额拨款事业单位。该林场林业有害生物防治始终坚持以"森林健康理论"为思想指导，以有效保护森林资源为工作目标，坚定不移地贯彻"预防为主、科学防控、依法治理、促进健康"的防治方针，努力做到"三早"即"早发现、早报告、早防治"，有效地维护了林场林业资源的绿化成果。同时，每年在全场范围内的义务植树活动都得到了有序开展，义务植树活动的开展不仅为绿化美化西山增添了一份绿，同时也为打造"绿色北京"做出了一份贡献。此外，该林场紧密结合生产实践与前瞻性理论开展森林抚育、碳汇经营、景观恢复、森林防火监测、有害生物防治等方面的研究活动，以科技引领森林经营水平的不断提升。与此同时，林场由早期单一的植树造林，逐渐转向综合全面发展，推行北京市园林绿化局"场园一体"的发展思路。其森林公园的建设既是发挥主业优势、挖掘资源潜力的重点产业，同时也是西山林业文化体系和服务体系建设的重要内容。多年来，西山林场先后荣获"首都绿化美化先进单位"、"全国国有林场十大标兵单位"、"全国科技兴林示范林场"、"全国精神文明建设工作先进单位"等荣誉称号。

3. 松山林场概况

松山林场始建于 1962 年，隶属于北京市园林绿化局，总面积为 4671hm^2，有林地面积约为 3700hm^2，森林覆盖率达到 87%，具有北京市西北方向保存最好的生态系统。1985 年在此基础上建设北京市松山自然保护区，并于 1986 年晋升为国家级森林和野生动物类型自然保护区，成为北京市首个国家级自然保护区，2007 年度被国家林业局列为首批国家级自然保护区示范区。松山林场位于北京市西北部延庆县海坨山南麓，地处燕山山脉的军都山中，距北京市区仅 90km，距延庆县城 25km；地理坐标为东经 115°43′ ~ 115°50′，北纬 40°32′ ~ 40°33′，北依主峰大海坨山（为北京第二高峰），属于强烈切割的中山地带，地势北高南低，区内山势陡峭，峰峦连绵起伏，保护区以南为断陷的延庆盆地，区内地形比较复杂，其独特的地理区位使松山林场在水源涵养、抵御风沙及空气净化等方面具有重要作用。

该林场处于暖温带大陆性季风气候区，受地形条件的影响，气温偏低，湿度偏高，形成典型的山地气候，是北京地区的低温之一。另外，气候的垂直分带性比较明显。场内地下水资源较为丰富，除个别较为短小的山沟外，几乎每条沟都有裂隙水流出。松山林场生物多样性丰富，有华北地区唯一的大片珍贵天然油松林，以及状态良好的核桃楸、椴树、白蜡、榆树、桦树等天然次生阔叶林。由于森林覆盖率高，这里野生动物的种类也相当丰富，据统计，松山记录到的野生维管束植物有 713 种，野生脊椎动物 216 种。该林场在研究华北地区生物演替变化规律方面具有天然的资源优势，其对于石质山区物种保护、现有植被改善以及结构调整等方面的科学研究、自然科学教育等有非常积极的作用。

松山自然保护区为国家级森林和野生动物类型自然保护区，是北京市首个国家级自然保护区，在北京的生态环境及其旅游中处于举足轻重的位置。北京 2008 年绿色奥运的承诺，北京宜居城市的目标、社会主义新农村的建设等都对保护区的建设提出了要求，也使得保护区进入了快速发展时期。各区县政府，市、区县有关部门给予自然保护区很大支持，多渠道支持了保护区建设发展，同时保护有林业、水利、土地、环保、旅游、公路等多种政策支持，这些举措为松山保护区的发展提供了战略性的机遇。该林场建立的集体生态林补偿机制实现了生态建设与农业生产、农村经济、农民生活协调发展，实现了山区农民由"靠山吃山"向"养山就业"的重大转变，这是一项提升山区绿色生态屏障建设水平，发挥森林资源综合效益的长效机制。松山保护区这一措施在生态保护和旅游开发方面都取得了一定的成效，不仅带动周边地区经济发展，解决当地农民就业，极大地缓解了保护区周边社区对保护区资源的压力及保护区与周边社区的紧张关系，还促进了保护区事业的发展，逐渐成为首都地区保护生态环境的窗口，开展科研活动的理想场所，科普教育的好课堂和人们游憩的好去处。

4. 十三陵林场概况

十三陵林场是北京市园林绿化局直属最大的国有生态公益型林场，地处北京西北郊昌平区内，距市区仅 40km。地理坐标为东经 115°50′～116°29′，北纬 40°2′～40°23′，总面积 8572hm²。十三陵林场所辖山场属燕山山系低山丘陵区，山脉向东南和西南延伸。十三陵地区的地形由泰陵、德胜口、老君堂三条主沟相切，形成四个不相连的丘陵山地，中心为十三陵盆地，盆地东侧为十三陵水库。由于长期过度放牧，林木破坏严重，植被稀疏，恢复过程缓慢，植被群落组成简单，山地大部分岩石裸露，土层薄，土壤肥力差。十三陵林场林区春季干旱多风，夏季炎热多雨，秋季昼夜温差大，冬季寒冷干燥，风向以西北风为主。林区土壤属褐色土类，土壤水分条件差，属干旱类型，不利于造林成活。林场的森林类型以侧柏林、人工油松林为主，多数地区形成了侧柏、油松纯林和侧柏、黄栌等混交林，林区内多为人工林，且基本为中幼龄林。林场界内有明十三陵、十三陵水库、沟崖、居庸关等名胜。

经过多年的经营，林场所属的龙山、虎山、癖山、旱包山都种上了大批树苗，山上山下打了十多眼机井，修了多个蓄水池，4 万多米的引水管从山底蜿蜒而上，延伸至大山深处，整体生态环境有所改善，野生动物日益增多。目前，林场内已发现有狐狸、野兔、狗子、花鼠、松鼠、豹猫、刺猬、黄鼠狼等二三十种野生动物，有 100 多种鸟类、爬行动物、两栖动物等。

近年来，该林场积极争取各方面支持资金 2400 万元，累计完成了中幼林抚育 6000 余 hm²、封山育林 3000hm²、爆破造林 250hm²、彩叶工程 300hm²，并创建种子源基地和苗木基地 80hm²。在具体实施过程中，该林场按照国家林业局"严管林、慎用钱、质为先"的要求，严把各项工程重要环节，被原北京市林业局评为优质工程。为落实科学发展观，搞好规划，该林场走起了"场园合一"道路，大力发展森林旅游业。与此同时，林场利用自身优势大力开展园林绿化工程和优质苗木生产，累计承揽园林绿化工程 15 个，总额达 2000 万元，扣除各项费用，实现纯利润 400 万元。此外，林场还利用北京的科研优势，先后与林科院开展黑核桃良种繁育和北美鹅掌楸无性繁育等科技合作，培育出的黄栌新品种——"紫霞"被有关部门授予新品种保护权单位。现十三陵林场建设的优质苗木基地被市种苗站列为质量信得过单位，年出圃各种苗木 100 万株，为北京市的园林绿化提供了大量白皮松，华山松、雪松等优质苗木，创造了较好的经济效益。2014 年，十三陵林场获得"2014 年度全国十佳林场"，成为北京市国有林场发展的典范。以上各项工作模式的探索和开展，有效地改善了十三陵地区林木生长条件，提高了林分质量，为首都北京北部山区生态环境做出了重要贡献。

四、不同林场发展演进的对比分析

林场的发展演变受到诸多内因和外因的综合影响。其中，资源禀赋、地理区位、自然条件、经济基础等为内在因素。管理、基础设施建设、旅游开发、技术创新、环保情况、制度、政府政策行为等为外部因素。协调和优化林场发展的空间布局与利益格局显得日益必要和重要，内生和外生相结合的综合性林场发展理论将更有助于指导和促进林场森林生态系统的优化。本章针对自然条件、资源禀赋和社会经济发展三大方面的分异状况，重点剖析八达岭、西山、松山和十三陵这四个典型林场森林生态安全的演进特征、影响因素及其作用机理，可为其他地区林场森林生态系统的发展提供选择依据。

（一）自然本体条件及自然资源因素的分析

从上文自然本体条件因素对森林生态安全的影响分析中可知：降水、气温、日照等气候因子以及海拔、坡度、坡向等地形因子相互作用，直接或间接地影响了植被生长分布、森林生产力、物种丰富度以及植被覆盖度等，进而对森林生态安全产生影响。自然资源禀赋中，森林植被作为所有植被类型中生态价值最高的植被类型是森林生态系统结构的组成重要，其变化将直接影响该区域气候、水文和土壤等状况，对区域能量循环及物质的生物化学循环具有重要的作用，并且影响着森林生态功能的发挥；土壤作为生态环境的物质基础，其质量直接影响植物生长以及生态效益、景观功能的发挥；生物多样性是导致森林生态系统具有复杂结构及影响生态过程的主要原因。各林场情况具体如下表所示（表6.8和表6.9）。

表6.8　不同林区自然条件因素的差异特征

	八达岭林场	西山实验林场	松山自然保护区	十三陵林场
降水	年均降雨量为454mm，降水较少，且多暴雨，全年总蒸发量1585.9mm	年降水量660mm，年蒸发量远大于年降水量	年降雨量可达600mm，多年平均降水量450mm	年均降雨量584mm，且降雨分布极不均匀，6~8月降雨量是全年的75%以上
气温	年平均气温10.8℃，最低月平均气温-7.2℃，是1月份	年平均气温11.6℃，冬寒夏热，极端低温达-15℃，极端高温达40℃	年平均气温8℃左右，最低气温-27.0℃，最高气温39℃。气温偏低，湿度偏高	平均气温为11.8℃。7月温度最高、平均为25.7℃；1月份最低、平均为-4.1℃
日照	无霜期短，仅有160天，植物生长期短	年平均日照时数2600~2700h，日照情况好，有利于林业发展	年平均日照时间为2836.3h，足够的光照有利于林业发展	平均日照2669h，无霜期为202d，平均生长期为200d
海拔	平均海拔780m，最高海拔1238m，最低海拔450m，相对高差788m，具有比较完整的森林垂直谱系	平均海拔300~400m，最高峰克勒峪海拔800m；以温带落叶阔叶林为地带性植被，植被类型多种多样	最高海拔2199.6m，多数山地在1200m~1600m，海拔高度变化大导致温度和水分的垂直变化，形成较为明显的植被垂直带和丰富的植物种类	海拔68~954.2m，平均海拔400m左右，以沟崖中峰顶最高，顶峰海拔为954.2m
地貌类型	中山地形区	低山石质山区	中山地形区	低山丘陵区
土壤	成土条件复杂，土壤类型较多，森林土壤资源丰富对进行森林资源储备比较有利	土壤为土地褐土，土层较薄，一般30~50cm，石砾含量多，立地条件较差	主要土壤类型为棕色森林土，适合油松生长	土壤属褐色土类，山地大部分岩石裸露，土层薄，含石砾量达40%以上，土壤肥力差

资料来源：蒋万杰等，2009；姜金璞，2008。

表6.9　不同林区自然资源因素的差异特征

	八达岭林场	西山实验林场	松山自然保护区	十三陵林场
森林资源	总经营面积2940hm²，其中林业用地面积2902.5hm²，4个作业区，有林地面积1878.1hm²，疏林地面积22.1hm²，灌木林地面积1003.5hm²	经营总面积5949hm²，森林覆盖率为92.32%。有林地面积5457hm²，灌木林地面积383hm²，疏林地面积19.5hm²，未成林造林面积62.7hm²。森林植被资源丰富，有利于林业发展	森林覆盖率达到87%。地下植被丰富，灌草生长良好，阔叶林地3459.80hm²，针叶林442.58hm²，针阔混交林292.96hm²，灌木林地626.07hm²，其他用地246.6hm²	全场总面积8644hm²，林地面积8553.8hm²，其中有林地面积6926.5hm²森林覆盖率84.6%，林木绿化率98.89%，林木总蓄积79089.7m³，以人工油松林、侧柏林等易燃林型为主，且地表枯落叶不易分解，易发生地表火
生物多样性	植物物种丰富，拥有完整的森林垂直谱系分布	树种多样、针阔混交；天然林群侵入混杂、生态较稳定	该地区内动植物种类较多，野生维管束植物816种。森林生态系统内物种较多能提高系统安全稳定性	植物种类丰富，蕨类植物门有5科14种，裸子植物亚门有3科6种，被子植物69科412种，共计有植物种类为432种植物
天然林	在森林总面积中，人工林占绝对优势占72.95%，天然林仅占27.05%，大量纯林的存在造林森林生态系统的不稳定，对病虫害和自然灾害的抵抗能力降低	自然生长的乔木树种较少，多为20世纪50至60年代营造的人工林。林场生长着大量的天然次生林和人工林。易导致林场生产力低，病虫危害严重	区内保存着华北地区唯一的大片天然油松林，面积为170hm²，平均树龄在95年，以及保存良好的核桃楸、椴树、白蜡、榆树、桦树等树种构成的阔叶林。天然林内森林生物多样性高，有很强生产能力，抗病虫害能力强	由于立地条件差，加之人为活动频繁，天然林较少，植被残留演替为栎类、柏类乔木等。林场内人工林占绝大部分，占林分面积80.5%，天然林仅分布在少数地区
树种结构	主要分布着油松林、油松混交林、侧柏林、刺槐林和元宝枫林五种林分。其中灌木林地和疏林地的综合效益较低。森林抚育管理滞后，导致林木生长势弱，生长缓慢，而森林结构不尽合理导致森林生态系统总体稳定性不强	广泛分布着松栎混交林、侧柏林、元宝枫林、刺槐林、黄栌林等五种典型林分类型。林场内虽然植物种类较多，但大部分都为人工造林，导致林场内植物群落的稳定性较差，生态脆弱	乔木树种：油松针叶林以及由榆树、椴树、蒙古栎和核桃楸等组成的混交阔叶林。灌木树种：荆条。林场内树种部分为天然林，天然林区森林结构较稳定	主要树种有侧柏、油松、白皮松、圆柏、山杏、黄护、栗树、刺槐、蒙古栎、元宝枫等，其中侧柏面积占有林地面积的68%，示范区内多为人工林，且基本为中幼龄林，生态脆弱，稳定性较差

资料来源：蒋万杰等，2009；姜金璞，2008；廖祥龙，2016；肖雁青，2007。

针对自然本体条件和自然资源因素，北京市典型案例区林场演进的总体共性特征与规律表现为：①由于历史原因，北京市生态环境先天脆弱，与此同时长期大量的人为活动使得该地区的原生植被几乎破坏殆尽；②树种单一，林分质量差。各林场内的林木基本为20世纪60年代营造的纯林，由于当时营林观念的影响，造林密度比较大。目前，这些林分都已为成熟林，有的已为过熟林，由于密度过大，林内卫生状况差，营养下降使得林木长势衰弱，进而导致火险等级较高以及病虫害发生率较高，且景观生态效益发挥不足；③物种多样性不够丰富，造成生态系统的完整性和稳定性缺失（巴成宝等，2011）。

差异性特征：松山自然保护区内保存着华北地区唯一的大片天然油松林，以及由核桃楸、椴树、白蜡、榆树、桦树等树种构成的阔叶林。其余 3 个林场植被绝大部分为后期栽种的人工林。天然林内森林生物多样性高，有很强的生产能力，抗病虫害能力较强。因此，相较于其他三个林场，该松山自然保护区的树种及生物多样性相对比较丰富，森林生态系统稳定性和森林生态安全也相对较高。

(二)社会经济发展因素的分析

上文研究表明，社会经济发展对森林生态安全的影响主要体现在以下几个方面：一是林业政策及林业投资的增加可以带来森林质量的改善；二是生态旅游的发展在促进可持续发展的同时也会对森林生态环境造成一定破坏。例如，旅游人数过多导致森林公园被过量开发，游客折枝、践踏破坏和乱扔垃圾等行为破坏了区域内的森林生态环境；三是快速的工业化和城市化使得城市土地利用和森林景观格局发生变化，进而导致森林生态系统质量降低。此外，工业化和城市化发展造成的环境污染也使得森林生态系统的调节能力受到了一定的影响。各林场的社会经济发展状况不同，针对上述影响因素表现形式不同，具体表现如下表(表 6.10)。

表 6.10　不同林区的社会经济因素影响的差异特征

	八达岭林场	西山实验林场	松山自然保护区	十三陵林场
基础设施	近年来修建了多条林间防火路和林区公路，境内有多条高速公路贯穿八达岭地区，为林业生产和管理提供了便利的交通条件，方便林业生产和开展林区防火工作，但潜在危害十分严重，森林火灾隐患大，森林防火任务艰巨	近 10 年先后新建了场部、公园、派出所和部分分场的办公楼；修建 6 座防火检查站；建立 24 小时全天候防火体系；开展生物防火隔离带建设；建立林区消防水系统；林场对林火的预防和监控能力大幅度的提高，从而也控制了火灾趋势的增长	松山自然保护区管理处下设 4 科 2 室 1 所，分别为办公室、业务科、财务科、旅游科、保护科、市容检查所、森林公安派出所。保护区建有标本陈列馆，教学实验楼，防火瞭望塔，并改造加设餐厅、商店、道路、确界立碑等举措，但保护区基础设施陈旧老化，与国家级保护区地位不相称	十三陵林场下设五个科室、六个分场，即：人事科、计财科、森林资源管理科、经营开发科、后勤(物业)办公室，长陵分场、南口分场、蟒山分场、沟崖分场、龙山分场和北郝庄分场，林场内基础设施比较落后，不利于林场发展
经济发展	地区工业企业较少，没有重工业，以林业、旅游业为主，经济发达程度低，旅游业的高速发展对林业发展有负向影响，所以整体影响小	地区工业企业较少，没有重工业，以林业、旅游业为主，发展森林旅游有效地改善了林场的经济状况加速了森林资源的培育和管护为实现林业可持续发展找到了一条有效的途径	保护区以其独有的自然资源和环境为依托，积极开展特色生态旅游，以生态旅游为主导，促进当地的经济发展和保护区建设	地区工业企业较少，没有重工业，以林业、旅游业为主，经济发达程度低，所以整体经济发展对林场的负面影响小
管理	森林粗放管理导致林木生长衰弱。由于历史的原因，造、养、护有所脱节，造成了部分森林的生长较差，郁闭度过高，已严重影响了林木的正常生长，使得林分的水源涵养效益降低	林场转变观念，持续推进改革，加强森林资源管护，发挥资源优势，走市场化运作机制，为职工谋福利	积极开展自然保护与恢复工作，已取得连续 45 年无森林火灾、无森林病虫害、无乱砍滥伐、无乱捕滥猎、无乱采滥挖的"五无"业绩	十三陵林场为了便于开展森林经营管理工作，实现林业经营转变，结合林场的地形地貌、可及度、森林景观功能等特点，把森林功能区划为森林游憩区、森林景观区、生态涵养区、辅助功能区四大经营分区

（续）

	八达岭林场	西山实验林场	松山自然保护区	十三陵林场
环保情况	该地区工业企业较少，没有重工业，人口密度小，生活三废排放少，没有太大的污染源，生态压力小	该地区主要以旅游以及生态建设为主，人口密度小，不存在严重的工业污染	在保护区的管理中，没有专业人员向旅游者宣传生态保护知识。村民不愿意投入资金用于改善旅游环境，环保投资力度不够	该地区没有重工业，人口密度小，生活三废排放少，不存在工业污染，生态压力小
旅游	有效地改善了林场的经济状况，加速了森林资源的培育和管护，为实现林业可持续发展找到了一条有效的途径。但森林公园生态系统稳定性较低，易受到游人和自然干扰，亟待采取切实可行的措施提高森林健康水平	森林旅游产业的建设发展已成为林场构建系统完整的生态文明体系、加强生态文明建设的有力抓手。但少数林地资源破坏严重，如挖土、挖树根、滥捕鸟类、野蛮采摘、乱扔垃圾，人流过量土壤踏实板结较为普遍，极需加强宣传和管理	旅游业的发展能促进当地的经济发展，提高当地居民收入，保护区和旅游相互依赖，从而达到可持续发展的目标。但在发展旅游的同时缺少统一规划，盲目发展易导致旅游开发失控，导致自然景观破坏和环境污染	十三陵林场位于我国著名的旅游风景区。每年接待中外游客 50 万人次以上，人为环境的复杂为林场的林火安全埋下了隐患

资料来源：蒋万杰，2009；姜金璞，2008；吴长波，2015；曲宏，2003。

针对社会经济发展因素，北京市典型案例区林场演进的总体共性特征表现为：①四大国有林场经营对象为生态公益林，具有公共性；②各林场地处北京市较偏远地区，林场区域内无大型工厂、企业等，人口密度相对较小，生活三废排放少。调研结果显示，林场周边的生态环境较好，不存在环境污染对该地区的森林生态安全造成影响的问题；③在国有林场基础上建立的森林公园、自然保护区等构成了北京市生态体系骨干，对于生态安全、生态文明建设具有重要作用。林场已由先前的木材生产向生态防护、营林防护和风景林转变；④近年来，北京各森林公园和森林旅游区积极加强接待设施建设努力提高服务水平、开展整体宣传、促销活动，有力地补充了休闲、度假旅游市场需求。并且有效地改善了林场的经济状况加速了森林资源的培育和管护为实现林业可持续发展找到了一条有效的途径；⑤各林场围绕林业，展开多种产业，正逐步将资源优势转变为经济优势。例如：西山林场下属企业北京丹青园林绿化公司拥有城市园林绿化施工企业一级资质，设有园林规划设计室、工程部、经营部、苗木基地和八个绿化工程队。园林绿化产业以北京丹青园林绿化有限公司为龙头企业，带动林场的经济发展；十三陵林场利用自身优势，大力开展园林绿化工程和优质苗木生产，创造了较好的经济效益。

尽管如此，分析发现，典型林场仍普遍存在以下一些关键问题：①基础设施落后。国有林场地处偏僻山区农村，国有林场长期按照"先生产、后生活"的原则进行建设，投入的有限资金主要用于营造林生产，基础设施建设投入很少，欠账十分严重。如西山林场昌华景区只有几处简单的指示牌和一处尚未启用的厕所，而停车场、内部园路、座椅等均没有。其次是防火公路、防火步道等基础设施建设和通讯设备、设施远远达不到"四网两化"的要求。由于国有林场现有房屋70%是上世纪七十年代以前兴建的，且大多数位于山区，普遍存在着建造标准比较低、长期得不到建造维护的问题；②林业生产管护不到位。由于资金缺乏，林场经费大都用在职工工资支付和日常办公经费外，根本没有能力进行大面积中幼林抚育和管理工作，造成一部分林木长势不佳，严重影响林分质量；③林场职工收入偏低。国有林场推行的是事业单位企业化自收自支的管理，在"事不事，企不企"的管理模式下，林场既没有充分自主经营和收益权，又得不到公共财政应有的支持，林场经营情况较差，再加上四大林场均为生态公益型林场，而当前国家对生态公益林的补贴标准还普遍偏低，国有林场经济面临严重困难，工资及社保金拖欠问题突出；④缺乏高素质的专业管理队伍，管理机制不健全。林场内部管理混乱，缺乏科学性，造成林场资源利用率低。其次，现行体制既有定位不明的问题，又有"多头管理"的弊病，这种"事不事、企不企、工不工、农不农"的性质和定位，导致国有林场长期被"边缘化"，既不利于国有林场自主经营和依法维护自身权益，也不符合当今林业发展的要求(李红勋，2008)。⑤此外，据调研结果显示：人为因素对林场也会造成一定影响。例如，国家开展项目(修建公路、拆迁等)会占用林地造成林地减少；林场内有凿山、采矿的，侵占林地进行开采(国家虽然有规定，但总是越界开发)；林场周边有村镇，林地划分不明晰(村民有争议)，村里开发占用林地。

(三)小 结

近年来，各林场针对上述问题加大政策力度和资金支持，紧紧围绕"以管护为主，积极造林，封山育林，因地制宜地进行抚育，实施彩叶造林和低效林改造工程，不断扩大森林资源，提高水源涵养能力"的经营方针，认真贯彻落实"以营林为基础"，积极开展护林防火、更新造林和森林抚育等工作，为培育后备资源、改善区域生态环境做出了积极的贡献，森林资源保护管理得到加强。"十二五"期间，各林场狠抓了水电路等市政基础设施建设和管理用房改造工作，极大地改善了生产生活条件，加快了国有林场的建设步伐。与此同时，各林场每年都会结合防治项目做针对性的治理，通过林场的检测防控、通过治理使病虫害对林分的影响(危害)没有达到成灾的水平。全面完成国家要求的"四绿"指标，使得林场内的森林逐步向结构合理，树种多样、生态良好、生态稳定的优质森林发展，促进了资源质量逐步提升。针对各林场以及该地区森林生态安全存在的问题，北京市政府等相关部门一直在积极实施开展各项措施进行改造，但是这个改造也不是一朝一夕就能做完的，改善北京市森林生态安全的任务任重道远。

西山、松山、八达岭和十三陵四大山地型林场的演绎案例，是北京市林场典型案例区。初期自然与社会环境的空间分异，决定了各林场演进路径的多重性与异质性。四大典型案例区林场分析结果表明，不同林场发展演进的影响既存在总体共性特征，也存在区域差异表现。这表明，林场的发展置于一定的客观背景，研究不同林场的演进特征对森林生态系统发展的可能影响，不能忽略生产要素本身属性以外的其他特征，尤其是区域差异因子。例如，松山自然保护区相较于其他三个林场，自然资源较丰富，其丰富的生物多样性使得该地区的森林生态系统更加稳定，从而森林生态安全也相对更高。

综上所述：在历史背景条件相同的情况下，四大林场森林生态安全的发展演进主要靠外部动力，其中，管理和防护制度对各林场的后期发展演变影响较大。本章通过剖析内生及外生因素对四个典型林场发展的演进机理规律及其影响，得出的相关结论可为其他地区林场森林生态系统的发展以及北京市的森林生态安全的改善提供重要依据。

第七节
小　结

（1）理论层面，从内部驱动和外部影响归纳森林生态安全格局演变影响因素，研究森林生态安全格局演变驱动机制，发现：①自然本体中，降水、气温、日照等气候因子以及海拔、坡度、坡向等地形因子相互作用，直接或间接地影响了植被的生长分布、森林生产力、物种丰富度以及植被覆盖度等，进而对森林生态安全产生影响。②社会经济中，快速的社会经济发展和城市化、工业化所带来的城市森林破碎化和孤岛化现象日益严重，另外大气污染也对森林生态安全产生了一定的负向作用；林业政策、林业投资的增加及生态环境保护工程的实施可以有效提高森林质量和改善生态环境，对森林生态安全具有积极驱动作用；生态旅游的发展在促进可持续发展的同时也对森林生态环境造成了一定影响；③自然资源禀赋中，植被、土壤、生物多样性以及水资源的变化对森林生态安全格局分布和演化都有明显的作用。森林资源总量是森林生态系统支撑能力的基础，森林资源质量是提升森林生态系统稳定性和安全性的关键，但北京市森林资源虽在稳步增长，仍存在分布不均、树种结构不合理、森林资源质量不高和生态服务功能不强等问题；森林物种组成多样是导致森林生态系统具有复杂的结构的主要原因，但北京市整体水平低于全国同期森林生物多样性的平均水平；水是造林成活率及林木生长最为主要的限制因子，影响着森林水循环的整个动态变化过程，但北京山区土壤瘠薄，尤其是水资源供需矛盾越来越严峻，严重影响着森林生态安全的稳定性。森林植被作为所有植被类型中生态价值最高的植被类型，是森林生态系统结构的重要组成，主要通过影响气候、水文和土壤等状况来影响森林生态安全。土壤作为生态环境的物质基础，其质量直接影响着植物的生长以及生态效益、景观功能的发挥，北京城市发展所带来的土壤压实、退化、污染以及土壤中的大量建筑垃圾等问题不利于植物生长，一定程度上影响着森林生态安全的演变。④林业政策的有效实施是森林生态安全稳步提升的正向驱动力。北京市实行了一系列林业政策，可以带来森林质量的改善，为北京市森林地区生态发展和森林生态安全建设奠定了坚实基础。这些机制分析可为从宏观层面把握森林生态演化机制，协调经济发展、人口增长和森林生态安全维护三者的关系提供政策支持。

（2）实证层面，选择北京市西山林场、松山林场、八达岭林场和十三陵林场四大国有林场作为典型案例区，林场的发展演变受到诸多内因和外因的综合影响，通过对比分析发现不同林场发展演进的影响既存在总体共性特征，也存在区域差异表现：①共性特征。林场经营对象为生态公益林，具有公共性；各林场地处北京市较偏远地区，林场周边的生态环境较好，不存在环境污染对该地区的森林生态安全造成影响的问题；在国有林场基础上建立的森林公园、自然保护区等构成了北京市生态体系骨干，对于生态安全、生态文明建设具有重要作用；各森林公园和森林旅游区的服务水平得到提高，加速了森林资源的培育和管护，为实现林业可持续发展找到了一条有效的途径；各林场展开多种林业产业，正逐步将资源优势转变为经济优势。但普遍存在一些关键问题：国有林场基础设施建设投入很少，欠账十分严重；林业生产管护不到位，一部分林木长势不佳，严重影响林分质量；国有林场经济面临严重困难，林场职工收入偏低，工资及社保金拖欠问题突出；管理机制不健全，林场内部管理混乱，造成林场资源利用率低；现行体制既有定位不明的问题，又有"多头管理"的弊病，既不利于国有林场自主经营和依法维护自身权益，也不符合当今林业发展的要求；人为因素对林场也会造成一定影响，例如国家开展修建公路、拆迁等等项目会占用林地造成林地减少；林场内有凿山、采矿的，侵占林地进行开采；林场周边有村镇，林地划分不明晰，村里开发占用林地。②区域差异。八达岭林场、西山林场和十三陵林场存在着树种单一、生物多样性差、林分结构不合理等问题。松山自然保护区相较于其他三个林场，自然资源较丰富，其丰富的生物多样性使得该地区的森林生态系统更加稳定，从而森林生态安全也相对更高，其森林生态安全较其他林场受外界干扰较小。

参考文献

[1] van der Veken S, Verheyen K, Hermy M. Plant species loss in an urban area (Tumhout, Belgium) from 1880 to 1999 and its environmental determinants [J]. Flora, 2004, 199: 516 – 523.

[2] Zhao YG, Zhang GL, Harald Z et al. Establishing a apatial grouping base for surface soil properties alongurban-rugal gradient—a case study in Nanjing, China [J]. Catena, 2007, 69: 74 – 81.

[3] 巴成宝, 李湛东. 论北京四大国有林场发展与规划[J]. 农业科技与信息(现代园林), 2011(7): 11 – 13.

[4] 卜红梅, 党海山, 张全发. 汉江上游金水河流域森林植被对水环境的影响[J]. 生态学报, 2010(5): 1341 – 1348.

[5] 蔡炯. 北京市国有林场绩效评价研究[D]. 北京: 北京林业大学, 2013.

[6] 曹洪霞. 水对植物景观的影响[J]. 安徽农业科学, 2005, 33(4): 639 – 639.

[7] 陈浩. 保护森林生态环境与促进经济发展应处理好的关系[J]. 时代金融, 2014(11): 261 – 262.

[8] 程默. 中国林业生态工程建设引动机制研究[D]. 西安: 西北农林科技大学, 2007.

[9] 丛波. 廊坊地区城市化对空气湿度的影响——森林城市建设的气象影响要素[A]. //建设廊坊平原森林城市——打造京津冀协同发展生态涵养区[C]. 北京: 中国经济出版社, 2014.

[10] 崔海鸥, 侯仲娥, 杨燕南. 自然保护区可持续发展环境指标与生态旅游评价指标初探——以北京松山自然保护区为例[J]. 四川动物, 2007(4): 862 – 865.

[11] 单晓娅, 潘康, 李旻峰. 西部工业化与生态文明协调发展存在的问题及对策[J]. 调研世界, 2017(1): 60 – 64.

[12] 邓文平. 北京山区典型树种水分利用机制研究[D]. 北京: 北京林业大学, 2015.

[13] 狄文彬, 杜鹏志. 对北京市森林资源现状及未来发展趋势的探讨[J]. 山东林业科技, 2012(3): 128 – 130.

[14] 董芬, 王喜全, 王自发, 等. 北京地区大气污染分布的"南北两重天"现象[J]. 气候与环境研究, 2013(1): 63 – 70.

[15] 杜群, 徐军, 王剑武, 等. 浙江省森林碳分布与地形的相关性[J]. 浙江农林大学学报, 2013(3): 330 – 335.

[16] 范瑛, 吴丹, 张冰琦, 等. 北京地区自然和人文旅游热点问题研究进展[J]. 北京师范大学学报(自然科学版), 2014(2): 183 – 188.

[17] 房用, 王淑军. 生态安全评价指标体系的建立——以山东省森林生态系统为例[J]. 东北林业大学学报, 2011, 35(11): 77 – 82.

[18] 冯伟. 城市化对城市森林植物多样性的影响研究进展[A]. //中国科学技术协会、河南省人民政府. 第十届中国科协年会论文集(二)[C]. 郑州: 中国科学技术协会、河南省人民政府, 2008.

[19] 冯雪. 北京平原百万亩造林工程建设效果评价研究[D]. 北京: 北京林业大学, 2015.

[20] 付梦娣, 肖能文, 赵志平, 等. 北京城市化进程对生态系统服务的影响[J]. 水土保持研究, 2016(5): 235 – 239

[21]谷振宾．中国森林资源变动与经济增长关系研究[D]．北京：北京林业大学，2007.

[22]郭聃．长白山植被垂直带地形控制机制研究[D]．长春：东北师范大学，2014.

[23]郭杰忠．正确处理工业化、城镇化与生态保护的关系[J]．企业经济，2009(2)：47－49.

[24]郭泺，余世孝，夏北成，等．地形对山地森林景观格局多尺度效应[J]．山地学报，2006，24(2)：150－155.

[25]侯琳，雷瑞德，王得祥，等．森林生态系统土壤呼吸研究进展[J]．土壤通报，2006，37(3)：589－594.

[26]胡迪琴，苏行．大气污染对白云山森林植被的损害分析[J]．生态科学，2000(3)：67－72.

[27]黄丽荣，张雪萍．大兴安岭北部森林生态系统土壤动物的功能类群及其生态分布[J]．土壤通报，2008(5)：
1017－1022.

[28]贾忠奎，马履一，徐程扬，等．北京山区幼龄侧柏林主要林分类型土壤水分及理化特性研究[J]．水土保持学
报，2005(3)：160－164

[29]姜金璞．北京西山地区风景游憩林抚育管理技术及效果评价研究[D]．北京：北京林业大学，2008.

[30]姜丽芬，石福臣，王化田，等．东北地区落叶松人工林的根系呼吸[J]．植物生理学通讯，2004(1)：27－30.

[31]蒋万杰，吴记贵，李黎立，等．北京松山自然保护区野生观赏植物资源及在园林中的应用[J]．北京农学院学
报，2009，24(1)：50－57.

[32]李潮海，王群，郝四平．土壤物理性质对土壤生物活性及作物生长的影响研究进展[J]．河南农业大学学报，
2002，36(1)：32－37.

[33]李广宇，陈爽，余成，等．苏南快速城市化地区森林生物量时空变化及影响分析[J]．生态环境学报，2014
(7)：1102－1107.

[34]李俊清．森林生态学[M]．北京：高等教育出版社，2008.

[35]李俊生，李果，吴晓莆，等．陆地生态系统生物多样性评价技术研究[M]．北京：中国环境科学出版社，2012.

[36]李秀娟．吉林省国有林区经济社会环境系统协调发展评价研究[D]．北京：北京林业大学，2008.

[37]李学梅，任志远，张翀．气候因子和人类活动对重庆市植被覆盖变化的影响分析[J]．地理科学，2013(11)：
1390－1394.

[38]李延茂，胡江春，汪思龙，等．森林生态系统中土壤微生物的作用与应用[J]．应用生态学报，2004(10)：1943
－1946.

[39]李晏．森林在社会经济发展中的作用探讨[J]．当代教育理论与实践，2013，5(2)：23－24.

[40]李耀辉，张存杰，高学杰．西北地区大风日数的时空分布特征[J]．中国沙漠，2004(6)：716－723.

[41]廖祥龙．八达岭地区主要林分类型的可持续经营状况评价研究[D]．北京：北京林业大学，2016.

[42]刘春晖．山西水资源现状与林业节水对策探讨[J]．山西林业科技，2006(4)：62－63.

[43]刘海丰．地形生态位和扩散过程对暖温带森林群落构建重要性研究[D]．北京：中央民族大学，2013.

[44]罗丹．基于RS和GIS的北京山区森林植被空间结构分析和预测[D]．北京：北京林业大学，2007.

[45]罗磊．基于3S的天山中部沙湾林场森林生态系统健康评价[D]．乌鲁木齐：新疆大学，2012.

[46]骆土寿，吴仲民，徐义刚，等．大气污染对珠江三角洲森林及土壤影响的初步研究[J]．生态科学，2001，20
(1)：12－16.

[47]毛恒青，万晖．华北、东北地区积温的变化[J]．中国农业气象，2000(3)：2－6.

[48]毛健雄，毛健全，赵树民．煤的清洁与燃烧[M]．北京：科学出版社，1998.

[49]牟树春，滕素岩，刘亚琴．温室效应与大兴安岭森林生态系统经营[J]．现代经济信息，2009(24)：308.

[50]齐志勇，王宏燕，王江丽，等．陆地生态系统土壤呼吸的研究进展[J]．农业系统科学与综合研究，2003(2)：
116－119

[51]秦博．中国工业化转型下的生态伦理构研究[J]．理论与改革，2015(3)：130－133.

[52]秦杰. 对北京郊区工业化的几点研究[J]. 商场现代化, 2008(18): 217 – 218.

[53]曲宏. 蓬勃发展的北京森林旅游业[J]. 中国城市林业, 2003(1): 52 – 54.

[54]申元村. 北京山区自然地理环境的基本特征[J]. 山地研究, 1985, 3(2): 88 – 94

[55]沈萍. 城市工业化进程中的生态环境影响研究——以地级市为例[J]. 企业经济, 2010(4): 54 – 56.

[56]宋晓猛, 张建云, 刘九夫, 等. 北京地区降水结构时空演变特征[J]. 水利学报, 2015(5): 525 – 535.

[57]谭成江. 贵州荔波县森林生态环境保护与可持续发展[J]. 安徽农学, 2010(34): 19468 – 19470.

[58]田育新, 李锡泉, 吴建平, 等. 小流域森林生态系统林地土壤渗透性能研究[J]. 水土保持研究, 2006(4): 173 – 175.

[59]王坤, 周伟奇, 李伟峰. 城市化过程中北京市人口时空演变对生态系统质量的影响[J]. 应用生态学报, 2016(7): 2137 – 2144.

[60]王丽芳, 苏建军, 黄解宇. 山西省森林公园旅游经济发展与生态环境耦合协调度分析[J]. 农业技术经济, 2013(8): 98 – 104.

[61]王嫣然, 张学霞, 赵静瑶, 等. 2013—2014 年北京地区 $PM_{(2.5)}$ 时空分布规律及其与植被覆盖度关系的研究[J]. 生态环境学报, 2016(1): 103 – 111.

[62]王跃思, 宋涛, 高文康, 等. 北京市大气污染治理现状及面临的机遇与挑战[J]. 中国科学院院刊, 2016(9): 1082 – 1087

[63]魏书精, 罗碧珍, 魏书威, 等. 森林生态系统土壤呼吸测定方法研究进展[J]. 生态环境学报, 2014(3): 504 – 514.

[64]吴丽莉. 北京森林生物多样性变化及价值测度[D]. 北京: 北京林业大学, 2011.

[65]吴长波, 许云飞, 许丽, 等. 锦绣西山风景独好——北京市西山试验林场发展纪实[J]. 国土绿化, 2015(5): 12 – 15.

[66]吴征镒. 中国植被[M]. 北京: 科学出版社, 1980

[67]吴卓. 气候变化对我国红壤丘陵区森林生态系统结构的影响[D]. 北京: 首都师范大学, 2014

[68]奚为民, 陶建平, 李旭光. 强风干扰对森林生态系统的复杂影响[A]. // 研究进展和未来展望, 自主创新与持续增长第十一届中国科协年会[C]. 重庆, 2009.

[69]肖风劲, 张强. 中国森林生态系统健康评价与相关分析研究[C]. 北京: 中国气象学会 2003 年年会, 2003.

[70]肖辉林. 大气氮沉降与森林生态系统的氮动态[J]. 生态学报, 1996, 16(1): 90 – 99.

[71]肖雁青. 北京松山自然保护区森林群落结构健康评价[D]. 北京: 北京林业大学, 2007.

[72]肖洋, 欧阳志云, 王莉雁, 等. 内蒙古生态系统质量空间特征及其驱动力[J]. 生态学报, 2016(19): 6019 – 6030.

[73]徐凯健, 曾宏达, 张仲德, 等. 亚热带福建省森林生长季与气温、降水相关性的遥感分析[J]. 地球信息科学学报, 2015(10): 1249 – 1259.

[74]徐兴奎, 林朝晖, 薛峰, 等. 气象因子与地表植被生长相关性分析[J]. 生态学报, 2003(2): 221 – 230.

[75]徐宗学, 张玲, 阮本清. 北京地区降水量时空分布规律分析[J]. 干旱区地理, 2006(2): 186 – 192.

[76]薛建辉. 森林生态学[M]. 北京: 中国林业出版社, 2006.

[77]闫俊华, 周国逸, 申卫军. 用灰色关联法分析森林生态系统植被状况对地表径流系数的影响[J]. 应用与环境生物学报, 2000(3): 197 – 200.

[78]一百多年来北京气温变化. 北京 – 中国天气网 http://www. weather. com. cn/beijing/sdqh/qhkpbh/09/69593. shtml

[79]袁珍霞. 基于 3S 技术的县域森林生态安全评价研究[D]. 福州: 福建农林大学, 2010.

[80]翟建文,孙淑娟,薛冰冰. 温度和降水变化对太行山森林蓄积增长的影响[J]. 河北林果研究,2001(4):324 – 328.

[81]翟中齐. 中国林业地理概论——布局与区划理论[M]. 北京:中国林业出版社,2003

[82]张彪,李文华,谢高地,等. 北京市森林生态系统土壤保持能力的综合评价[J]. 水土保持研究,2009(1):240 – 244.

[83]张丹. 城市化背景下城市森林结构与碳储量时空变化研究[D]. 沈阳:中国科学院研究生院(东北地理与农业生态研究所),2015.

[84]张金屯,PickettSTA. 城市化对森林植被、土壤和景观的影响[J]. 生态学报,1999(5):66 – 70.

[85]张涛,李惠敏,韦东,等. 城市化过程中余杭市森林景观空间格局的研究[J]. 复旦学报(自然科学版),2002(1):83 – 88.

[86]张玮辛,周永东,黄倩琳,等. 我国森林生态系统植被碳储量估算研究进展[J]. 广东林业科技,2012(4):50 – 55.

[87]张祥平. 论森林毁损与经济增长的同步性——欧美发展模式面临资源与环境容度的警戒线[J]. 林业资源管理,1995(5):57 – 62.

[88]张永生,房靖华. 森林与大气污染[J]. 环境科学与技术,2003(4):61 – 63.

[89]张勇,史学正,赵永存,等. 滇黔桂地区土壤有机碳储量与影响因素研究[J]. 环境科学,2008(8):2314 – 2319.

[90]赵斌斌,张全星,王文慧,等. 华北平原11种植物种子萌发的生物学零点与积温探究[J]. 中国野生植物资源,2014(2):20 – 23.

[91]赵跃龙,刘燕华. 脆弱生态环境与工业化的关系[J]. 经济地理,1996(2):86 – 90.

[92]郑思轶,刘树华. 北京城市化发展对温度、相对湿度和降水的影响[J]. 气候与环境研究,2008,13(2):123 – 133.

[93]朱建华,侯振宏,张治军,等. 气候变化与森林生态系统:影响、脆弱性与适应性[J]. 林业科学,2007(11):138 – 145.

[94]朱骏锋. 淮河流域工业化与自然生态环境的可持续性研究[D]. 合肥:合肥工业大学,2009.

[95]竺可桢,苑敏渭. 物候学[M]. 长沙:湖南科技出版社,1999.

[96]邹明珠,王艳春,刘燕. 北京城市绿地土壤研究现状及问题[J]. 中国土壤与肥料,2012(3):1 – 6.

———————— 第七章 ————————
北京市森林生态安全预警分析与调控策略

第一节
北京市森林生态安全情景模拟与优化调控研究

　　生态安全是 21 世纪人类实现可持续发展亟须应对的重大问题(李文华等,2008)。占全球面积31%的森林生态系统是陆地上面积最大、生物总量最多的生态系统,不仅为其他生态系统的物质循环输入能量,也为其他生态系统所产生的废物起到净化作用,因而对陆地生态环境具有决定性影响。维护森林生态系统安全,对改善全球环境、保持全球范围内生物多样性和经济社会可持续发展至关重要(肖笃宁等,2002)。随着中国大规模城镇化的快速推进,工业化和城镇化造成了森林生态系统破碎化和生境质量下降,森林生态环境日益恶化,这已经威胁到人们的生存和生活健康状态。很多学者从全球、国家和区域的角度进行了生态系统安全评价,多集中在景观生态安全(吕建树等,2012;王耕等,2013)、土地生态安全(张玉虎等,2013;高凤杰等,2016)和水生态安全(王武科等,2008)等领域。生态安全预测预警研究也受到了不同领域学者的重视,在水系统承载力监测与预警(王俭等,2009)、土地生态安全状态预警(徐美等,2012)、湿地系统分析和预测(朱卫红等,2014)等方面取得了丰硕的成果。整体而言,针对森林生态系统的安全评价仍处在起步阶段(陈宗和黄国宁,2010;米锋等,2013),森林生态安全的预警机制还不成熟(米锋等,2012),加强森林生态安全评价与预测研究需要学术界的持续关注。生态安全评价和预测方法主要包括马尔科夫模型(王耕等,2013)、RS 和 GIS 等空间分析技术(吕建树等,2012)、神经网络模型(RBF)(徐美等,2012)、层次分析法(陈宗铸和黄国宁,2010)、灰色关联法(张家其等,2014)和模糊综合评价法(米锋等,2013)。需要注意到,这些方法基本都是静态评价方法,而生态安全是一个动态过程,其影响因素复杂多变,单凭历史时段来预测,缺失生态安全各影响因子之间耦合变化过程研究,预测结果很难指导实践问题。由 MIT 教授在 20 世纪 60 年代提出的系统动力学模型(SD 模型)能表达非线性的因果循环关系、信息反馈以及随时间变化的复杂动态问题,通过改变系统的参数,测试各种战略方针、措施和政策的后效应,获求改善系统结构与功能的最优途径。SD 模型已经广泛运用到生态系统服务(杨怀宇和杨正勇,2012)、水土资源承载力(陈兴鹏、戴芹,2002)、资源保护(王西琴等,2014)、能源利用(孙喜民等,2015)和可持续发展(程叶青等,2004)等领域。

本章创新性地以森林—社会经济—环境复合系统之间相互作用反馈机制为依据，利用系统动力学模型作为模拟平台构建预测模型，并利用模拟软件 Vensim PLE 将仿真系统分为森林子系统、社会经济子系统和环境子系统三个子系统，并对北京市 2000~2020 年森林生态安全状况进行情景分析和预测模拟；设计了林业政策扶持型、社会经济中速发展型、环境管理强化型、森林 – 社会经济 – 环境协调发展型等 4 种动态调控方案，并从中遴选出最为合理有效的森林生态安全调控方案，为提高森林安全等级、实现林业可持续发展提供决策支持。本节所构建的 SD 模型清晰、准确、合理，对生态安全相关研究的方法选择、具有极高的参考价值和意义。

一、森林生态安全情景模拟指标体系与权重

与森林生态安全相近的一个概念是森林健康。森林健康通常指一个由动植物和它们所处的物理环境组成的、功能得到充分发挥的群落，是一个处于平衡的生态系统（Shrader – Frechette，1994）。需要指出，森林健康是从森林自身角度考虑，重点关注森林生长、繁育等（Potter and Conkling，2012），未关注森林生态系统与其周围环境的关系，以及针对外界干扰做出的反馈，仅针对森林健康进行评估不能达到区域可持续发展的要求。森林生态安全是指在一定的时空范围内，在一定外界环境和人为社会经济活动等影响下，森林生态系统能够实现自我调控和自我修复，维护自身生态系统可持续性、复杂性、恢复性、服务性的状态。基于森林生态安全的内涵，遵循数据可获性、代表性和易操作性原则，采用文献归纳法和层次分析法构建评价指标体系（米锋等，2012）。为避免人为因素影响，利用熵权法这一客观赋权法来确定指标权重（表 7.1）。本章使用的森林资源数据来源于 2001~2015 年的《中国林业统计年鉴》；社会经济数据来源于相应年份的《北京市统计年鉴》和《北京区域统计年鉴》；气象统计数据来源于《北京市环境公报》；其他相关数据来源于相关文献资料、文件以及研究报告。

表 7.1 北京森林生态安全评价指标

一级指标	二级指标	指标名称（单位）	计算公式	方向	权重
北京市森林生态安全评价（A_1）	森林资源（B_1）	C_1 森林旅游开发强度（%）	森林公园面积/森林面积×100%	−	0.0621
		C_2 森林采伐强度指数（%）	采伐限额/林木蓄积量×100%	−	0.0354
		C_3 森林覆盖率（%）	森林面积/土地调查面积×100%	+	0.0684
		C_4 单位面积森林蓄积量（m^3/hm^2）	森林蓄积量/土地调查面积	+	0.0682
		C_5 公益林比重（%）	公益林面积/森林面积×100%	+	0.0500
		C_6 林业完成投资额指数（万元/hm^2）	林业完成投资额/森林面积	+	0.0903
	社会经济（B_2）	C_7 人类工程占用土地指数（%）	建设用地面积/土地调查面积×100%	−	0.0282
		C_8 人口密度（人/hm^2）	各地区年末人口数/土地调查面积	−	0.0427
		C_9 单位面积 GDP（万元/hm^2）	地区生产总值/土地调查面积	−	0.0253
		C_{10} 产业结构指数（%）	第二产业生产总值/地区生产总值×100%	−	0.0261
		C_{11} 单位森林面积人口数（人/hm^2）	地区人口数量/森林面积	−	0.0400
		C_{12} 单位 GDP 工业污染治理完成投资额（%）	工业污染治理完成投资/地区生产总值×100%	+	0.1133

（续）

一级指标	二级指标	指标名称（单位）	计算公式	方向	权重
北京市森林生态安全评价（A_1）	环境（B_3）	$C_{13}CO_2$排放量指数（t/hm^2）	化石燃料消耗量×二氧化碳排放系数/土地调查面积	−	0.0979
		$C_{14}SO_2$排放量指数（t/hm^2）	废气二氧化硫排放量/土地调查面积	−	0.0400
		C_{15}可吸入颗粒物年日均值（mg/m^3）	直接获取	−	0.0551
		C_{16}空气质量大于等于二级天数所占比例（%）	空气质量大于等于二级天数/365×100%	+	0.0482
		C_{17}年降雨量（百mm）	直接获取	+	0.0449
		C_{18}环境保护投资额指数（%）	环境保护投资额/GDP×100%	+	0.0641

二、森林生态安全系统仿真模型构建

（一）森林生态安全系统仿真模型构建的基本思路

系统动力学模型（SD模型）优点在于动态跟踪和不受线性约束，是研究复杂系统动态变化的有效方法（王其藩，2009）。基于SD模型的森林生态安全情景分析和调控模型构建思路如下：①以SD模型作为模拟平台，以森林资源—社会经济—环境复合系统三者相互作用反馈机制作为建立预测模型的理论基础，利用数理逻辑建立各参数间的数学关系，实现森林生态安全的联动调控；②设计林业政策扶持型、社会经济中速发展型、环境管理强化型、森林—社会经济—环境协调发展型等四种方案，动态调控影响森林生态安全的重要林业政策、社会经济和环境指标等调控参量，分析不同调控方案下森林生态安全发展趋势；③从实现森林—社会经济—环境系统协调发展的角度出发，遴选最佳调控方案，提出北京市森林生态安全的可持续发展模式。

（二）系统仿真模型因果反馈图的构建

本书使用系统动力学模拟软件包Vensim PLE将森林生态安全预测仿真系统分为森林子系统、社会经济子系统和环境子系统。根据各子系统间相互作用关系，建立北京市森林生态安全预警系统结构流程图（图7.1）。模型中主要状态变量初始值采用2000～2014年统计数据，部分主要常量及表函数取值，参照北京市国民经济和社会发展"十一五"规划及"十二五"规划制定的发展目标来确定。

（三）系统仿真模型的子系统构建

1. 森林资源子系统

森林资源子系统主要模拟森林蓄积量与森林成灾面积、采伐限额、林业完成投资额、森林公园面积、公益林面积、商品林面积和森林总面积等7个因素之前的相互作用关系。森林总蓄积量的影响因素包括两方面：一是内在因素，即自身的消长导致森林总蓄积量的变化；二是外在因素，主要来自于人类的采伐、自然灾害和人类对森林的维护。具体来看，林业政策的出台以及林业工程项目的建设会促进森林总面积增加，进而促使森林总蓄积量的增加。当森林蓄积量发生变化，人们的关注度也会随之发生变化，并通过加强城市森林建设及造林活动，使得森林面积增多，进而提高森林总蓄积量。同时，人类生产生活过程中为了达到生产目的会消耗一定的森林资源（如采伐等），导致森林总蓄积量的减少。森林资源子系统内部要素之间的具体反馈流程图如图

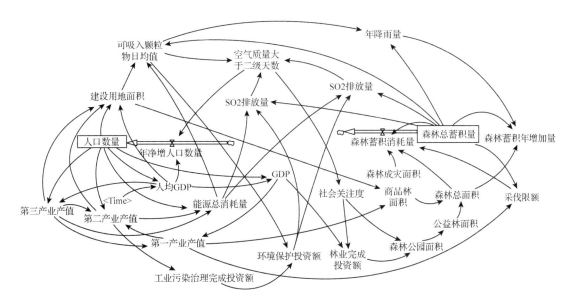

图 **7.1**　森林生态安全系统仿真预警模型的因果反馈流程图

7.2 所示。

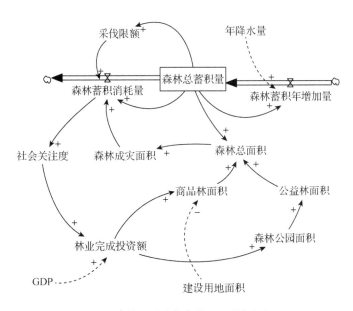

图 **7.2**　森林子系统仿真学因果反馈流程图

（1）反馈回路：①森林总蓄积量→＋森林蓄积年增加量→＋森林总蓄积量；②森林总蓄积量→＋森林蓄积消耗量→－森林总蓄积量；③森林总蓄积量→＋采伐限额→＋森林蓄积消耗量→－森林总蓄积量；④森林总蓄积量→＋森林总面积→＋森林成灾面积→＋森林蓄积消耗量→－森林总蓄积量；⑤森林总面积→＋森林成灾面积→＋森林蓄积消耗量→＋社会关注度→＋林业完成投资额→＋商品林面积→＋森林总面积；⑥森林总面积→＋森林成灾面积→＋森林蓄积消耗量→＋社会关注度→＋林业完成投资额→＋森林公园面积→＋公益林面积→＋森林总面积

（2）主要方程：①森林总蓄积量（TFSV）：L　TFSV. K = INTEG（FSVAI. JK － FSC. JK，

1. 1552）；②森林蓄积年增加量(FSVAI)：R　FSVAI. KL =0.011 × AR. K +0.040 × TFA. K + MFR × TFSV. K；③森林蓄积消耗量(FSC)：R　FSC. KL =FHQ. K + (TFSV/TFA) × TFA. K；④森林总面积(TFA)：L　TFA. K = DT × (PWFA. JK + CFA. JK)；⑤森林公园面积(FPA)：A　FPA. KL =SAT × FCI. K；⑥商品林面积(CFA)：R　CFA. KL = TFA. K – PWFA. K；⑦公益林面积(PW-FA)：L　PWFA. JK = PWFA. JK + DT × FPAI. JK；⑧采伐限额(FHQ)：R　FHQ. KL = WCPUG × PIO. K + MFR ×TFSV. K；⑨林业完成投资额(FCI)：A　FCI. KL = FCII × SAT × GDP. K

式中，AR 为年降雨量，MFR 为森林成熟率，SAT 为社会关注度，FPAI 为森林公园面积增量，FCII 为林业投资系数，WCPUG 为单位产值耗材量。

2. 社会经济子系统

该子系统通过资金投入和供给来影响和调控森林资源和环境约束力，同时其对森林资源的消耗又制约了森林资源子系统的发展。人类为了获得经济效益而从事各项生产活动，具体包括通过占用土地和消耗能源而从事第一产业、第二产业、第三产业的生产活动。人类作为生产活动的主体，能够为各项生产活动提供劳务和技术，促进社会和经济的发展，创造更高的地区生产总值。同时，GDP 的增长使得社会公共基础设施更加完善，相应地就会吸引更多的人口流入城市，导致人均地区生产总值降低，森林生态系统承受压力增大。相互间的具体反馈流程图如图7.3 所示。

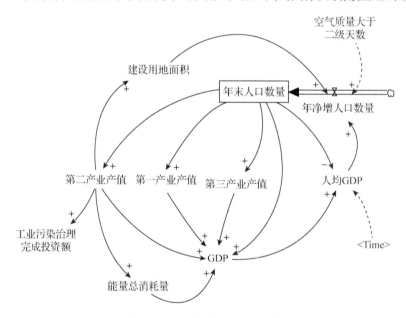

图**7.3**　社会经济子系统仿真学因果反馈流程图

(1)反馈回路：①年末人口数量→ – 人均 GDP→ +年净增人口数量→ +年末人口数量；②年末人口数量→ +第二产业产值→ +建设用地面积→ +年净增人口数量→ +年末人口数量；③年末人口数量→ +第二产业产值→ +能源消耗总量→ +GDP→ + 人均 GDP→ +年净增人口数量→ +年末人口数量；④年末人口数量→ +第一产业产值→ +GDP→ + 人均 GDP→ +年净增人口数→ +年末人口数量；⑤年末人口数量→ +第三产业产值→ +GDP→ + 人均 GDP→ +年净增人口数→ +年末人口数量

（2）主要方程：①人口数量（POP）：L POP. K = INTEG（NPPY. JK，1.3636）；②年净增人口数量（NPPY）：R NPPY. KL = IPOP. K － EPOP. K；③地区生产总值（GDP）：A GDP. KL = PerGDP. K × POP. K；④能源总消耗量（TEC）：A TEC. KL = ECPC × POP. K + ECPUG × （PIO + SIO）. K；⑤建设用地面积（CLA）：A CLA. KL = OAPUG1 × PIO. K + OAPUG2 × SIO. K + OAPUG3 × TIO. K；⑥第三产业产值（TIO）：A PIO. KL = ISI × POP × PerGDP. K；⑦第二产业产值（SIO）：A SIO. KL = ISI × POP × PerGDP. K；⑧第一产业产值（PIO）：A PIO. KL = ISI × POP × PerGDP. K；⑨工业污染治理完成投资额（IIPCC）：A IIPCC. KL = PCPUG × （PIO. K + SIO. K）；⑩环境保护投资额（IEPC）：A IEPC. KL = 0.014 × IIPCC. K；⑪人均地区生产总值（PerGDP）：T PerGDP = WITH LOOKUP｛Time，〔（〔（2000，0）－（2022，20）〕，（2000，2.4127），（2001，2.698），（2002，3.073），（2003，3.4777），（2004，4.0916），（2005，4.5993），（2006，5.1722），（2007，6.0096），（2008，6.4491），（2009，6.694），（2010，7.3856），（2011，8.1658），（2012，8.7475），（2013，9.3213），（2014，9.724），（2015，9.84912），（2016，10.137），（2017，10.3877），（2018，10.26），（2019，10.7018），（2020，11.1404）〕｝

式中，OAPUG 为单位产值占用面积，POPUG 为单位产值污染产生量，ISI 为产业结构指数，ECPC 为人均能耗量，ECPUG 为单位产值能耗量，PCPUG 为单位产值污染治理量，PERPUG 为单位产值污染排放率，IPOP 为迁入人口，EPOP 为迁出人口。

3. 环境子系统

该子系统能够影响森林资源状况，对社会发展产生深远影响，也是连接森林资源子系统和社会子系统耦合发展的纽带，是系统中的重要因素。环境子系统主要模拟人类活动对环境产生的影响，该子系统选取空气质量大于二级天数为状态变量，模拟空气质量大于二级天数与 CO_2 排放量、SO_2 排放量、可吸入颗粒物年日均值、年降雨量以及社会关注度之间的相互影响关系。当空气中可吸入颗粒物、工业生产以及尾气排放的 SO_2、CO_2 直接或间接地影响到空气质量时，人们对环境的关注度就会上升，进而采取相应措施去控制废气的排放，提高空气质量。具体反馈流程图如图 7.4 所示。

（1）反馈回路：①空气质量大于二级天数→+ 社会关注度→+ 环境保护投资额→－ SO_2 排放量→－ 空气质量大于二级天数；②空气质量大于二级天数→+ 社会关注度→+ 环境保护投资额→－ CO_2 排放量→－ 空气质量大于二级天数；③空气质量大于二级天数→+ 社会关注度→+ 环境保护投资额→+ 可吸入颗粒物年日均值→－ 年降雨量→+ 空气质量大于二级天数；④空气质量大于二级天数→+ 社会关注度→+ 环境保护投资额→+ 可吸入颗粒物年日均值→－ 空气质量大于二级天数

（2）主要方程：①空气质量大于二级天数（DAQAG）：L DAQAG. K = DAQAG. JK + DT × （－ COE. JK － SOE. JK － AADPM. JK）；② CO_2 排放量（COE）：R COE. KL = COA × TFSV. K + ECBR × TEC. K + GOE × IEPC. K；③ SO_2 排放量（SOE）：R SOE. KL = SOA × TFSV. K + ECBR × TEC. K + GOE × IEPC. K；④年降雨量（AR）：R AR. KL = IFR × （TFSV. K + AADPM. K）；⑤可吸入颗粒物年日均值（AADPM）：A AADPM. KL = DPR × CLA. K + DUA × TFSV. K + （1 － ECBR）× TEC. K；⑥环境保护投资额（IEPC）：A IEPC. KL = 0.014 × IIPCC. K

式中，COA 为 CO_2 吸收率，ECBR 为能源完全燃烧率，GOE 为治理效率，SOA 为 SO_2 吸收率，

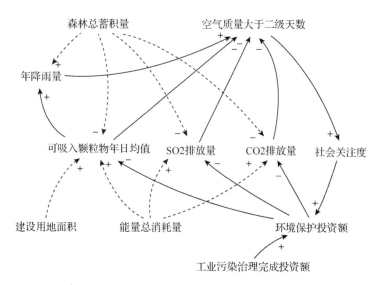

图 7.4　环境子系统仿真学因果反馈流程图

DPR 为粉尘产生率，DUA 为粉尘吸收率，IFR 为降雨影响因子。

(四)系统仿真模型的检验

为了验证模型的运算结果与客观实际的吻合程度，以 2000～2010 为历史数据(2000 年为基准年)，时间步长为 1 年，模拟 2011～2014 年主要变量值，对比分析模拟数据与实际数据并计算相对误差(图 7.5)。选取三个子系统的主要状态变量作为检验参数，分别为年末总人口、森林总蓄积量和空气质量大于二级天数。结果表明，平均相对误差为 2.57%，所选三个变量的模拟值和实际值之间的误差均保持在 6.6% 以内，符合 10% 以内的一致性要求。因此，可以得出预测未来 6 年(2015～2020 年)北京市森林生态安全是合理的。

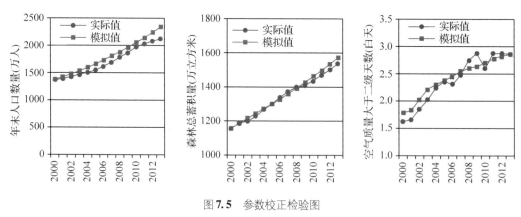

图 7.5　参数校正检验图

三、森林生态安全情景模拟结果分析

(一)动态调控方案设定

为实现北京市森林生态安全与社会经济、环境的协调发展，根据森林、社会经济和环境子系统的因果反馈流程图，选择位于子系统交叉点上具有调控系统作用的参量作为控制参量，兼顾考虑北京市林业、社会经济和环境发展的历史和现实情况以及未来的发展趋势，控制参量的变化幅度，设置社会经济中速发展型、环境管理强化型、林业政策扶持型、森林—社会经济—环境协调发展型等4种动态调控方案(表7.2)。

表7.2　北京市森林生态安全预测情景设定

情景	核心策略	具体措施
情景0	初始状态	保持当前社会经济、环境和森林资源发展趋势，作为其他四种情景的对比参考
情景1	社会经济中速发展型	通过宏观经济调控，减缓经济增长，使GDP年增速降低到7%；通过控制北京市外来人口数量，使人口年均增速保持3.5%以内，以减少人口和经济增长对森林生态安全压力
情景2	环境管理强化型	通过环保部门环境调控，增加环境保护投资额，保证技术层面进行创新，以减少二氧化碳(每年减少1.115千万t)和二氧化硫排放量(每年减少0.002千万t)，降低可吸入颗粒物年日均值(每年减少0.05mg/m^3)
情景3	林业政策扶持型	制定林业政策，鼓励北京市和各区县政府加大林业投资，林业完成投资额年均增加0.03千亿元，促进造林面积增加；限制林业采伐行为，使采伐限额每年减少0.008千万m^3
情景4	森林‐社会经济‐环境协调发展型	结合情景1~3的优势，更新社会经济发展结构，实现城乡统筹发展；保持技术创新，提升环境质量；加大林业关注度，引导森林生态系统可持续发展

(二)不同调控方案下的系统仿真学预测结果分析

根据设定情景，借助系统仿真学模型，获得四种情景下的森林生态安全发展趋势(图7.6)。

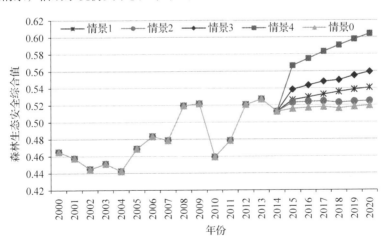

图7.6　不同发展情景下北京市2000~2020年森林生态安全综合评估值变化趋势

在情景0下，北京市森林生态安全综合分值(FES)呈现波动增长态势。2000以来，北京市大幅增加林业投资额，2012年达到2.49×10^4元hm^{-2}的峰值，期间造林31.9×10^4hm^2，森林覆盖率逐年提升。受上述原因，2000~2012年北京市森林生态安全总体向好，在2013年时达到最佳状态(FES为0.527)，2014年略有下降(FES为0.513)，2015年后开始好转，但整体并无明显提升。从阶段特征看，2008年首钢的搬迁在一定程度上缓解了废气排放问题，森林生态安全也在2009年达到最优。之后，受奥运后机动车激增及快速城镇化综合影响，CO_2 和 SO_2 排放量快速增加，导致环境质量在 2010 年和 2011 年出现急剧恶化，人口膨胀、经济增长和脆弱的生态环境严重威胁北京市森林生态安全。

在情景 1 下，北京市森林生态安全水平较情景 0 有一定提升，到 2020 年 FES 由情景 0 的 0.519 提升到情景 1 的 0.541。相应的，森林总蓄积量由 1.94×10^7 m^3 增加到 2.10×10^7 m^3，单位面积森林蓄积量由 12.28 $m^3 \cdot hm^{-2}$ 提升到 12.77 $m^3 \cdot hm^{-2}$，森林覆盖率也提升到 45.50%（表 7.3）。但由于经济减速增长造成森林投资相应减少，同时情景 1 尚未关注环境调控和林业政策调控的影响，因此在社会调控下北京市森林生态安全提升并不明显。

在情景 2 下，环境改善提升了森林生态系统防护功能、自我调节能力和抗干扰能力，使得情景 2 与情景 0 相比森林资源状况有较大的提升。到 2020 年森林总蓄积量由 1.94×10^7 m^3 增加到 2.17×10^7 m^3，单位面积森林蓄积量由 12.28 $m^3 \cdot hm^{-2}$ 提升到 13.24 $m^3 \cdot hm^{-2}$，森林覆盖率相对情景 0 也提升了 0.5 个百分点（表 3）。但由于该情景忽视了社会经济调控和林业政策调控对森林生态安全的影响，因此 FES 并未较情景 0 发生明显改观。

在情景 3 下，森林资源状况提升最显著。到 2020 年，森林总蓄积量由情景 0 的 1.94×10^7 m^3 增加到 2.25×10^7 m^3，单位面积森林蓄积量由 12.28 $m^3 \cdot hm^{-2}$ 提升到 13.70 $m^3 \cdot hm^{-2}$，森林覆盖率提升到 45.78%，可见林业政策调控是提升森林资源数量与质量最直接有效的途径（表 7.3）。在林业政策调控下，2020 年北京市 FES 达到 0.559，明显高于情景 0 的 0.519，这说明增加林业投资额和降低采伐限额是提升北京市森林生态安全水平的重要途径。

情景 4 主要综合了情景 1~3，不仅调控了人口和经济增速，还在环境调控和林业政策方面提出了要求，是森林系统 – 社会经济系统 – 环境系统的协调发展策略。在此情景下，FES 持续显著提升，到 2020 年达到 0.604，远远高于情景 0 的 0.519，情景 1 的 0.541，情景 2 的 0.525 和情景 3 的 0.559。由此可见，综合调控下 FES 增幅最大。

表7.3　各种情景方案下森林相关指标模拟优化结果

指标 Indicators	2000 年	2020 年				
		情景 0 Scenario 0	情景 1 Scenario 1	情景 2 Scenario 2	情景 3 Scenario 3	情景 4 Scenario 4
森林覆盖率(%)	30.65	45.43	45.50	45.92	45.78	46.42
单位面积森林蓄积量(m^3/hm^2)	7.04	12.28	12.77	13.24	13.70	12.91
人类工程占用土地指数(%)	6.56	16.05	15.46	16.60	17.40	14.71
人口密度(人/hm^2)	8.31	14.60	14.21	14.73	14.85	13.99
单位面积 GDP(万元/hm^2)	19.27	206.26	195.07	215.69	209.80	192.07
CO_2 排放量指数(t/hm^2)	49.01	54.74	54.34	45.92	46.00	43.14
SO_2 排放量指数(t/hm^2)	0.1365	0.0345	0.0342	0.0220	0.0302	0.0157
可吸入颗粒物年日均值(mg/m^3)	0.1600	0.0709	0.0504	0.0312	0.0452	0.0205

森林总蓄积量、单位森林面积蓄积量和森林覆盖率，是衡量森林资源质量与数量最关键的指标。结果表明，2000～2020 年森林总蓄积量和单位森林面积蓄积量在四种情景下均有所增长，但在情景 3 中这两项指标增长最为显著，说明林业政策调控是提升森林资源总规模和质量最直接有效的途径(表 7.3)。森林覆盖率在情景 4 中呈现最大幅度的增长，这说明促进森林资源－社会经济－环境复合系统内部要素和系统之间的动态协同发展，能更有效地提升森林资源丰富程度及绿化水平。

人口密度、单位面积 GDP 及人类工程占用土地指数，是衡量人类社会经济活动对森林生态系统构成反向安全性的关键指标。结果表明，2000～2020 年这三项指标在情景 2 和 3 中均呈现增长，这说明环境的管理以及林业政策的扶持改善了人们居住环境，同时也进一步吸引外来人口流入从而加快土地扩张和 GDP 增长。在情景 1 和 4 中，这三项指标均有所下降，说明在经济中速发展和森林资源－社会经济－环境协调发展的调控方案下，从长期来看能够有效减缓经济增长和控制北京市外来人口数量，系统承受来自人类活动的整体压力逐渐减小。而在情景 4 中下降幅度最大，则说明情景 4 是减轻森林生态系统压力的最有效方法。

CO_2 排放量指数、SO_2 排放量指数和可吸入颗粒物年日均值，是环境方面对森林生态安全造成压力的重要指标。结果表明，在四种情景中均呈现不同程度的下降，这说明四种情景的调控在一定程度上均能够改善北京市的环境质量，而在情景 4 中下降幅度最大，这说明森林资源－社会经济－环境复合系统之间协调发展能够有效缓解森林生态安全压力。

四、结　论

(1)在情景 0 中(保持当前社会经济、环境和森林资源发展趋势)，2000～2020 年北京市森林生态安全综合值整体呈现波动上升的趋势，并在 2013 年达到最大值，2014 年出现一定程度的下降后呈现缓慢增长，但整体森林生态安全状况改善并不显著。

(2)研究时段内情景 1～3 都不同程度地提升北京市森林生态安全水平，但改善幅度并不显著，不能有效地实现森林生态安全的可持续发展。只有当林业政策、环境和社会经济调控同时执行一定的时间段后(即情景 4)，北京市森林生态安全才会得到显著改善。

(3)情景 3 中森林总蓄积量和单位森林面积蓄积量增长最为显著，这说明林业政策调控是提升森林资源总规模和质量最直接有效的途径。而情景 4 中森林覆盖率呈现最大幅度的增长，这说明促进森林资源－社会经济－环境复合系统内部要素和系统之间的动态协同发展，能更有效地提升森林资源丰富程度及绿化水平。

(4)通过系统仿真模拟，发现四种情景在研究期内经济的快速增长及无限制的人口增长是北京市森林生态安全的主要压力，环境污染问题也将在一定程度上影响着北京市森林资源的质量，而通过限制森林采伐额、加大林业投资额则能有效减轻森林生态安全压力，因此加强森林资源－社会经济－环境各方面政策调控则成为维护森林生态安全最直接有效的方法。

第二节
分区县森林生态安全预警的时空差异研究

　　生态安全预警是指通过对生态系统破坏、环境污染和资源消耗等警兆进行识别，以及分析警源的变化，采用定性和定量相结合的预警模型提前对某种隐蔽存在或突发性警情进行预报（舒帮荣等，2010），以达到提前预防和控制不安全因素的目的（崔胜辉等，2005），对生态安全的维护具有重要意义，引起了国内外学者的关注。国外的生态安全预警评价主要集中在生态风险评价（Xi et al.，2010）和生态系统稳定性评价（Mitra et al.，2010）两方面，评价模型主要有 PSR（Cost-anza et al.，1992）、DPSEEA（Xi et al.，2010）和 ECCO（Pirages et al.，1992），已具有较为完整的概念体系和系统的操作方法。相对而言，国内的相关研究起步较晚，始于 20 世纪 90 年代后期，研究内容涉及水系统承载力监测与预警（王俭等，2009）、土地生态安全状态预警（徐美等，2012）、湿地系统分析和预测（朱卫红等，2014）等方面；研究尺度涉及城市（王耕等，2013）、旅游地（肖建红等，2011）及自然保护区（郭小鸿，2010）等方面。在预测预警方法上，灰色 GM（1，1）模型（周彬等，2011）、能值分析（鲁莎莎等，2011）、BP 神经网络（李秀霞等，2011）等方法在生态安全领域均有应用。目前，关于森林生态安全预警的研究尚处在发展阶段，学术界为促进该领域的发展开展了相应的研究。例如：米锋等（2013）依托 PSR 概念模型，利用模糊综合评价法对北京市的森林生态安全进行预警研究，得到了 2011～2015 年北京市森林生态安全状态继续转好的结论；毛旭鹏等（2012）基于 PSR 模型，采用 BP 神经网络对长株潭森林生态安全进行预警研究，预测 2012～2014 年森林生态安全状况都将处于"轻警"状态。

　　总的来说，生态安全预警相关研究虽取得较多进展，但在森林生态安全预警研究方面尚存不足：①基于 SD 的森林生态安全预警研究理论体系尚未构建；②实例研究中较少综合运用数学模型、地理信息系统（GIS）等进行分析；③缺乏从森林生态安全预警动态监测、预警演变及调控、驱动力机制等方面进行的综合研究，现实指导意义有限；④已有研究大多集中在区域尺度，很少涉及区县，对森林安全预警的区域内部差异分析更少，无法为一个区域制定差异化的政策提供支撑。有鉴于此，本报告尝试运用 SD 模型，以国际大都市北京为例，从分区县尺度开展森林生态安全预警动态监测研究，明确目前北京市不同区域森林生态安全所处的阶段以及变化趋势，并对未来一定时间内所属的类型、所处的阶段、所要采取的应对措施等进行判断。该预警系统能够及时反映北京市及其各区县森林资源结构、生态功能、环境、经济的状况及逆向退化、恶化的变化趋势，为合理制定差异化的区域森林发展政策提供支撑。

一、森林生态安全预警系统仿真模型构建

（一）系统仿真模型因果反馈图的构建
　　森林生态安全预警系统是由若干个内部关系错综复杂、相互联系紧密的子系统所组成的森林－社会经济－环境复合系统。本节所使用的森林生态安全仿真预警模型的因果反馈流程图与本章第一节完全一致。

（二）系统仿真模型参数设定

模型中的参数选取依据统计数据来确定，其中人口增长率、森林蓄积量增长率、工业污染治理系数、环保投资系数等较为稳定的指标，按照历史数据 2009～2015 年间的算术平均值加以确定；而变量间关系不明显或随时间变化的变量采用表函数的方式予以定义，如人均 GDP、对环境的社会关注度等。本文使用的森林资源数据来源于 2010～2016 年的首都园林绿化政务网和《第八次森林资源清查》；社会经济数据来源于《北京市统计年鉴》和《北京区域统计年鉴》；气象统计数据来源于《北京市环境保护局环境状况公报》；其他相关数据来源于相关文献资料、文件以及研究报告。

（三）系统仿真模型检验

为了验证模型的运算结果与客观实际的吻合程度，运用北京市生态安全预警的历史数据（2009～2015 年）对模型进行检验（图7.7）。首先选取三个子系统主要状态变量作为检验参数，参数分别为年末总人口、森林总蓄积量和空气质量大于二级天数；然后以 2009 年为基准年，1 年时间为步长，模拟 2009～2015 年主要变量值；最后对比分析模拟数据与实际数据并计算相对误差。通过比较可知，模拟数值与实际数值误差小于 10%，符合一致性要求，因此用此模型来预测 2016～2030 年北京市森林生态安全预警数据是较为可靠的。

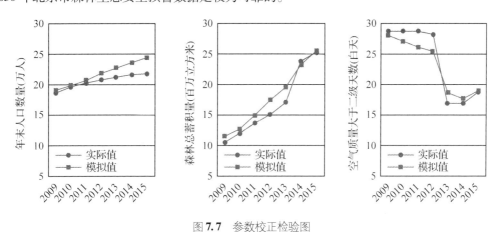

图 **7.7**　参数校正检验图

二、森林生态安全预警综合评价模型

（一）指标体系与权重计算

森林生态安全是指在一定的时空范围内，在一定外界环境和人为社会经济活动等影响下，森林生态系统能够实现自我调控和自我修复，维护自身生态系统可持续性、复杂性、恢复性、服务性的状态（鲁莎莎等，2017；王金龙等，2016）。研究基于森林生态安全的内涵，遵循数据可获性、代表性和易操作性原则，采用文献归纳法和层次分析法构建评价指标体系（鲁莎莎等，2017）。权重计算则采用 AHP 和熵权结合赋值法，其优势是能把复杂系统的决策思维进行层次化，将决策过程中的定性和定量因素有机结合起来。其做法是：首先通过分析各指标的相互关系，建立阶梯型评价指标体系，然后邀请多领域专家学者对评价指标打分，通过 1～9 标度法构建两两比较判断矩阵，以此确定出各评价指标的综合权重（见表7.4），并进行一致性检验。

表 7.4　北京森林生态安全评价指标

一级指标	二级指标	指标名称（单位）	计算公式	方向	权重
北京市森林生态安全评价（A_1）	森林资源（B_1）	C_1森林旅游开发强度(%)	森林公园面积/森林面积*100%	−	0.0530
		C_2森林采伐强度指数(%)	采伐限额/林木蓄积量*100%	−	0.0992
		C_3森林覆盖率(%)	森林面积/土地调查面积*100%	+	0.1203
		C_4单位面积森林蓄积量(m^3/hm^2)	森林蓄积量/土地调查面积	+	0.1334
		C_5公益林比重(%)	公益林面积/森林面积*100%	+	0.0418
		C_6林业完成投资额指数(万元/hm^2)	林业完成投资额/森林面积	+	0.0523
	社会经济（B_2）	C_7人类工程占用土地指数(%)	建设用地面积/土地调查面积*100%	−	0.0675
		C_8人口密度(人/hm^2)	各地区年末人口数/土地调查面积	−	0.0698
		C_9单位面积GDP(万元/hm^2)	地区生产总值/土地调查面积	−	0.0845
		C_{10}产业结构指数(%)	第二产业生产总值/地区生产总值*100%	−	0.0488
		C_{11}单位森林面积人口数(人/hm^2)	地区人口数量/森林面积	−	0.0904
		C_{12}单位GDP工业污染治理完成投资额(%)	工业污染治理完成投资/地区生产总值*100%	+	0.0390
	环境（B_3）	$C_{13}CO_2$排放量指数(t/hm^2)	化石燃料消耗量×二氧化碳排放系数/土地调查面积	−	0.0103
		$C_{14}SO_2$排放量指数(t/hm^2)	废气二氧化硫排放量/土地调查面积	−	0.0108
		C_{15}可吸入颗粒物年日均值(mg/m^3)	直接获取	−	0.0153
		C_{16}空气质量大于等于二级天数所占比例(%)	空气质量大于等于二级天数/365*100%	+	0.0347
		C_{17}年降雨量(mm)	直接获取	+	0.0101
		C_{18}环境保护投资额指数(%)	环境保护投资额/GDP*100%	+	0.0189

（二）森林生态安全预警警度区间确定

依据上述模型，计算出北京市 14 个区县 2009～2030 年的森林生态安全预警指数值；然后参照国内外的综合指数分级方法，按照生态安全的程度，将生态系统安全综合指数划分为 5 个等级（表 7.5），分别对应 5 个预警警度区间：巨警(很不安全)、重警(较不安全)、中警(不安全)、轻警(较安全)、无警(安全)。

表 7.5　北京市森林生态安全预警警度划分

警度区间	<0.35	0.35～0.5	0.5～0.65	0.65～0.75	>0.75
警级	I	II	III	IV	V
警度	巨警	重警	中警	轻警	无警

三、北京市森林生态安全预警值的时空演变特征

（一）北京市森林生态安全预警值的时序演变特征

1. 北京市整体演变特征

北京市森林生态安全预警指数整体虽呈现波动增长态势，但生态安全仍面临"中警"威胁(图

7.8）。2009～2015 年，预警指数呈略有下降态势，但幅度不大，由 0.5217 下降到 0.5158；警度由"中警"降为"重警"，然后再上升为"中警"，并最终维持在"中警"状态。根据预警结果可知，2016～2030 年，北京市森林生态安全的警度仍将保持这一趋势，维持在"中警"状态，预警指数呈上升态势，森林生态安全状况呈现改善态势，但不明显，需要采取措施加以改善和调控。

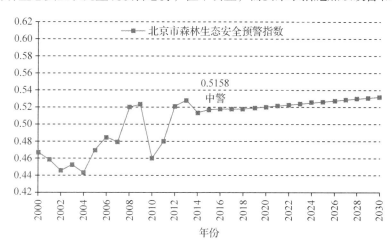

图 7.8　北京市 **2000～2030** 年森林生态安全预警指数变化趋势

2. 四大功能区的时序演变特征

2006 年北京城市总体规划将北京市域划分为首都功能核心区（东城、西城），功能拓展区（朝阳、海淀、丰台、石景山），城市发展新区（昌平、顺义、房山、大兴、通州），生态涵养区（延庆、密云、怀柔、平谷、门头沟）。由于首都功能核心区森林蓄积量为零，没有研究的意义，鉴于此，考虑区域差异性及森林生态系统建设的可操作，本文只研究其他 3 个子区域的森林生态安全。从各地的平均生态安全水平来看，存在着不同程度的差异（表 7.6）。14 个区县中，延庆区的森林生态安全预警指数最高，三个时期均在 0.7 以上，预警指数最低的是石景山区，在 0.35 以下。总体上，功能拓展区各区县的森林生态安全水平最低，三个时期的平均值在 0.4 以下，其次是城市发展新区，平均预警指数均在 0.5 以上，生态安全水平最高的是生态涵养区，三个时期的森林生态安全预警指数稳定在 0.65 以上。2009～2015 年，除生态涵养区保持稳定外，其余区域森林生态安全水平均不同程度的下降。2016～2030 年，各区域的平均值均有所提升，森林生态安全状况得到一定程度的改善。

表 7.6　北京市分区县森林生态安全预警指数及警级

年　份		2009	警级	2015	警　级	2030	警　级
功能拓展区	海　淀	0.4635	Ⅱ	0.4079	Ⅱ	0.3814	Ⅱ
	朝　阳	0.3714	Ⅱ	0.3377	Ⅰ	0.3849	Ⅱ
	丰　台	0.3590	Ⅱ	0.3525	Ⅱ	0.4188	Ⅱ
	石景山	0.2229	Ⅰ	0.2329	Ⅰ	0.3423	Ⅰ
	平均值	0.3540	Ⅱ	0.3330	Ⅰ	0.3820	Ⅱ

（续）

年　份		2009	警　级	2015	警　级	2030	警　级
城市发展新区	昌　平	0.5841	Ⅲ	0.5990	Ⅲ	0.6226	Ⅲ
	顺　义	0.5517	Ⅲ	0.5837	Ⅲ	0.6218	Ⅲ
	大　兴	0.5561	Ⅲ	0.5293	Ⅲ	0.5616	Ⅲ
	房　山	0.4056	Ⅱ	0.4503	Ⅱ	0.5025	Ⅲ
	通　州	0.6024	Ⅲ	0.5865	Ⅲ	0.6327	Ⅲ
	平均值	0.5400	Ⅲ	0.5500	Ⅲ	0.5880	Ⅲ
生态涵养区	延　庆	0.7285	Ⅳ	0.7501	Ⅴ	0.8666	Ⅴ
	密　云	0.6776	Ⅳ	0.7107	Ⅳ	0.7440	Ⅳ
	怀　柔	0.6128	Ⅲ	0.6909	Ⅳ	0.6928	Ⅳ
	平　谷	0.6739	Ⅳ	0.6940	Ⅳ	0.7235	Ⅳ
	门头沟	0.5697	Ⅲ	0.6272	Ⅲ	0.6698	Ⅳ
	平均值	0.6530	Ⅳ	0.6950	Ⅳ	0.7390	Ⅳ

3. 各区县时序演变特征

研究区 14 个区县的森林生态安全预警指数的变化可以分为三种类型：一是持续上升型：包括延庆、密云、怀柔、平谷、门头沟、昌平、顺义、房山和石景山区；二是先降后升型：包括朝阳、大兴、丰台、通州；三是唯一的持续下降型：海淀区。2009～2015 年，仅海淀、朝阳、丰台、石景山和大兴区的森林生态安全预警指数有所下降，其他 9 个区县皆有所增加。其中，海淀区的预警指数降低幅度最大，为 0.0821，这主要是受社会经济因素的影响。该地区人口密度大，经济发达，人类活动对自然生态安全的影响较大。在人类经济活动的作用下很多生态林地被转化为生态功能较低的其他用地类型，从而导致森林生态安全水平的降低。朝阳、大兴和通州预警指数降低幅度基本在 0.02 左右。三地森林生态安全水平的退化是森林资源、社会经济和自然环境叠加的结果。这些地区土层薄，本底生态环境质量较差，生态阈值低，抗外界干扰和自我恢复能力弱，在气候干旱化、人口增长以及经济发展等因素的共同作用下，导致这些地区生态安全水平有所降低。2016～2030 年，除海淀外，其他区县的预警指数均有所上升，森林生态安全状况有所改善，但改善幅度较小。

（二）各区县森林生态安全预警值的空间演变特征

基于 ArcGIS 平台，对 2009 年、2015 年和 2030 年三个时期研究区的森林生态安全预警指数的空间分布特征进行分析（图 7.9）。从空间分布特征看，功能拓展区的森林生态安全程度明显较生态涵养区低。预警指数的等级处于Ⅱ级以下区县位于北京市功能拓展区和城市发展新区部分地区（房山区），Ⅳ、Ⅴ级集中位于生态涵养部分地区。从分级变动看，2009～2015 年，有 11 个区县的级别未发生变化，3 个区县的级别发生了升降：其中怀柔由Ⅲ级升为Ⅳ级，延庆由Ⅳ级升为Ⅴ级，朝阳则由Ⅱ级降为Ⅰ级，是唯一级别下降的区县。2016～2030 年，朝阳由Ⅰ级升为Ⅱ级，房山由Ⅱ级升为Ⅲ级，门头沟由Ⅲ级升为Ⅳ级，其他区县的级别未发生变化。

总体来看，研究区森林生态安全较好区域主要在怀柔、密云、平谷和延庆等"外围区"聚集，主要是因为该地区森林资源数量和质量、自然环境状况远优于其他地区，城市化、工业化发展也较缓慢。处于中等区域的门头沟、昌平和顺义等地，森林资源丰富度日益增加，自然环境优势不

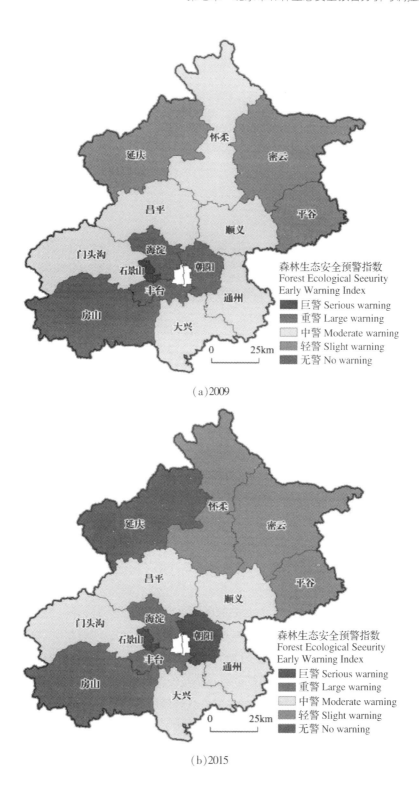

(a)2009

(b)2015

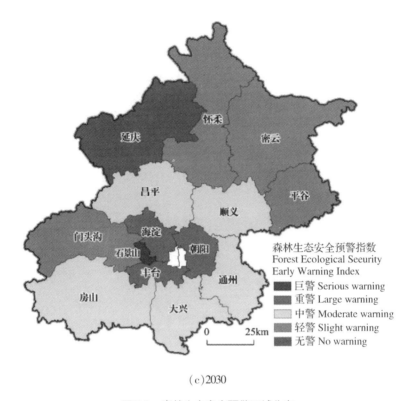

（c）2030

图 7.9　森林生态安全预警区域分布

断提升，森林生态安全状况逐步上升。森林生态安全显著低聚集区，主要分布在北京市中心的石景山、朝阳、丰台、海淀等"核心区"和房山一带，这些地区由于城市发展需要，建设用地扩张速度明显加剧，不仅大片森林被伐，挤占森林空间，而且旅游人数过多导致森林公园被大量开发，森林面临着旅游和周边居民带来的人为折枝、践踏破坏和不适当、过度采伐的双重压力，对森林造成严重威胁。

四、结　论

（1）2009～2030 年，北京市森林生态安全整体呈改善趋势，预警指数从 2009 年 0.522 增加到 2030 年的 0.53。从区域角度来看，生态涵养区的森林生态安全状况明显优于其他地区，发展新区的森林生态安全改善显著，功能拓展区个别地区则有退化迹象。

（2）森林生态安全预警结果随时间的变动存在地区差异。2009～2015 年，除朝阳、海淀、丰台、大兴和通州区的森林生态安全预警指数下降外，其他区县均呈上升趋势，其中以海淀下降幅度最大。比较而言，2016～2030 年，除海淀外，其他区县预警指数小幅上升；石景山区仍为巨警，海淀和朝阳区为重警，森林生态安全状况仍处于较差水平，应是今后关注重点。因而，未来在提高当地森林生态安全水平时，应因地制宜，根据不同情况采取相应的措施。

（3）预警结果也存在空间分布差异。森林生态安全预警指数较好区域主要在怀柔、密云、平谷和延庆等县域聚集；处于中等区域的门头沟、昌平和顺义等地森林生态安全状况逐步上升；预警指数显著低聚集区，主要分布在北京市中心的石景山、朝阳、丰台、海淀和房山。森林生态安全预警指数从城市功能拓展区到城市发展新区及生态涵养区，呈现出由低而高的变化趋势，其低值区随着城市化进程的加快而逐渐扩大。

（4）根据当前森林生态安全现状及未来预警情况，北京市部分区县森林生态安全发展态势未得到显著改善。森林生态安全的形成和演变主要是森林资源、社会经济、自然环境和林业政策相互叠加的结果，其演变特征和驱动机制，仍有待今后结合典型案例进行深入研究。

第三节
小　结

（1）情景模拟发现：①研究时段内情景 1～3 都不同程度地提升北京市森林生态安全水平，但改善幅度并不显著，不能有效地实现森林生态安全的可持续发展。只有当林业政策、环境和社会经济调控同时执行一定的时间段后（即情景4），北京市森林生态安全才会得到显著改善。森林生态安全很大程度上取决于三大子系统之间的相互协调，相互作用，保持子系统间的协调发展成为系统整体性的核心要求。②北京市森林生态安全受林业政策实施、森林资源禀赋、社会经济发展和环境治理等因素综合影响。经济的快速增长及无限制的人口增长是北京市森林生态安全的主要压力，环境污染问题也将在一定程度上影响着北京市森林资源的质量，而通过限制森林采伐额、加大林业投资额则能有效减轻森林生态安全压力。

（2）预警系统模拟发现①2009～2030 年北京市森林生态安全整体呈小幅度改善趋势，但预警指数空间分布差异十分显著；森林生态安全预警指数较好区域主要在怀柔、密云、平谷和延庆等县域聚集；处于中等区域的门头沟、昌平和顺义等地森林生态安全状况逐步上升；预警指数显著低聚集区，主要分布在北京市中心的石景山、朝阳、丰台、海淀和房山。②2009～2015 年，朝阳、海淀、丰台、大兴和通州区的森林生态安全预警指数下降，其中以海淀下降幅度最大。2016～2030 年，石景山区仍为巨警，海淀和朝阳区为重警，应是今后关注重点。

参考文献

[1]Costanza R, Norton B G, haskell B D. Ecosystem health: new goals for environmental management[M]. Washington D. C. : Island Press, 1992: 234 –246.

[2]Mitra C, Kurths J, Donner R V. An integrative quantifier of multistability in complex systems based on ecological resilience[J]. Scientific Reports, 2015(5): 1 –12.

[3]Pirages D. Ecological security: micro-threats to human well-being[M]. Oxford: People and their Planet, 1999: 284 – 298.

[4]Potter K M, Conkling B L. Forest health monitoring 2009 national technical report[J]. General Technical Report-Southern Research Station, USDA Forest Service, 2012(84): 1 –159.

[5]Shrader-Frechette K S. Ecosystem health: a new paradigm for ecological assessment? [J]. Trends in Ecology & Evolution, 1994, 9(12): 456 –457.

[6]Xi W, Sun Y, Tian X, et al. Research on the safety risk structure and early warning system of agriculture with illustrations of production of live pigs to farmers[J]. Agriculture and Agricultural Science Procedia, 2010(1): 462 –468.

[7]陈兴鹏，戴芹. 系统动力学在甘肃省河西地区水土资源承载力中的应用[J]. 干旱区地理，2002，25(4)：377 - 382.

[8]陈宗铸，黄国宁. 基于 PSR 模型与层次分析法的区域森林生态安全动态评价[J]. 热带林业，2010，38(3)：42 - 45.

[9]程叶青，李同升，张平宇. SD 模型在区域可持续发展规划中的应用[J]. 系统工程理论与实践，2004，24(12)：13 - 18.

[10]崔胜辉，洪华生，黄云凤，等. 生态安全研究进展[J]. 生态学报，2005，25(4)：861 - 868.

[11]高凤杰，侯大伟，马泉来，等. 退耕还林背景下寒地山区土地生态安全演变研究[J]. 干旱区地理，2016，39(4)：800 - 808.

[12]郭小鸿. 自然保护区生态安全评价指标体系探讨——以医巫闾山自然保护区为例[J]. 中国环境管理干部学院学报，2010，20(3)：24 - 27.

[13]李文华，等. 生态系统服务功能价值评估的理论、方法与应用[M]. 北京：中国人民大学出版社，2008.

[14]李秀霞，周也，张婷婷. 基于 BP 神经网络的土地生态安全预警研究——以吉林省为例[J]. 林业经济，2017，(3)：83 - 86.

[15]鲁莎莎，陈妮，关兴良，等. 基于 GIS 和能值分析的黑龙江省农业生态经济格局综合评价[J]. 生态与农村环境学报，2016，32(6)：879 - 886.

[16]鲁莎莎，郭丽婷，陈英红，等. 北京市森林生态安全情景模拟与优化调控研究[J]. 干旱区地理，2017，40(4)：787 - 794.

[17]吕建树，吴泉源，张祖陆，等. 基于 RS 和 GIS 的济宁市土地利用变化及生态安全研究[J]. 地理科学，2012，32(8)：928 - 935.

[18]毛旭鹏，陈彩虹，郭霞，等. 基于 PSR 模型的长株潭地区森林生态安全动态评价[J]. 中南林业科技大学学报，2012，32(6)：82 - 86.

[19]米锋，潘文婧，朱宁，等. 模糊综合评价法在森林生态安全预警中的应用[J]. 东北林业大学学报，2013，41(6)：66 - 72.

[20]米锋，朱宁，张大红. 森林生态安全预警指标体系的构建研究[J]. 林业经济评论，2012，10(2)：10 - 17.

[21]舒帮荣，刘友兆，徐进亮，等. 基于 BP - ANN 的生态安全预警研究：以苏州市为例[J]. 长江流域资源与环境，2010，19(2)：1080 - 1085.

[22]孙喜民，刘客，刘晓君. 基于系统动力学的煤炭企业产业协同效应研究[J]. 资源科学，2015，37(3)：555 - 564.

[23]汤旭，冯彦，鲁莎莎，等. 基于生态区位系数的湖北省森林生态安全评价及重心演变分析[J]. 生态学报，2018，38(3)：1 - 14.

[24]王耕，刘秋波，丁晓静. 基于系统动力学的辽宁省生态安全预警研究[J]. 环境科学与管理，2013，38(2)：144 - 149.

[25]王耕，王嘉丽，龚丽妍，等. 基于 GIS - Markov 区域生态安全时空演变研究——以大连市甘井子区为例[J]. 地理科学，2013，33(8)：957 - 964.

[26]王俭，李雪亮，李法云，等. 基于系统动力学的辽宁省水环境承载力模拟与预测[J]. 应用生态学报，2009，20(9)：2233 - 2240.

[27]王金龙，杨伶，李亚云，等. 中国县域森林生态安全指数——基于 5 省 15 个试点县的经验数据[J]. 生态学报，2016，36(20)：6636 - 6645.

[28]王其藩. 系统动力学[M]. 上海：上海财经大学出版社，2009.

[29]王武科,李同升,徐冬平,等. 基于 SD 模型的渭河流域关中地区水资源调度系统优化[J]. 资源科学, 2008, 30(7): 983 – 989.

[30]王西琴,高伟,曾勇. 基于 SD 模型的水生态承载力模拟优化与例证[J]. 系统工程理论与实践, 2014, 34(5): 1352 – 1360.

[31]肖笃宁,陈文波,郭福良. 论生态安全的基本概念和研究内容[J]. 应用生态学报, 2002, 13(3): 354 – 358.

[32]肖建红,于庆东,刘康,等. 海岛旅游地生态安全与可持续发展评估——以舟山群岛为例[J]. 地理学报, 2011, 66(6): 842 – 852.

[33]徐美,朱翔,刘春腊. 基于 RBF 的湖南省土地生态安全动态预警[J]. 地理学报, 2012, 67(10): 1411 – 1422.

[34]杨怀宇,杨正勇. 池塘养殖(青虾)生态系统服务价值的系统动力学模型[J]. 自然资源学报, 2012, 27(7): 1176 – 1185.

[35]张家其,吴宜进,葛咏,等. 基于灰色关联模型的贫困地区生态安全综合评价——以恩施贫困地区为例[J]. 地理研究, 2014, 33(8): 1457 – 1466.

[36]张玉虎,李义禄,贾海峰. 永定河流域门头沟区景观生态安全格局评价[J]. 干旱区地理, 2013, 36(6): 1049 – 1057.

[37]周彬,虞虎,钟林生,等. 普陀山岛旅游生态安全发展趋势预测[J]. 生态学报, 2016, 36(23): 7792 – 7803.

[38]朱卫红,苗承玉,郑小军,等. 基于 3S 技术的图们江流域湿地生态安全评价与预警研究[J]. 生态学报, 2014, 34(6): 1379 – 1390.

第八章
北京市森林生态安全制度建设与政策建议

　　党的十八大首次把生态文明摆在总体布局的高度，对中国的经济发展模式转型以及推动环境——经济——社会同步发展是一个重要的机遇，表明了中国把生态文明建设放在突出地位。党的十九大又明确指出："建设生态文明是中华民族永续发展的千年大计。必须树立和践行绿水青山就是金山银山的理念，坚持节约资源和保护环境的基本国策，像对待生命一样对待生态环境，统筹山水林田湖草系统治理，实行最严格的生态环境保护制度，形成绿色发展方式和生活方式，坚定走生产发展、生活富裕、生态良好的文明发展道路，建设美丽中国，为人民创造良好生产生活环境，为全球生态安全作出贡献"。党的十八大以来，习近平总书记高度重视生态文明和林业绿化建设，多次研究林业重大问题、参加义务植树活动、做出重要指示批示，针对北京林业发展提出了许多新思想、新观点和新要求。2016 年 4 月 5 日，习近平总书记在大兴西红门参加首都义务植树活动时指出：发展林业是全面建成小康社会的重要内容，是生态文明建设的重要举措，要多种树、种好树、管好树，让大地山川绿起来，让人民群众生活环境美起来；2016 年 5 月 27 日，习近平总书记主持召开中央政治局会议，研究了北京城市副中心建设，要求坚持世界眼光、国际标准、中国特色、高点定位，以创造历史、追求艺术的精神进行规划设计建设，打造历史性工程；要构建蓝绿交织、清新明亮、水城共融、多组团集约紧凑发展的生态城市布局，建设绿色城市、森林城市、海绵城市、智慧城市；2017 年 2 月 23 日至 24 日，习近平在北京市考察过程中提出，北京城市总体规划要大幅度扩大绿色生态空间；强调北京城市副中心建设不但要搞好总体规划，还要加强主要功能区块、主要景观、主要建筑物的设计，体现城市精神、展现城市特色、提升城市魅力。

　　森林生态安全是生态安全、国土安全甚至是整个国家安全的有机组成部分，充分认识维护森林生态安全，采取有效措施维护森林生态安全，对于保护我国生态安全和国土安全、发展我国林业事业、促进生态文明建设等均具有十分重大的理论意义和现实意义。为提高北京市森林生态安全，加强北京市森林生态系统的安全性，本章通过对上文实证分析的结果进行归纳总结，针对北京市森林生态安全存在的问题和当前形势提出以下相关政策建议。

第一节
优化林地利用空间格局

截至 2015 年，北京市森林覆盖率达到 41.6%，林木绿化率达到 59%，森林的生态服务功能逐渐提升。其中城市地区近年来建成 158 个城市休闲和森林公园，基本形成城市休闲 – 近郊郊野 – 新城滨河 – 远郊森林的圈层式格局；平原地区累计完成造林 105 万亩，植树 5400 多万株，森林覆盖率达到 25.6%，显著提升了城市生态承载能力，完善了首都生态空间布局；山区进一步推及人工造林、封山育林以及低效林改造等工程，71% 的宜林荒山实现绿化，山区生态功能显著增强。全市基本形成"山区绿屏、平原绿海、城市绿景"的大生态格局，不断扩大了环境容量和绿色空间，城市宜居环境显著改善。为进一步优化北京林地空间配置，提升森林生态安全，应着力推动非首都功能疏解，扩大全市绿色森林生态空间。具体应做到：

第一，多措并举加大城市疏解建绿，充分利用疏解腾退空间多元增绿、增林，提升城市森林绿地的生态效益。具体措施包括：增建、改建城市绿地，推进城市休闲公园、小微绿地建设，拓宽公园绿地服务范围；推进重点地区的疏解增绿建设和城市代征绿地建设，加强居住区、道路等区域的绿化和植树造林；推进城市副中心 13 条河道以及小月河、清河等 200 公里滨水健康绿道建设，为市民营造更多亲水休闲空间

第二，突出重点加大平原地区挖潜增绿，结合农业结构调整，持续加大平原地区绿化造林建设。一是市区内平原造林的重点应向城乡结合部、城市副中心、冬奥会及世园会场馆周边和沿线集中，市区周边则重点向京津冀生态廊道和京津保地区等重点区域集中，以此促进生态网络互联互通；二是要加强废弃地生态修复和环境治理，加大对地下水严重超采区和南水北调干线的绿化；三是围绕解决历史遗留问题，按照"拆除一块、绿化一块"的原则，完成绿隔地区绿化任务；四是进一步推进平原地区城郊森林公园建设。

第三，以提升生态功能为目标加大山区森林经营，不断提升森林质量和综合效益。继续推进京津风沙源治理、太行山绿化等国家级重点生态工程建设，扩大人工造林和封山育林面积；加大山区森林健康经营，推进低效林改造、林木抚育、彩色造林等工程。

第四，以生态环境保育和休闲游憩为主要功能，推进森林湿地建设保护。一要进一步加大平原地区森林湿地建设；二要拓展水库地区周边森林湿地面积；三要实施水源涵养林建设，在北京东南部河流、湖泊等区域构建大尺度森林湿地板块，以此促进"东西南北多向连通、河湖路网多廊衔接、森林湿地环绕"生态格局的形成。

第二节
着力提升森林生态系统整体质量

北京市森林质量问题体现在：①树种结构单一，且以纯林为主。柞树林、侧柏林、油松林是面积最大的三个树种，它们的平均蓄积分别只有 17.7、7.73、25.22m^3/hm^2。树种结构单一不利

于森林生态系统的稳定并导致其生态功能难以发挥；②人工林比例大。北京主要林种中，人工林占主要林种的56%，人工纯林面积高达80%以上，常常导致林地生物多样性低、生产力下降、病虫害严重、火灾风险大等问题（邹大林，2013）；③林龄结构不合理，中幼龄比例大。现有的中幼龄林面积占林分面积的84.9%，由于缺少抚育管理，有相当面积的中幼龄林因造林时初植密度大，造成现在林木长势衰弱，自然枯死现象严重，病虫害滋生，森林以水源涵养为主的多种功能未能充分发挥，防护功能与景观效果差；④森林破碎化严重。由于城市发展需要，建设用地扩张速度加剧，房屋、道路及汽车的增加导致部分地区大片森林被伐，森林空间被挤占，城市森林破碎化现象日益严重，景观连通性降低。例如，连接延庆和赤城的公路贯穿整个松山自然保护区，两处核心区和缓冲区将被该公路完全分隔，破坏了保护区的整体性和连通水平，人为地对繁殖的野生动物造成基因交流的障碍和活动领域的限制；⑤森林健康状况受人为干扰严重。森林生态旅游业的发展兴旺，旅游人数过多导致森林公园被大量开发，森林面临着旅游和周边居民带来的人为折枝、践踏破坏和不适当、过度采伐的双重压力，严重的人为干扰导致区域内森林健康状况较差。针对上述问题提出以下建议：

第一，优化北京市的森林树种结构，提高树种丰富度。①根据北京市环境气候条件，因地制宜种植适合本地生长的树木。例如，增加国槐、毛白杨、绦柳、榆树、臭椿、银杏、栾树、木槿等最能适应北京地区环境的乡土树种。在此基础上，继续加强北京市树木抗寒、耐旱、耐热等新品种的选育研究；②丰富树种色彩。继续实施"彩叶工程"，加大紫叶李、紫叶矮樱、紫叶小檗、金叶女贞等彩叶植物的引进；③树种选择、应用方面应遵循：以乡土树种为主，乡土树种与外来树种相结合。以乔木树种为主，乔木、灌木及藤木相结合。速生与慢长树种相结合，重视长寿树种的合理比重，以此维持城市树木群落整体结构的相对稳定（朱心明，2017；张宝鑫等，2009；王凤江，2003）。

第二，提倡采用近自然林业的经营方式，对人工林实施近自然化改造。建议以村为单位编制森林经营方案，森林经营方案的实施周期为十年，由区县园林绿化部门组织成立近自然森林经营方案编制队伍，由市园林绿化部门审批森林经营方案。综合考虑当地立地条件、森林的生长状况、森林的主导功能，确定疏伐时间、疏伐频率和疏伐强度，根据森林的生长状况进行动态调整，科学地编制森林经营方案，并贯彻到底（邹大林，2013）。

第三，针对现有林木，应尽快进行幼林定株、补植抚育、修枝除蘖、抚育间伐等技术措施，提高林分质量，巩固造林绿化成果。成、过熟林资源也应适度采伐，及时更新，以避免病虫害的发生和蔓延。与此同时，大力加强生物多样性保护，提高公众参与意识，加强国内、国际合作与交流。开展多种形式的森林生物多样性保护宣传教育活动，通过长期的、广泛的、深入的宣传工作，引导公众积极参与生物多样性保护活动，提高民众对保护森林生物多样性的认识，并建立和完善森林生物多样性保护公众监督、举报制度，进一步完善公众参与机制（吴丽莉，2011；首都园林绿化网，2015）。

第四，按照《京津冀协同发展规划纲要》和《北京城市总体规划》修改的要求，大力推动城乡统筹发展、区域协同发展。在市域范围内，按照"一屏、三环、五河、九楔"的生态布局，着力构建"青山为屏、森林环城、九楔放射、四带贯通、绿景满城"的园林绿化生态格局（首都园林绿化网，2016）。同时，加强政府相关部门间的合作，加强治理污染和改善森林生态环境等方面的协调。

第五，建立实施健康合理的生态旅游经营模式。对于林区内旅游业的发展应采取以可持续发展为战略目标，进行合理开发。要考虑到旅游景区的接待能力，寻找与保护区职能相协调的旅游模式，不能因为短浅的利益而盲目的迎合市场需求。加大森林文化教育宣传活动，通过公众和志愿者的积极参与，普及森林知识，吸引公众参与到森林文化建设工作中，维护森林现有的文化载体，让公众亲近自然、观察体验自然、欣赏自然，从而唤醒公众对自然的爱与尊重。同时加强游客管理和环境教育，负担起引导和培育旅游者的任务（李琨，2010；韩慧，2014）。

第六，优化林业投资结构。林业投资是改善森林质量最为直接的方式之一。相关研究结果显示，林业投资在不同层次、不同范围上对森林质量的不同方面发挥着不同程度的积极作用。无论从全国整体还是从各林区情况来看，增加林业投资力度都能从不同程度上提高森林质量。因此，为扩大林业投资规模，优化投资结构，使投资方向更加合理，应从以下几个方面入手：①改善投资环境，建立有利于吸引各种社会投资主体的投资机制和模式。如加快林业产权改革，建立明晰的产权制度，通过林木所有权和林地所有权的合理流转增加林业投资的流动性，降低投资风险，以吸引更多社会投资到林业领域。②优化投资格局，确保森林质量投资比例。在有限的林业投资总量约束下，尽快建立森林资源数量增长与质量提升并重的营林投资结构优化机制就显得尤为重要。通过营林资金使用结构的重大调整改变重造林轻抚育的营林投资格局，将北京市森林资源发展由规模扩张引向内涵提升轨道上来。③加强林业投入资金运行的监管与控制。建立健全林业财务管理制度和会计核算制度，对林业投入资金实行全程监督控制。

第三节
全面加强森林资源安全保障水平

当前北京市森林资源保护管理现状存在以下问题：①由于区域内森林管理涉及很多村庄，部分村民的自身防火意识比较差，在生活和工作过程中存在违章用火的情况，例如春耕备耕时节，广、乱、散的烧荒行为，导致火源很难控制；②森林资源作为重要的旅游资源，部分游客在林区内烧烤，清明节祭祖，由于防火意识不健全，导致违法用火防不胜防，增加了森林防火工作的难度；③林业建设长期以来"重两头轻中间"，导致过密过疏林分多、密度适宜林分少，林分稳定性差，给病虫害防治和森林防火等带来不利影响，例如杨树害虫、美国白蛾等森林病虫害的发生，导致北京部分地区森林受到影响。针对上述问题，研究提出以下两点建议：

第一，全力抓好森林防火工作。森林防火高火险期，林区范围内应当实施最严的制度，并且采取最有效的措施和方法避免森林火灾发生。具体来说：一是落实好野外火源管理"百分百"措施。使林区农户与村民小组长签订安全责任书，检查站（哨、卡）对进入林区人员实名登记，生产用火执行计划用火许可证制度，对违规用火者严查并追究责任。二是采取增设临时防火检查站、增加护林员的方法，强化守山责任，并加大巡山密度，实现路口有人守、山头有人管以及坟地有人查的工作目标，切实管好火源。三是适时多次组织防火大检查活动，做到横向到边、纵向到底，不留死角和盲区。指挥部成员认真履行职责，对挂钩片区进行检查指导。如清明节期间，由区委办牵头,组成检查组对所属挂钩片区检查督导。四是元旦、春节以及清明节和五一节等节假日,应当作为森林防火的重要时段,加大森林火灾防范力度,确保重点部位以及重要时段,不发生森林火灾。比如,清明节期间,各街道采取增岗设卡检查等方式,加大火灾防范力度,全力以赴投入森林防火工作。林区内、外应当紧密配合,做好协同作战工作,并且严防死守。五是落实全国森林防火规划,抓紧编制全市森林防火规划,加快推进西部地区视频监控系统、森林防火通信机房和松山森林防火指挥系统等重点项目建设,进一步完善瞭望监测、通讯指挥、预报预警、林火阻隔、扑救设施等基础设施体系,加强森林武警靠前驻防,确保全市不发生重大森林火灾和人员伤亡事故(首都园林绿化网,2017)。

第二,加强林业有害生物防控。一要合理设置资源检查检疫站,采用先进的监测技术,实时监控林区人类的森林经营和非森林经营活动,有效地预防人为破坏森林资源的违法行为的发生;加强林区森林植物病虫害检疫,控制有害生物的传播;增加林区生物多样性,提高森林抵抗自然灾害的能力,增强森林生态系统的稳定性。二要完善监测测报模式。突出抓好杨树虫害、美国白蛾等重大林业有害生物的预报预测与防控检疫,加大普查普防力度,大力推进社会化防治和无公害防治、生物防治,确保不发生重大林业有害生物灾害。三要建立灾害应急机制。为了减少由于极端天气条件带来的经济损失和生态损失,从林业厅主管部门到具体的林场都要建立应对天气灾害和病虫害突然暴发应急预案(邓刚,2012)。

第四节
加快构建生态安全预警调控机制

北京市正处于建设国际一流和谐宜居城市的关键时期,但北京自身发展中还面临着一些突出矛盾和困难,尤其是森林状况和生态环境问题日益突出。预警研究发现,2009~2030年,北京市森林生态安全整体呈改善趋势;2016~2030年,除海淀外其他区县森林生态安全预警指数均小幅上升,但石景山区仍为巨警,海淀和朝阳区为重警,森林生态安全状况仍处于较差水平;森林生态安全预警指数较好区域主要在怀柔、密云、平谷和延庆等县域聚集;处于中等区域的门头沟、昌平和顺义等地森林生态安全状况逐步上升;预警指数显著低聚集区,主要分布在北京市中心的石景山、朝阳、丰台、海淀和房山。因此,应加快构建森林生态安全预警系统,并设置独立的森林生态安全监测预警发布机构,以便及时反映森林资源结构、生态功能、环境、经济的状况及逆向退化、恶化的变化趋势,为推进北京市森林生态安全决策提供支撑。具体建议如下:

第一,成立森林生态安全评估中心。评估中心的主要职责为:负责组织对森林生态安全的技术审查,开展森林生态安全的技术咨询工作;开展森林生态系统安全状况的调查研究并提出对策建议;开展森林生态安全评估技术政策研究,组织拟定森林生态安全评估的方法与技术导则;开展森林生态安全评估领域信息的研究工作;负责培训森林生态安全评估领域专业技术人员;负责北京市森林生态安全评估的业务指导工作。

第二,加快森林生态安全预警系统的建立。森林生态安全监测预报预警体系应在完善现有森林资源结构、生物多样性、立地质量、碳吸收能力、森林生产力、景观质量、土壤侵蚀度、火灾、气象灾害、有害生物灾害、以及大气污染物灾害、以及多样化市场需求等动态监测体系的基础上，依据森林实际情况增加监测密度，推进森林生态安全监测预警预报各项基础设施的综合运用，加强森林生态安全预警预报模型、模式的开发与应用（桂子凡，2014）。与此同时，建立预警仿真数据来源的统计年鉴或数据库，持续深入开展北京市森林生态安全预测与情景模拟研究。实现监测手段与基础数据库的标准化与规范化，从而为科学制定森林保护对策提供依据，进而提高北京市森林可持续经营水平。

第三，设置独立的森林生态安全监测预警发布机构。以服务生态林业为中心，以提高预警系统工作透明度、保障社会、公众、政府的信息知情权为落脚点，全面推进森林生态安全工作，将每年的森林生态安全预警报告公开发布。以达到方便、及时、快捷的向外界公开发布监测预警信息，让外界了解森林生态系统安全状况，提高其对森林生态安全的重视，并积极参与到森林生态系统保护的工作中，提高北京市森林生态系统的安全性。

第五节
大力推进国有林场森林生态建设

国有林场作为国家设立的林业事业单位，是国家重要的森林资源基地和维护区域生态的重要屏障，具有培育、保护、经营、管理国有森林资源的职能。近几年，北京市很多国有林场依托其众多的资源，改建成为风景区和国家级公园，为提升城市形象和居民生活质量、发挥森林功能做出了积极的贡献。解决好当前国有林场的问题，能更好地发挥其作用，为推动北京市生态文明建设起到积极作用。研究从景观和小班的尺度分析了林场的森林生态安全状况。①针对小班的研究发现：整体上看，从 2004～2014 年，大部分森林类型的小班健康状况整体处于向好状态。无论是天然林还是人工林，混交林的健康状况要好于单一纯林。人工阔叶混交林、人工针叶混交林、人工针阔混交林的优质小班数量和面积，以及天然阔叶混交林和天然针阔混交林的健康小班数量和面积明显增加，天然针叶混交林的小班多由不健康等级向亚健康等级转化。地处林场边界和交接地带的小班由于受外界干扰严重，其健康状况一般较差。②针对景观的研究发现：五大林场森林景观格局变化是地形、地貌、气候变化等自然条件、森林群落自身的演替、人类活动等因素综合作用的结果，各因素的作用方式、作用程度和作用效应不同。八达岭林场受干旱、雪灾等自然灾害及人为干扰较为严重，导致林场内的森林处于较脆弱状态，林场整体破碎化程度增加；百花山林场由于自然地理条件优越、受中心城市的吸引与辐射影响较小及林业政策的大力扶持，使得林场整体景观破碎化程度得到改善、景观状况得到提升；上方山林场地理位置、地形、地质条件特殊、人为干扰因素较少及受政府的专门保护，各森林景观类型空间分布更为集中且整体破碎化程度得到改善；西山林场区位条件优越，容易受到周围景区的辐射与带动作用，导致林场受人为干扰较为严重，但林场大规模人工营造易存活且较好的林地，使得林场内人工营造的林分结构趋于更加合理稳定的方向发展；云蒙山林场林区承受的旅游环境和人为干扰压力增加，林场整体景观破碎化程度较为严重。斑块向破碎化程度发展，景观的破碎化使得斑块之间的物质流、能量流、信息流受阻，抗压能力减弱，加剧了生态系统的不稳定性，使其向不健康状况发展，不利于维持其健康状况。

此外，北京市国有林场还存在以下问题：①资金短缺。国有林场推行的是事业单位企业化自收自支的管理，经济实力有限，加之地处贫困边远山区，远离城市，单位办社会、地方摊派、不合理收费项目繁多等不利因素，造成林场经营成本偏大（杨昌腾，2013）。②基础设施建设不完善。国有林场地处偏僻山区农村，且长期按照"先生产，后生活"的原则进行建设，投入的有限资金主要用于营造林生产，生活性基础设施建设投入很少，欠账严重。如西山林场昌华景区只有几处简单的指示牌和一处尚未启用的厕所，而停车场、内部园路、座椅等均没有。其次是防火公路、防火步道等基础设施建设和通讯设备、设施远远达不到"四网两化"的要求。③林场资源管护不到位。林场资源管护方式总体上比较粗放，"有养护不专业、有管理不精细、有数量没质量"的问题在个别地区还比较突出。比如，树木修剪不及时或过度修剪甚至砍头的问题，园林景观维护不及时、不到位的问题等（首都园林绿化网，2017）。④职工的工薪水准偏低。由于四大林场均为生态公益型林场，而当前国家对生态公益林的补贴标准普遍偏低，再加上四大林场当前实行的均是由国家财政拨款、其他费用自筹的差额拨款，林场单位的人员工资构成中固定部分60%，非固定部分为40%，薪资水平普遍在2100～5900元/月之间。⑤管理机制不健全。现行体制既有定位不明的问题，又有"多头管理"的弊病，这种"事不事、企不企、工不工、农不农"的性质和定位，导致国有林场长期被"边缘化"，既不利于国有林场自主经营和依法维护自身权益，也不符合当今林业发展的要求（巴宝成等，2011）。⑥北京市部分国有林场和农村的耕地边界接壤，部分林场被耕地包围，周边群众与林场争抢林地的现象越来越突出，随意砍伐和非法侵占耕地的现象时有发生，使得保护林地的难度增加。针对林场存在的问题提出以下建议：

第一，全面提升小班健康状况和景观格局。在小班经营过程中，应注意人类的森林经营起到了关键性的作用，不能忽视对天然林的保护管理；应采取合理的经营措施如间伐、疏伐，来保持和调整林分密度，另外通过引导使纯林成为混交林，也可促进树种多样性的恢复，从而实现人工林生态系统结构优化，提高人工林生态系统的稳定性，确保人工林健康发展；通过土壤耕作、施肥、绿肥种植、水土保持等各项技术措施来增加土壤的团粒结构，改善水肥供应状况，还需要施肥以补充土壤中的氮磷钾，提高土壤肥力；通过修除下枝杂灌、卫生伐，降低林分火险；清理倒木、衰弱木和被昆虫侵害的树木，采取生物与化学防治相结合的方法控制病虫害的发生率提高林分抗虫能力；加强对需要保护和易受干扰林分的保护程度，制定相关政策法规，尽量减少破坏性的人为干扰；在林场的边界和交接地带，受外界的干扰较大，应特别注意避免外围人类活动对小班的干扰，尤其在旅游景区，注意规范人类活动，减少对小班的损害；在造林树种选择时，选择适合当地土壤、气候环境、易成活、易管理的树种，扩大阔叶树种的栽种比例，大面积营造针阔混交林，有利于改善森林结构更好地提高森林生态系统的稳定性。在景观的维护和经营中，要注意人类活动特别是旅游活动给景观林木造成的损害；针对极端气象灾害，要做好应急预案，避免造成较大损失；对于破碎化发展趋势的森林类型要不断加强管理，禁止乱砍滥伐和毁林开荒，加强退耕还林，合理制定林业扶持政策，减少景观的进一步破碎化发展，降低林场整体景观破碎化程度；不同林场应根据自身地形、地貌、气候等特点，人工扩大较小斑块面积，保护当地优势树种，减少单一植被类型分布区域，做到林种、树种配置合理，以增加林场内森林景观的多样性；尽量避免营造同龄纯林，混交异龄林的组合比纯林具有更高的生产力和稳定性，可形成不同的景观效果；加强对森林生态系统的完整性和多样性监测，并根据监测情况的变化，相应地调节管理措施，确保其朝着所期望的管理目标(包括环境效益、生物多样性保护以及经济可持续能力等)发展；运用生态系统健康管理原理，将生态系统的结构和功能结合起来，全面考虑景观因素，制订正确的管理计划，以保证森林景观内正常的生态功能。

第二，加大资金投入。一是根据国有林场森林培育发展规划目标，以及森林经营的长周期、连续性等特点，加强对国有林场的财政支持，并建立长期稳定的投资渠道(孙兆俊，2017)；二是拓宽林场资金来源。林业行业相关部门应主动与金融行业加强合作，通过吸引社会资金投入以拓宽林场的资金来源(施建强，2016)；三是综合利用林场资源，发展林产化工业等产业，增加木材的增加值(郑世昌，2017)；四是林场可通过合理开展生态旅游获得资金收益。

第三，完善基础设施。一要加快国有林场职工办公、通讯、饮水等基础工程建设，改善国有林场职工生产办公条件和生活居住条件。二要大力推动"场园一体"发展，在景区服务方面，改造内外部道路系统，确保各个林场景区内外部道路系统的完整性；沿途合理设置必要的厕所、木质垃圾桶、导向牌、休息设施桌、凳等基础设施；增加必要的茶室、小卖部、餐饮小木屋、警务室、游客应急呼叫系统等服务设施。

第四，加强林场森林资源培育与养护。林场资源经营要目标明确化，按时完成京津风沙源治理、荒山造林、封山育林、中幼林抚育、低效林改造等各项任务；努力实现无重大安全事故和重大病虫灾害的目标；对山区生态防护林和平原景观生态林，制定相应的周年管理指南，落实管护任务和主体责任，分级、分类制定详细的资源管护程序标准；此外，严格执行森林资源资产保护管理法律法规和森林限额采伐制度，确保森林资源资产增长增值增效(巴成宝等，2011；杨昌腾，2013；周彩贤等，2017)。

第五，提高基层国有林场福利待遇。近年来，随着国家环境保护力度的加大，公益林项目、中幼龄林抚育项目、大径材培育项目等林业建设项目逐渐增多，财政扶持资金力度也逐渐加强。林场可通过项目建设，让职工得到更多实惠。与此同时，要将编制内人员全部纳入财政预算，支持解决好国有林场职工基本养老、医疗等社会保险的缴费问题(王建国，2017)。

第六，建立健全林场管理机制。林场经营状况的好坏很大程度取决于管理队伍建设水平的高低。因此要建立科学用人机制，择优选择管理人才(巴成宝等，2011)。在此基础上，为进一步推进林场建设，还应结合林场现状，构建科学、可行的管理制度，明确具体、规范的管理职责，实施逐步管理。

第七，对于林场与农民的林权纠纷问题，可坚持以"公平、公正"的原则，对林权纠纷进行合理处理。对分歧过大的林地、林木，可实施股份的形式给予合理解决。对于周边乡村与村民强行索要"赞助费"，或强买强卖的不良现象，应加大执法力度，依照相关法律程序，依法查处非法侵占林地绿地的案件，严厉打击乱砍滥伐、乱捕滥猎、乱垦滥占、乱挖滥采等违法行为，探索建立重大案件责任追究等制度，从而维护国有林场的合法权益，营造国有林场改革良好的外部环境(褚利明，2012；首都园林绿化网，2015)。

第六节
加大林业科技支撑力度

森林资源的维护及其利用，需要林业技术的支持。然而由于当前林业技术人员少，科研能力弱，林业技术开发较难，对于先进、成熟的技术推广又缺乏足够的实践经验，难以形成集科学性、可操作性和经济性于一体的技术开发成果，森林生态建设成效受到科技水平的严重制约（熊考明，2015；杨昌腾，2013）。从林业可持续发展的要求和改善生态环境、满足人类对林产品需求的角度出发，提高林业科技水平是实现北京市林业可持续发展的关键。为加强"科技兴林"，提出以下建议：

第一，编制完善一批标准规范，加大关键技术研发特别是先进实用技术的推广。围绕建设海绵城市和资源节约型城市，加大绿地林地集雨节水建设，加强园林绿化废弃物资源化利用，抓好一批试点示范项目。进一步扩大对外交流，实施好重点国际合作项目，建设一批项目示范区。积极推进林业碳汇市场交易，开展跨区域重点生态工程碳汇计量与监测。实施"互联网＋园林绿化"行动，加快建设园林绿化资源动态监管系统，促进信息技术与园林绿化深度融合（首都园林绿化网，2016）。

第二，加强林业科技创新。积极鼓励林业企业，特别是大中型骨干企业真正成为研究开发投入的主体、技术创新活动的主体和创新成果应用的主体，针对热点、难点科技问题和共性关键技术开展联合攻关，大力推进林业产学研结合，充分发挥林业科研院所和高等院校的研发优势，把科技优势转化为经济优势、竞争优势，筛选一批技术成熟、适应面广、见效快、效益好的科技成果，重点推广应用，实现科技兴林。

第三，加大优秀林业科技人才的培养力度、引进力度和交流力度。大力发展林业职业教育，以服务为宗旨，以就业为导向，以生态建设为立足点，面向基层，对其进行定期的培训，掌握更多的林场森林资源的保护机制，从而进一步提高科技人员和林业工作人员的整体素质，要把职业培训、技能鉴定、就业指导、推荐就业等功能有机结合起来，增强整体服务功能。完善林业科技基础研究资源共享、专家资源共享、科技资源共享机制。

第四，加快数字林业科技工程建设。以森林资源、灾害、荒漠化及林业生态工程管理、监测和评估为应用目标，全面建设数字化、网络化、智能化和可视化的国家数字林业应用体系、林业科技信息网络系统以及用现代工业装备林业生产各个环节等。重点开展数字林业基础设施建设，以及林业重点工程和重大灾害监测、管理与决策支持系统平台的开发。充分运用云计算、"互联网＋"、大数据、卫星遥感等新技术，推进林业信息一体化和生态监测一体化发展。

第五，增加科技投入。一是各级财政部门要加大对林业科技推广工作经费投入，将科技工作经费列入财政预算体系。二是要增加林业科技项目后期管理的资金投入，便于实现集约经营，提高项目建设成效。

第七节
划定北京生态保护红线

党的十八届三中全会通过的《中共中央关于全面深化改革若干重大问题的决定》明确提出，要加快生态文明制度建设，用制度保护生态环境。其中，关于划定生态保护红线的部署和要求是生态文明建设的重大制度创新(中国政府网，2014)。国家林业局在 2013 年 7 月 24 日召开的全国林业厅局长座谈会上宣布，将启动生态红线保护行动。根据 2013 年编制出台的《国家林业局推进生态文明建设规划纲要》划定林地和森林、湿地、荒漠植被、物种四条国家生态红线。其中林地和森林红线为：全国林地面积不低于 46.8 亿亩，森林面积不低于 37.4 亿亩，森林蓄积量不低于 200 亿立方米。生态保护红线是保障区域生态安全的底线，对维护国土生态安全、维持生态平衡，促进经济社会可持续发展，推进生态文明建设具有重要意义。为提高北京市森林生态安全，必须加快划定生态保护红线，形成北京市国土生态安全格局的框架体系，从布局上优化和调整生产、生活和生态空间。通过划定生态保护红线，严格保护北京市关键生态区域不再被侵占，并通过改善质量，逐步提高自身生态产品供给能力，为首都经济社会发展提供持续生态保障。

为贯彻落实党中央、国务院战略部署和北京市对生态保护红线划定的要求，本书就北京市生态保护红线划定提出以下建议：

第一，以维护自然生态系统功能、改善城市人居环境、保障区域生态安全为目标，基于北京市现有各类禁建区、重要生态功能区、生态敏感区，划定生态保护红线范围。建议将以下 9 类区域纳入北京市生态保护红线范围：一是生物多样性保护区，包括 20 个国家、市、县级自然保护区和 6 个生物多样性丰富区；二是密云水库、官厅水库等 5 个饮用水源地保护区；三是水源涵养保护区，包括白河堡、军都山等 5 个重要水源涵养区；四是洪涝调蓄区，包括本市主要水库、蓄滞洪区和河道；五是重要城市绿地和水面；六是自然文化景观保护区，包括 14 个国家级和 6 个市级森林公园、2 个国家级风景名胜区与 8 个市级风景名胜区、5 个国家级地质公园；七是河湖滨岸带敏感区，包括潮白河、永定河等五大水系所属河流及其缓冲区；八是水土流失敏感区，包括拒马河流域、西山等 4 个水土流失敏感区；九是土地沙化敏感区，主要分布于延庆康庄、昌平南口以及永定河、潮白河和大沙河沿线。上述区域主要分布在北京市西部和北部的山区、中心城四环至六环的绿色空间以及五大水系主要河道及周边范围，总面积约占全市的 50%。建议北京市以上述重要生态区域为基础，划定生态保护红线，红线区面积不少于市域面积的 35%。

第二，构建"一屏、多环、五廊道"的北京市生态安全格局。其中："一屏"包括西部和北部山区的生态屏障；"多环"包括中心城和通州、顺义、大兴和房山等城镇外围的生态空间，形成隔离建成区的生态隔离带；"五廊道"包括潮白河、北运河、蓟运河、永定河、大清河 5 条河流生态廊道，形成贯通中心城，连接山区和平原的关键生态廊道。

第三，将生态保护红线纳入国土和城市规划，实现多规合一。尽快出台北京市生态保护红线管理办法，编制生态保护红线区负面清单，严格管控红线区人为活动；制定生态保护红线区考核制度和生态补偿机制，形成生态保护红线区优奖劣惩的长效机制；加强相关培训和公众宣传，让公众参与到生态红线保护工作，并对生态红线保护成效进行监督(崔晨，2016)。

第八节
构建京津冀生态建设协同发展机制

国家制定的《京津冀协同发展规划总体思路框架》，确定了京津冀协同发展的指导思想、基本原则、空间布局和发展目标，明确要求将生态环境保护作为三个重点领域之一，集中力量先行启动、率先突破。同时，为认真落实市政府关于《京津、京冀合作框架协议和备忘录重点任务分工方案》，应做到以下两点：一是在总体思路上，要按照"空间布局一体化、工程建设一体化、政策机制一体化"的思路，加强与国家、本市和津冀两地的工作对接，抓紧研究编制我市推动京津冀林业生态建设协同发展的实施方案，携手打造"绿屏相连、绿廊相通、绿环相绕、绿心相嵌"的环首都生态圈。二是在工作机制上，市局和与津冀两地接壤的相关区县要主动协调两地省市县林业主管部门，联合建立京津冀生态建设联席会议制度，统筹负责生态建设领域率先突破组织协调工作，实现京津冀跨区域一体化联防联治；进一步完善三地森林防火、林木有害生物防治、野生动物疫源疫病监测等信息共享和联防联控机制，（首都园林绿化网，2016）。三是在项目实施上，要坚持先易后难、试点先行、重点突破，力争在市场化投融资、林业碳汇交易、重点项目合作等方面共同开展试点示范，充分发挥引领带动作用。

在上述工作基础上，着力推进三地生态协同和城市副中心园林绿化建设。一是高标准推进城市副中心园林绿化建设。大力发扬工匠精神，加快副中心重点绿化工程建设，加快森林和湿地公园建设，全面推进环首都和环区界生态隔离带绿化建设，着力构建"多河富水蓝网穿插、大尺度绿色空间环绕"的生态格局。二是加快推动京津冀生态建设领域率先突破。在造林绿化合作方面，结合2022年冬奥会赛区周边生态景观建设，继续实施京冀生态水源保护林建设合作项目，推进京津保生态过渡带绿化，共同构筑生态屏障。支持京津冀扩大生态空间，积极争取将山区陡坡耕地、严重沙化耕地、地下水超采区耕地纳入退耕还林实施范围。三是全面启动永定河流域生态治理。根据永定河综合治理和生态修复方案，在流域两侧通过实施京津风沙源治理、平原绿化等重点工程建设（首都园林绿化网，2017）。四是坚持生态优先为前提，推进产业结构调整，建设绿色、可持续的人居环境。以区域资源环境，特别是水资源、大气环境承载力等为约束，严格划定保障区域可持续发展的生态红线，明确城镇发展边界，合作推进"环首都国家公园"和区域性生态廊道建设；提高城镇的用地集约利用效率，实现"存量挖潜、增量提质"，构建生态、生产、生活相协调的城乡空间格局；加强城乡地域特点和人文特色塑造，保护传统村落，共同构建区域文化网络体系。五是完善环境立法与严格执法。尽快完善生态环境法律体系及配套政策；严格实施生态环保法律的立法、司法、执法和监督程序，实行政府生态问责制，扭转"违法成本低、守法成本高"的局面。

参考文献

[1]巴成宝，李湛东．论北京四大国有林场发展与规划[J]．农业科技与信息（现代园林），2011（7）：11-13．

[2]北京市园林绿化局．关于印发《"十二五"工作总结、"十三五"工作思路和2016年工作计划》的通知[EB/OL]．http：//www.bjyl.gov.cn/zwgk/ghxx/jhzj/201606/t20160602_180883.shtml.

[3]北京市园林绿化局关于印发《北京市园林绿化局 2017 年工作要点》和《邓乃平局长在 2017 年全市园林绿化工作会议上的讲话》的通知[EB/OL]. http：//www. bjyl. gov. cn/zwgk/fgwj/qtwj/201702/t20170206_ 188290. shtml.

[4]北京市园林绿化局关于印发 2014 年工作总结和 2015 年工作计划的通知[EB/OL]. http：//www. bjyl. gov. cn/zwgk/ghxx/jhzj/201510/t20151012_ 160431. shtml.

[5]蔡炯. 北京市国有林场绩效评价研究[D]. 北京：北京林业大学，2013.

[6]陈文力. 国有林场发展中存在的问题及其应对措施分析[J]. 南方农业，2017，11(20)：54 – 54.

[7]褚利明. 关于国有林场改革有关问题的思考[J]. 林业经济，2012(6) ：7 – 11.

[8]崔晨，划定北京生态保护红线[J]. 北京观察，2016(2)：56 – 57.

[9]邓刚. 气象因子的变化对黑龙江省森林病虫害影响的研究[D]. 哈尔滨：东北林业大学，2012.

[10]桂子凡. 森林生态经济风险预警研究[J]. 特区经济，2014(6)：187 – 188.

[11]韩慧. 北京市森林文化服务发展模式研究[D]. 北京：中国林业科学研究院，2014.

[12]李琨. 自然保护区的生态环境保护与可持续发展[D]. 北京：中国地质大学(北京)，2010.

[13]施建强. 国有林场资源森林资源的可持续经营模式探讨[J]. 农业开发与装备，2016(12)：145 – 145.

[14]孙兆俊. 探析国有林场发展存在的问题及对策[J]. 种子科技，2017，35(9)：25 – 25.

[15]图片故事：习近平心中的北京城[EB/OL]. http：//www. chinanews. com/gn/2017/03 – 01/8162505. shtml.

[16]王凤江. 选准切入点，让北京城市绿化更加多姿多彩——北京城市园林绿化树种选择发展的思考[J]. 中国园林，2003(1)：63 – 65.

[17]王建国. 国有林场发展存在的问题及对策——以国有板桥林场为例[J]. 现代农业科技，2017(9)：172 – 172.

[18]吴丽莉. 北京森林生物多样性变化及价值测度[D]. 北京：北京林业大学，2011.

[19]熊考明. 探究林场森林资源现状与环境保护问题[J]. 低碳世界，2015(33)：175 – 176.

[20]杨昌腾. 浅谈国有林场森林生态建设经验与发展对策[J]. 农业与技术，2013，33(2)：30 – 31.

[21]郑世昌. 国有林场管理措施及发展建议[J]. 江西农业，2017(9)：99 – 99.

[22]周彩贤，朱建刚，袁士保. 精准提升北京市森林质量的思路与建议[J]. 国土绿化，2017(10)：42 – 44.

[23]朱心明. 国有林场森林资源可持续管理初探[J]. 低碳世界，2017(32)：315 – 316.

[24]邹大林，陈峻崎，南海龙，等. 关于推进近自然森林经营 提升北京森林质量与功能的思考[J]. 河北林业科技，2013(1)：29 – 30.